图 3-1　数据标注示例

图 3-6　描点标注图片示例

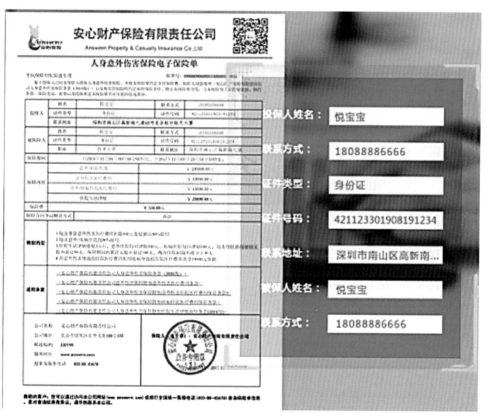

图 4-2　保单识别

图 4-26　用 plate_labeling 标注工具打开车牌图像

图 4-27　对车牌图像进行标框标注

图 4-29　正确标注示例

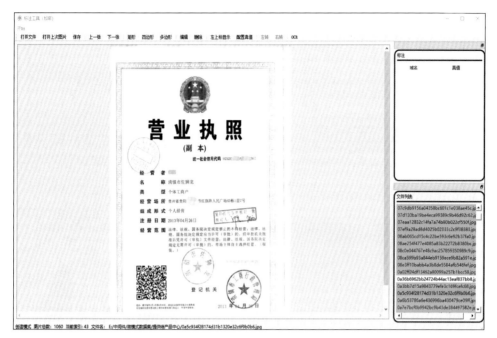

图 4-30　用 labelTool 标注工具打开标注数据

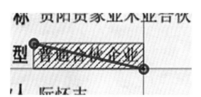

图 4-31　labelTool 矩形标注框选过程

图 4-33　labelTool 标注完成界面

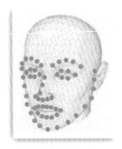

FACIAL LANDMARK POINTS

Feature	Point range
Left jaw line	0-7
Chin	8
Right jaw line	9-16
Left eyebrow	17-21
Right eyebrow	22-26
Bridge of nose	27-30
Bottom of nose	31-35
Left eye	36-41
Right eye	42-47
Oyter edge of lips	48-59
Inner edge of lips	60-67

图 5-1　一种人脸特征点位定义

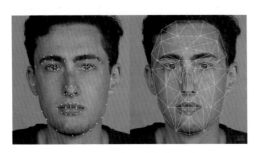

图 5-2　人脸识别头像标注

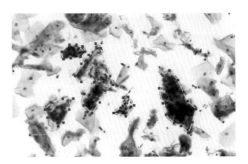

图 5-4　宫颈癌病理切片标注

图 5-8　合格分割标注数据

图 5-10　2D 边界框在自动驾驶中的标注场景

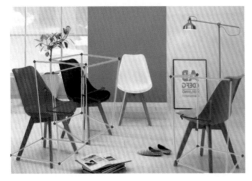

图 5-11　3D 标注呈现效果

图 5-13　道路场景中的线性标注

图 5-14　语义分割标注结果

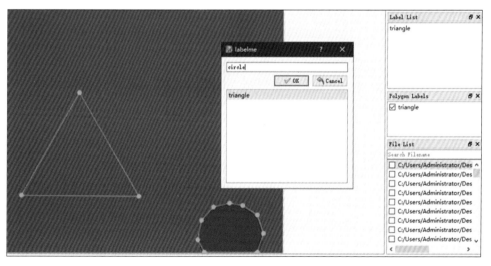

图 5-30　labelme 设置标签名

图 5-33　对头部进行标框标注

图 5-35　对行人下半身进行标框标注

图 5-37　镶嵌设施分割标注示例

图 5-38　捆绑物体分割标注示例

图 5-39　隔断物体分割标注示例

图 5-40　遮挡物体分割标注示例

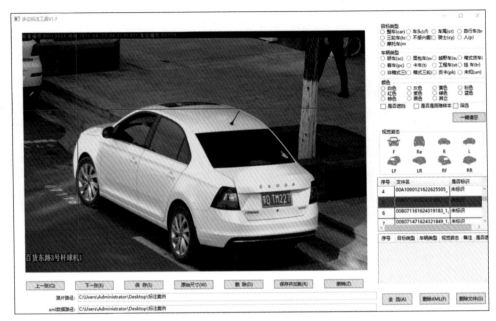

图 5-41　车辆分割标注工具界面

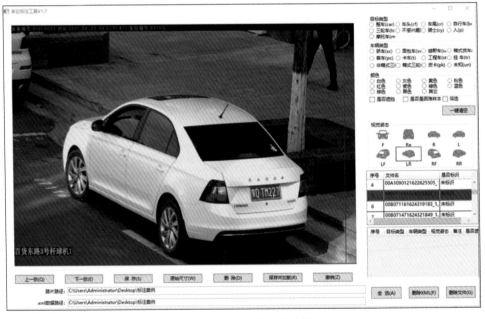

图 5-42　车辆视觉姿态选择

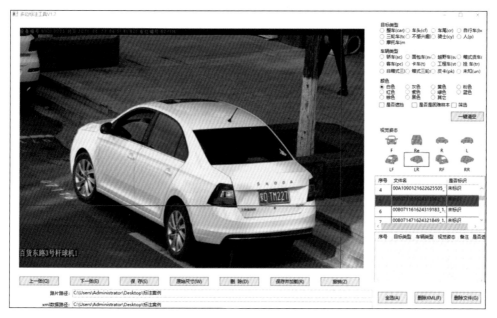

图 5-43　颜色、遮挡及困难属性选择

图 5-44　车辆类型选取

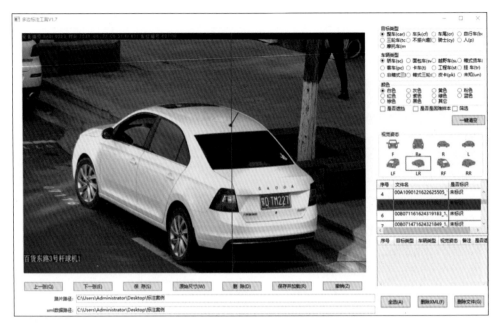

图 5-45　车辆目标类型选取

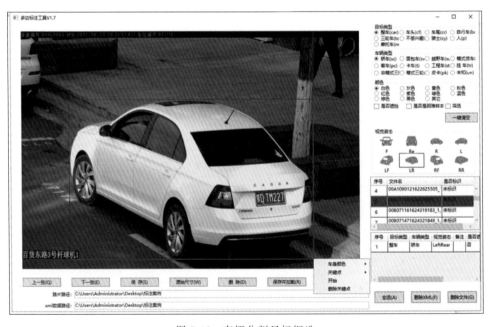

图 5-46　车辆分割目标框选

图 5-47　车辆目标分割标注结果

图 5-48　车辆分割标注完毕结果

辅助理解图

0	手腕点	腕豆骨骨底
1	大拇指第一节	大多角骨骨底
2	大拇指第二节	拇指掌骨头
3	大拇指第三节	拇指指骨底
4	大拇指尖	拇指指骨头
5	食指第一节	食指近节指骨底
6	食指第二节	食指中节指骨底
7	食指第三节	食指远节指骨底
8	食指指尖	食指远节指骨头
9	中指第一节	中指近节指骨底
10	中指第二节	中指中节指骨底
11	中指第三节	中指远节指骨底
12	中指指尖	中指远节指骨头
13	无名第一节	无名指近节指骨底
14	无名第二节	无名指中节指骨底
15	无名第三节	无名指远节指骨底
16	无名指尖	无名指远节指骨头
17	小指第一节	小指近节指骨底
18	小指第二节	小指中节指骨底
19	小指第三节	小指远节指骨底
20	小指指尖	小指近节指骨头

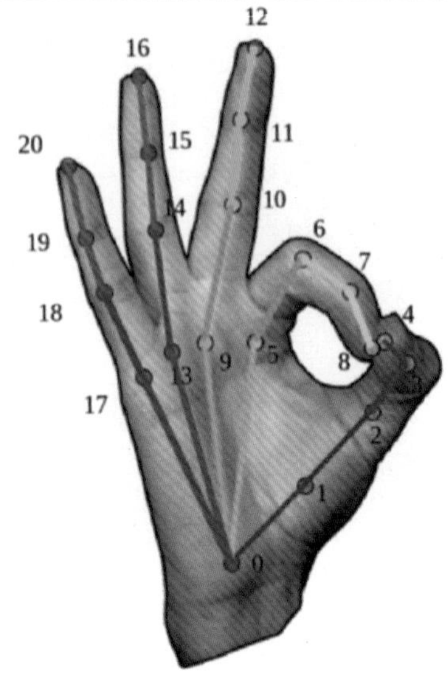

图 5-49　手势点位图

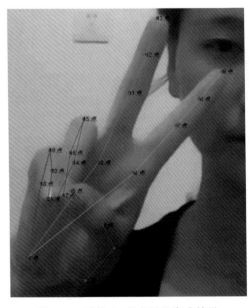

图 5-50　手势 21 节点标注完成结果

图 7-5　第一类视频帧

图 7-6　目标框的表现形式

图 7-7　VoTT 线类别快捷键

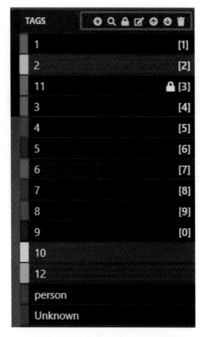

图 7-8 tag 顺序改变功能

图 7-9 视频帧属性标签

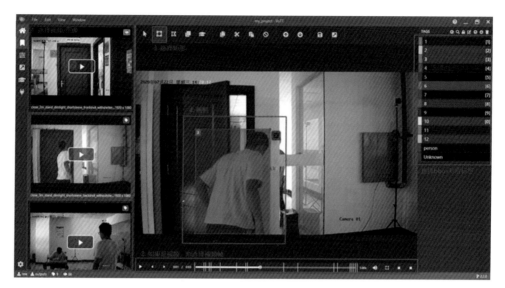

图 7-19　VoTT 标注流程介绍

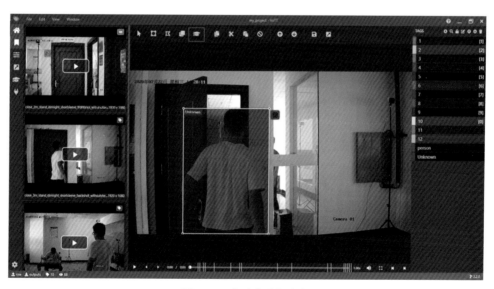

图 7-20　自动获取标定框

图 7-21　标注结果导出功能

大数据与人工智能技术丛书

大数据标注

微课视频版

◎ 李颖智 著

清华大学出版社

北京

内 容 简 介

本书以数据标注核心技术为基础，以经典管理理论为依托，以数据标注工厂的管理方法为指导，以现实案例为示范，全面介绍了数据标注的基础知识，详细介绍了文本数据标注、图像数据标注、语音数据标注和视频数据标注的标注方法和实现细节，并重点介绍了以流水线管理理论为核心的数据标注企业管理方法，使从业者可以快速提升数据标注技术水平，最后通过示例说明如何将管理理念通过数据标注平台来实现数据标注团队的管理 。

全书共分为四个部分 12 章，第一部分包含第 1～3 章，主要介绍了数据标注的缘起和演变，介绍数据标注行业的发展趋势和行业标准，阐述了数据标注的基础知识和技术发展方向；第二部分包含第 4～7章，系统阐述了文本数据标注、图像数据标注、语音数据标注、视频数据标注，并以具体案例来进行阐述；第三部分包含第 8～11 章，主要以流水线理论为基础，设计了数据标注工厂的架构，并根据数据标注创新中心的经验介绍了数据标注工厂的项目管理、客户管理、质量管理、案例管理等可执行的数据标注管理方法；第四部分包含第 12 章，分享了数据标注平台，就平台的作用、架构、运行机制进行了详细的介绍。

本书适合作为高等院校计算机、软件工程、人工智能等相关应用型专业学生的教材，同时可供对数据标注有所了解和从事相关工作的标注人员、管理人员和研究人员参考。

图书在版编目（CIP）数据

大数据标注：微课视频版/李颖智著.—北京：清华大学出版社，2022.12（2025.1 重印）
（大数据与人工智能技术丛书）
ISBN 978-7-302-61825-6

Ⅰ.①大…　Ⅱ.①李…　Ⅲ.①人工智能－应用－数据处理　Ⅳ.①TP18 ②TP274

中国版本图书馆 CIP 数据核字(2022)第 169110 号

策划编辑：魏江江
责任编辑：王冰飞　薛　阳
封面设计：刘　键
责任校对：焦丽丽
责任印制：刘海龙

出版发行：清华大学出版社
　　　　网　　　址：https://www.tup.com.cn，https://www.wqxuetang.com
　　　　地　　　址：北京清华大学学研大厦 A 座　　　邮　　　编：100084
　　　　社 总 机：010-83470000　　　　　　　　邮　　　购：010-62786544
　　　　投稿与读者服务：010-62776969，c-service@tup.tsinghua.edu.cn
　　　　质量反馈：010-62772015，zhiliang@tup.tsinghua.edu.cn
　　　　课件下载：https://www.tup.com.cn，010-83470236
印 装 者：三河市龙大印装有限公司
经　　销：全国新华书店
开　　本：185mm×260mm　　印　张：17.75　　插页：8　　字　　数：434 千字
版　　次：2022 年 12 月第 1 版　　　　　　　　印　　次：2025 年 1 月第 3 次印刷
印　　数：2501～3500
定　　价：59.90 元

产品编号：091274-01

前　言

人工智能已经发展了六十多年。随着 2016 年谷歌 AlphaGo 战胜人类围棋选手,人工智能已经在深度学习、图像识别、自然语言处理、计算机视觉、智慧语音、智能商业、自动驾驶等领域取得了突破性成绩。特别是在对抗新冠肺炎疫情的战斗中,人工智能技术在医疗行业的应用发挥了举足轻重的作用。AI 医学影像产品可以在短短几秒之内处理十万级别数量的影像,大幅提升诊断效率。在疫苗和特效药的快速研发中,在人工智能技术的帮助下,研究人员能大幅节省药品筛选的时间,同时提高精确性。新冠肺炎疫情的强传播性给其他入院就医的患者带来了感染风险,AI 融入远程问诊,可以在很大程度上缓解特殊时期的就诊需求压力。而从更长远来看,远程医疗的普及又可以帮助解决医疗资源分布不均导致的医疗资源紧张。在公共卫生应急响应体系的构建上,运用大数据、人工智能、云计算等数字技术的疫情监测、病毒溯源、传播防控等措施,可以为打赢疫情攻坚战提供助力。

而这些人工智能技术需要利用专业领域的实际业务数据定制 AI 模型应用,以保证其能够更好地应用在业务中。因此,业务场景数据的采集和标注也是在实际 AI 模型开发过程中必不可少的重要环节。随着人工智能成为国家发展战略,其势头锐不可当。我们生活中一部分工作正在或将被人工智能所替代。

目前的人工智能算法由数据驱动,也可以说,数据是人工智能的血液。当下是基于样本数据累积基础上的人工智能。数据标注有许多类型,如分类、画框、注释、标记。数据标注员被称作“人工智能背后的人工”,从事的是人工智能时代的信息处理工作。他们生产大量可供计算机深度学习的训练数据,使人工智能“学会”从人脸识别到车辆自动驾驶甚至更为复杂的任务。

从 2019 年开始,作者依托校企联合的数据标注创新中心,结合真实项目工作经验,带领多位具有丰富教学经验和工程经验的教师与工程师组成编写创作团队,以流水线管理理论为基础,就人工智能数据标注的相关技术和数据标注工厂的管理经验,精心编撰了这本著作。

全书共分为四个部分,12 章。第一部分包含第 1～3 章,主要介绍了数据标注的缘起和演变,介绍数据标注行业的发展趋势和行业标准,阐述了数据标注的基础知识和技术发展方向;第二部分包含第 4～7 章,系统阐述文本数据标注、图像数据标注、语音数据标注、视频数据标注并以具体案例来进行阐述;第三部分包含第 8～11 章,主要以流水线理论为基础,设计了数据标注工厂的架构,并根据数据标注创新中心的经验介绍了数据标注工厂的项目管理、客户管理、质量管理、案例管理等可执行的数据标注管理方法;第四部分包含第 12 章,分享了数据标注平台,就平台的作用、架构、运行机制进行了详细的介绍。本书以数据标注核心技术为基础,以经典管理理论为依托,以数据标注工厂的管理方法为指导、以现实案例为示范，使数据标注技术人员可以快速掌握数据标注的基础知识与核心技术，使从业者可以快速提升数据标注技术水平，同时为想进入数据标注行业的创业人员提供数据标注工厂的管理方法，可以指导复刻数据标注工厂的运行。

本书由长期从事教学与行业实践一线工作的李颖智编撰，特别感谢肖来元教授、俞侃教授、王方、周文景、冯军等专业人士的帮助，对相关人员的用心指导和真诚建议表示由衷的感谢。另外，本书借鉴了参考文献中列出的一些专著、教材、论文、报告和网络上的成果、素材、结论或图文，在此一并向原创作者表示衷心感谢。

由于时间仓促，加之作者水平有限，书中考虑不全面、描写不准确之处在所难免，恳请广大读者、专家、老师和社会各界朋友批评指正！

李颖智

2022 年 12 月

目 录

随书资源

第1部分　数据标注的缘起

第1章　人工智能的历程回顾与展望 ················· 3
1.1　混沌初开——数学模型(1900—1956) ················· 3
1.1.1　开天之问 ················· 3
1.1.2　创世神器 ················· 4
1.1.3　武林秘籍 ················· 5
1.1.4　宗师问世 ················· 6
1.2　江湖论道——达特茅斯会议(1956—1980) ················· 7
1.2.1　华山论剑 ················· 7
1.2.2　江湖纷争 ················· 9
1.2.3　停滞不前 ················· 10
1.2.4　门派初成 ················· 11
1.3　武林中兴——深度学习(1981年至今) ················· 13
1.3.1　盟主问道——机器学习 ················· 13
1.3.2　神兵现世——神经网络 ················· 14
1.3.3　后起之秀——深度学习 ················· 15
1.3.4　前提要素——数据标注 ················· 16
思考题 ················· 16
第2章　数据标注的崛起 ················· 17
2.1　数据标注的演变 ················· 17
2.1.1　数据标注的起源 ················· 17
2.1.2　数据标注在人工智能中的地位 ················· 18
2.1.3　数据标注团队面临的挑战 ················· 18
2.2　数据标注行业发展趋势 ················· 19
2.2.1　数据标注公司简介 ················· 20
2.2.2　数据标注行业的现状 ················· 21
2.2.3　数据标注行业前景 ················· 23
2.3　数据标注行业标准的制定 ················· 24
2.3.1　标注数据量记录标准 ················· 24
2.3.2　标注工作职责说明 ················· 25

2.3.3 标注信息要求规范 ·················· 25

2.3.4 标注执行过程标准 ·················· 26

2.3.5 标注术语体系标准 ·················· 26

2.3.6 标注交付物说明 ·················· 26

思考题 ·················· 28

第3章 数据标注基础知识 ·················· 29

3.1 数据标注基础 ·················· 29

3.1.1 数据标注的概念 ·················· 29

3.1.2 数据标注行业的特点 ·················· 30

3.1.3 数据标注的分类 ·················· 31

3.1.4 数据标注的过程 ·················· 33

3.2 数据标注的对象 ·················· 34

3.2.1 数据标注的人员结构 ·················· 34

3.2.2 数据标注人员的素质要求 ·················· 35

3.2.3 数据标注的采集目标 ·················· 37

3.2.4 数据标注平台和工具 ·················· 40

3.3 数据标注的质量保证 ·················· 41

3.3.1 数据标注质量的地位 ·················· 41

3.3.2 数据标注质量标准 ·················· 42

3.3.3 数据标注质量检验方法 ·················· 42

3.4 自动标注技术的发展 ·················· 43

3.4.1 图像自动标注 ·················· 43

3.4.2 文本自动标注 ·················· 46

思考题 ·················· 48

第2部分 数据标注实施

第4章 文本数据标注 ·················· 51

4.1 文本数据特征和分析 ·················· 51

4.1.1 文本标注的定义 ·················· 51

4.1.2 文本标注的应用领域 ·················· 51

4.1.3 文本标注质量标准 ·················· 54

4.1.4 常见标注结果文件格式 ·················· 54

4.2 文本数据采集和整理 ·················· 57

4.2.1 文本数据采集介绍和案例 ·················· 57

4.2.2 文本数据预处理及清洗工具 ·················· 58

4.2.3 文本处理工具 ·················· 62

4.3 文本数据标注工具和方法 ·················· 70

4.3.1 目标检测文本识别工具及使用方法 ·················· 70

    4.3.2　语义定义全文 OCR 识别工具及使用方法 ································ 72
  4.4　文本数据标注案例 ··· 75
    4.4.1　车牌——检测识别 ·· 75
    4.4.2　票据证件——语义分类全文 OCR 识别 ···························· 77
  思考题 ·· 79

第 5 章　图像数据标注 ·· 80
  5.1　图像数据特征和分析 ·· 80
    5.1.1　图像标注的定义 ·· 80
    5.1.2　图像处理的应用领域 ·· 80
    5.1.3　数据质量和标注标准 ·· 85
    5.1.4　常见的图像文件和标注结果格式 ·· 87
    5.1.5　图像标注各类型介绍 ·· 91
  5.2　图像数据采集和整理 ·· 95
    5.2.1　数据采集的渠道和方法 ··· 95
    5.2.2　图像数据采集案例 ·· 97
    5.2.3　数据预处理和清洗 ·· 99
    5.2.4　图像处理工具 ··· 106
  5.3　图像数据标注工具和方法 ·· 112
    5.3.1　目标检测工具及使用方法 ·· 112
    5.3.2　图像分割工具及使用方法 ·· 115
  5.4　图像数据标注案例 ··· 121
    5.4.1　人体框图像标注——目标检测 ·· 121
    5.4.2　车辆轮廓抠图——图像分割 ··· 123
    5.4.3　手势特征点——点位标注 ·· 129
  思考题 ·· 131

第 6 章　语音数据标注 ·· 132
  6.1　语音数据特征和分析 ··· 132
    6.1.1　音频标注的定义 ··· 132
    6.1.2　音频标注的应用领域 ·· 133
    6.1.3　语音的质量和标注标准 ··· 134
    6.1.4　语音标注运用类型 ·· 136
    6.1.5　语音标注相关基础知识 ··· 143
  6.2　语音数据采集和整理 ··· 145
    6.2.1　音频采集的方法渠道 ·· 145
    6.2.2　语音数据采集案例 ·· 147
    6.2.3　音频处理工具 ··· 148
  6.3　语音数据标注工具和方法 ·· 153
  6.4　语音数据标注案例 ··· 155

6.4.1 标注任务流程及规则 ·· 156

6.4.2 标注平台系统操作 ·· 160

思考题 ·· 162

第7章 视频数据标注 ·· 163

7.1 视频标注特征和分析 ·· 163

7.1.1 视频标注的定义 ·· 163

7.1.2 视频标注与图像标注的差异 ·· 163

7.1.3 视频标注的应用领域 ·· 164

7.1.4 视频标注基础知识 ·· 165

7.1.5 常见视频数据格式 ·· 168

7.2 视频数据采集和整理 ·· 169

7.2.1 视频采集的工作流程 ·· 169

7.2.2 视频数据采集应用和发展 ·· 170

7.2.3 常用视频处理工具 ·· 171

7.2.4 快剪辑平台技术 ·· 173

7.3 视频数据标注工具和方法 ·· 174

7.3.1 视频帧跟踪标注工具 ·· 174

7.3.2 视频标注的方法和类型 ·· 183

思考题 ·· 187

第3部分 数据标注工厂

第8章 数据标注工厂理论基础 ·· 191

8.1 生产管理理论 ·· 191

8.2 流水线理论 ·· 192

8.2.1 流水线起源 ·· 192

8.2.2 流水线的基础概念 ·· 194

8.2.3 流水线生产的特点 ·· 196

思考题 ·· 197

第9章 数据标注工厂的管理 ·· 198

9.1 工厂模式管理 ·· 198

9.1.1 数据标注发展的难题 ·· 198

9.1.2 数据工厂内部结构 ·· 200

9.1.3 数据工厂外部结构 ·· 201

9.1.4 主流数据标注团队 ·· 203

9.2 客户管理 ·· 204

9.2.1 客户关系管理的作用 ·· 204

9.2.2 客户关系管理的内涵 ·· 205

9.2.3 客户关系管理的实施 ·· 207

　　　9.2.4　客户关系管理技巧 ·························· 208

　9.3　标注人员管理 ····································· 211

　　　9.3.1　标注人员类型和要求 ···················· 211

　　　9.3.2　标注人员职业素养 ······················ 214

　　　9.3.3　标注人员培训管理 ······················ 215

　　　9.3.4　标注人员行为管理 ······················ 216

　9.4　订单管理 ··· 217

　思考题 ·· 218

第 10 章　数据标注工厂的项目管理 ························· 219

　10.1　数据标注项目管理基础 ··························· 219

　　　10.1.1　项目管理组织架构 ····················· 219

　　　10.1.2　数据标注项目管理目标 ················· 223

　　　10.1.3　数据标注项目管理体系 ················· 225

　10.2　数据标注项目团队管理 ··························· 226

　　　10.2.1　项目团队的主要特点 ··················· 226

　　　10.2.2　项目团队的发展历程 ··················· 227

　　　10.2.3　数据标注高效团队的管理方法 ··········· 228

　10.3　数据标注项目时间管理 ··························· 229

　　　10.3.1　时间管理基础知识 ····················· 229

　　　10.3.2　时间进度计划制定 ····················· 231

　　　10.3.3　时间进度计划执行方案 ················· 233

　10.4　数据标注项目成本管理 ··························· 234

　　　10.4.1　成本管理基础知识 ····················· 234

　　　10.4.2　成本管理计划编制 ····················· 236

　　　10.4.3　成本管理执行方案 ····················· 237

　思考题 ·· 239

第 11 章　质量和安全管理 ······························· 240

　11.1　项目质量管理 ··································· 240

　　　11.1.1　项目质量管理理念 ····················· 240

　　　11.1.2　项目质量管理原则 ····················· 241

　　　11.1.3　项目质量管理方法 ····················· 242

　11.2　数据标注质量体系建设 ··························· 244

　　　11.2.1　数据标注质量标准 ····················· 244

　　　11.2.2　数据标注检验方法 ····················· 247

　11.3　数据安全体系建设 ······························· 250

　　　11.3.1　数据安全体系建设的驱动力 ············· 251

　　　11.3.2　数据安全体系建设思路 ················· 252

　　　11.3.3　数据安全规划能力建设 ················· 252

11.3.4　数据安全管理能力建设 ∙∙∙∙∙∙∙∙∙∙∙∙∙∙∙∙∙∙∙∙∙∙∙∙∙∙∙∙∙∙ 253

11.3.5　数据安全技术能力建设 ∙∙∙∙∙∙∙∙∙∙∙∙∙∙∙∙∙∙∙∙∙∙∙∙∙∙∙∙∙∙ 255

11.3.6　数据安全运营能力建设 ∙∙∙∙∙∙∙∙∙∙∙∙∙∙∙∙∙∙∙∙∙∙∙∙∙∙∙∙∙∙ 256

思考题 ∙∙ 259

第 4 部分　数据标注平台

第 12 章　数据标注平台 ∙∙ 263

12.1　平台的作用 ∙∙ 263

12.1.1　平台的功能 ∙∙ 263

12.1.2　平台标注与传统标注的对比 ∙∙∙∙∙∙∙∙∙∙∙∙∙∙∙∙∙∙∙∙∙∙∙∙ 264

12.1.3　标注平台运作中的人员角色 ∙∙∙∙∙∙∙∙∙∙∙∙∙∙∙∙∙∙∙∙∙∙∙∙ 265

12.2　平台的比较 ∙∙ 267

12.2.1　常见的数据标注平台 ∙∙∙∙∙∙∙∙∙∙∙∙∙∙∙∙∙∙∙∙∙∙∙∙∙∙∙∙∙∙∙∙ 267

12.2.2　数据标注平台的对比 ∙∙∙∙∙∙∙∙∙∙∙∙∙∙∙∙∙∙∙∙∙∙∙∙∙∙∙∙∙∙∙∙ 267

12.2.3　数据标注平台的发展因素 ∙∙∙∙∙∙∙∙∙∙∙∙∙∙∙∙∙∙∙∙∙∙∙∙∙∙ 269

思考题 ∙∙ 270

参考文献 ∙∙∙ 271

第1部分

数据标注的缘起

第 **1** 章

人工智能的历程回顾与展望

一位美女耷拉着脑袋,两眼空洞无神地待在一间空旷的房间里,任由苍蝇爬过她的额头、眉毛和眼球,她却一动不动没有任何反应。此时一个神秘的声音在美女心中响起:"你是否质疑过你眼中现实世界的本质?你对你世界的看法?"随着声音的呼唤,美女突然从睡梦中醒来,开始了一天的生活。这位美女就是故事主角德洛丽丝。德洛丽丝醒来下楼,询问坐在门口的父亲睡得怎么样,然后就出去写生,到小镇上办事,而她掉落在地上的罐头被刚从火车上下来的勇士泰迪捡了起来,两人就这样相遇,并很快来到山顶互诉衷肠……

看到这里,读者可能以为这是一段美丽的爱情故事,实际上这是 HBO 的科幻电视剧《西部世界》中的开场场景,故事发生在一个虚拟的西部主题乐园里,德洛丽丝和他的男朋友都是由人工智能开发的机器人,这些机器人作为接待员生成各类故事线服务于人类游客。

当在不久的未来电影变为现实时,我们是否可以记起人类一直以来对于 AI 的梦想和追求……

1.1 混沌初开——数学模型(1900—1956)

1.1.1 开天之问

拨开历史的浓雾,让我们穿越回到世纪之交的 1900 年。第二届国际数学家大会在巴黎如期召开。这次大会的参会人员共有 229 人,更邀请了 J. H. 庞加莱、C. 埃尔米特、M. 康托、M. G. 米塔-列夫勒、V. 沃尔泰拉等大师云集于此。但此次大会的绝对主角却是如图 1-1 所示的 38 岁的"数学界无冕之王"——大卫·希尔伯特(David Hilbert,1862—1943)。

图 1-1　大卫·希尔伯特（David Hilbert 1862—1943）

在本次大会上，希尔伯特发表了题为《数学问题》的著名讲演，他根据过去特别是 19 世纪数学研究的成果和发展趋势，提出了 23 个最重要的数学问题。总的来说，这些问题可以分为以下三个部分。

（1）数学是不是完备的？

也就是说，是不是所有数学命题都可以用一组有限的公理证明或证否。类似欧几里得几何学用几个公理证明“三角形内角和为 180°”这样的定理，希尔伯特的问题是：是不是有某个公理集可以证明所有真命题？

（2）数学是不是一致的？

换句话说，是不是可以证明的都是真命题？假如我们证明出了假命题，例如 1+1=3，数学就是不一致的，这样就会有大问题。

（3）是不是所有命题都是数学可判定的？

也就是说，是不是对所有命题都有明确的程序可以在有限时间内告诉我们命题是真是假？这样你就可以提出一个数学命题，比如所有比 2 大的偶数都可以表示为两个素数之和，然后将它交给计算机，计算机就会用明确的程序在有限时间内得出命题是真还是假的结论。最后这个问题就是所谓的“判定问题”。

这 23 个问题统称为希尔伯特问题，后来成为许多数学家力图攻克的难关，对现代数学的研究和发展产生了深刻的影响，并起到了积极的推动作用。希尔伯特问题中有些问题现已得到圆满解决，有些问题至今仍未得到解决。而其中的第二问题（算术公理系统的无矛盾性）和第十问题（能否通过有限步骤来判定不定方程是否存在有理整数解）就如同盘古之斧成了当今人工智能领域的开天之问，为后续人工智能和计算机技术领域的发展开辟了广阔的天地空间。

1.1.2　创世神器

1. 哥德尔不完备性定理

希尔伯特的勃勃野心无疑激励着每一位年轻的数学家，其中就包括一个来自捷克的 25 岁年轻数学家库尔特·哥德尔，如图 1-2 所示。他致力于攻克第二问题，但很快他发现自己之前的努力都是徒劳的，因为希尔伯特第二问题的断言根本就是错的，因此他于 1931 年提出了被美国《时代》周刊选为 20 世纪最有影响力的数学定理：哥德尔不完备性定理。哥德尔不完备性定理一举粉碎了数学家两千年来的信念。他告诉人们，真与可证是两个概念。可证的一定是真的，但真的不一定可证。

图 1-2　库尔特·哥德尔（Kurt Godel，1906—1978）

哥德尔不完备性定理的影响远远超出了数学的

范围。它不仅使数学、逻辑学发生革命性的变化，引发了许多富有挑战性的问题，而且还涉及哲学、语言学和计算机科学等学科。哥德尔不完备性定理已经为人工智能提出了警告。1961年，牛津大学的哲学家卢卡斯提出，根据哥德尔不完备性定理，机器不可能具有人的心智。这是因为如果我们把人工智能也看作一个机械化运作的数学公理系统，那么根据哥德尔不完备性定理，必然存在着某种人类可以构造、但是机器无法求解的人工智能的"软肋"。这就好像我们无法揪着自己的脑袋脱离地球，数学无法证明数学本身的正确性，人工智能也无法仅凭自身解决所有问题。所以，存在着人类可以求解但是机器却不能解的问题，人工智能不可能超过人类。

但问题并没有这么简单，上述命题成立的一个前提是人与机器不同，不是一个机械的公理化系统。然而，这个前提是否成立迄今为止我们并不知道。

2. 冯·诺依曼体系

在哥德尔研究第二个问题的同时还有一位天才——如图1-3所示的冯·诺依曼也正在进行相关问题的研究。但他却没有哥德尔的运气，就在离成功一步之遥的时候哥德尔率先发表了哥德尔不完备定理，于是冯·诺依曼一气之下开始转行研究起了量子力学。可是历史再次上演，就在他的量子力学研究即将结出硕果之际，另外一位天才物理学家保罗·狄拉克又一次抢了他的风头，出版了《量子力学原理》，并一举成名。这比冯·诺依曼的《量子力学的数学基础》整整早了两年。

受到两次打击之后，冯·诺依曼开始把部分注意力从基础数学转向了工程应用领域。功夫不负有心人，1945年，冯·诺依曼凭借出众的才华，在火车上完成了早期的计算机EDVAC的设计，并提出了人们现在熟知的"冯·诺依曼体系结构"。

冯·诺依曼的计算机终于使得数学家们的研究结出了硕果，也最终推动着人类历史进入了信息时代，为人工智能的计算能力提供了创世神器。

图1-3　冯·诺依曼(John von Neumann, 1903—1957)

1.1.3　武林秘籍

1948年，如图1-4所示美国的天才神童诺伯特·维纳，提出了新兴学科"控制论"(Cybernetics)。控制论诞生之初，其目标就不仅是研究机器的理论，更是研究大脑的理论。在控制论中，维纳深入探讨了机器与人的统一性——人或机器都是通过反馈完成某种目的的实现，因此他揭示了用机器仿真人的可能性，这为人工智能的提出奠定了重要基础。

图1-4　诺伯特·维纳(Norbert Wiener, 1894—1964)

据说维纳三岁的时候就开始在父亲的影响下读天文学和生物学的图书，七岁的时候他所读的物理学和生物学的知识范围已经超出了他父亲。他年纪轻轻就掌握了拉丁语、希腊语、德语和英语，并且涉猎人类科学的各个领域。后来，他留学欧洲，曾先后拜师于罗素、希尔伯特、哈代等哲学、数学大师。在他 70 年的科学生涯中，维纳先后涉足数学、物理学、工程学和生物学，共发表 240 多篇论文，著作 14 本，内容涵盖数学、物理、工程、生物和哲学等多个领域。其中最重要的成果，毫无疑问是在 1948 年出版的《控制论》一书，这是一部对近代科学影响深远的著作。该书开创了一个全新的学科——"控制科学"（Control Science），也创立了人工智能中的行为主义学派，因此现在每当大家提及维纳时，都总是冠以"控制论之父"的头衔。

在这几位数学大师的不懈努力下，人工智能孕育于数学空间之中，感受大师巨匠的思想，吸收数学方程的灵气，只待时机成熟，就此破石而出。

1.1.4　宗师问世

另外一个与哥德尔年龄相仿的年轻人被希尔伯特的第十问题深深地吸引了，并决定为此奉献一生。这个人就是如图 1-5 所示的"人工智能之父"——艾伦·图灵。

图 1-5　艾伦.图灵（Alan Turing，1912—1954）

1. 希尔伯特第十问题

希尔伯特第十问题的表述是："是否存在着判定任意一个丢番图方程有解的机械化运算过程。"这句话的重点是后半句"机械化运算过程"即算法。图灵设想出了一个机器——图灵机，它是计算机的理论原型，圆满地刻画出了机械化运算过程的含义，并最终为计算机的发明铺平了道路。

假如我们希望计算任意两个 3 位数的加法，如 232+459，需要一张足够大的草稿纸以及一支可以在纸上不停地涂涂写写的笔，并完成以下几步。

（1）我们需要从个位到百位一位一位地按照 10 以内的加法规则完成加法。

（2）我们还需要考虑进位，例如 2+9=11，这个 1 就要加在十位上。

（3）我们是通过在草稿纸上记下适当的标记来完成这种进位记忆的。最后，我们把计算的结果输出到了纸上。

2. 图灵机

图灵机就是这一过程的模型化，形成了一个如图 1-6 所示的概念上抽象的机器。它有一条无限长的纸带，纸带分成了一个一个的小方格，每个方格有不同的颜色，有一个机器头在纸带上移来移去。机器头有一组内部状态，还有一些固定的程序。在每个时刻，机器头都要从当前纸带上读入一个方格信息，然后结合自己的内部状态查找程序表，根据程序输出信息到纸带方格上，并转换自己的内部状态，然后进行移动。

图灵的基本思想是用机器来模拟人们用纸笔进行数学运算的过程，他把这样的过程看作下列两种简单的动作。

（1）在纸上写上或擦除某个符号。

（2）把注意力从纸的一个位置移动到另一个位置。

而在每个阶段，人要决定下一步的动作，依赖人当前所关注的纸上某个位置的符号和此人当前思维的状态。

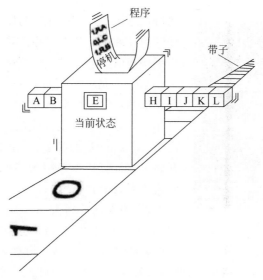

图 1-6 图灵机模型

图灵机模型得到了科学家们的认可,给了图灵莫大的鼓励,他开始进一步思考图灵机运算能力的极限。在思考机器是否能够具备类人的智能问题时,他意识到这个问题的要点在于依据什么标准评价一台机器是否具备智能。

于是,图灵在 1950 年发表了《机器能思考吗?》一文,提出了这样一个标准:如果一台机器通过了一种测试,则我们必须接受这台机器具有智能。如图 1-7 所示测试中,假设有两间密闭的屋子,其中一间屋子里面关了一个人,另一间屋子里面关了一台计算机。屋子外面有一个人作为测试者,测试者只能通过一根导线与屋子里面的人或计算机交流。假如测试者在有限的时间内无法判断出这两间屋子里面哪一个关的是人,哪一个是计算机,那么我们就称屋子里面的人工智能程序通过了测试并具备了智能,这个测试就是著名的"图灵测试"。据此,图灵被江湖豪杰公认为"人工智能之父",占据了江湖的统治地位。

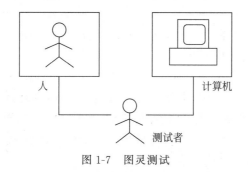

图 1-7 图灵测试

1.2 江湖论道——达特茅斯会议(1956—1980)

1.2.1 华山论剑

距波士顿两个半小时车程的汉诺佛小镇上,在宁静的康涅狄格河以及青葱浓郁环抱

图 1-8　达特茅斯学院

的群山之间，有一座如图 1-8 所示的达特茅斯学院。1956 年，一群年轻人聚在这个小巧而秀美的地方开启了一场人工智能的论剑之战……

第一位是一位风度翩翩的年轻人——如图 1-9 所示的达特茅斯学院数学系助理教授约翰·麦卡锡（John McCarth）。他是代数拓扑学家所罗门·莱夫谢茨（Lefschetz）的学生，并在冯·诺依曼的影响下开始了在计算机上模拟智能的研究。他是本次大会的召集者，LISP 语言的发明者、"人工智能"一词的提出者、图灵奖的获得者、日后一直屹立在人工智能峰顶的"人工智能之父"，参会那年他 28 岁。

第二位是如图 1-10 所示的马文·明斯基，他也是普林斯顿数学系主任塔克的数学博士，由于塔克的老师是莱夫谢茨，因此明斯基还是麦卡锡的师侄。诺贝尔经济学奖得主博弈论大神纳什的师弟。他与麦卡锡举办这场会议旨在创立一门新学科，然而事与愿违，风头却被纽厄尔和西蒙抢过，从此便结下梁子。

图 1-9　约翰·麦卡锡（John McCarth 1927—2011）

图 1-10　马文·明斯基（Marvin Minsky，1927—2016）

第三位是如图 1-11 所示的奥利弗·塞尔福里奇，他是维纳最喜欢的学生，维纳《控制论》一书的第一个读者就是塞尔福里奇。塞尔福里奇是模式识别的奠基人，他也写了第一个可工作的 AI 程序。英国第二大百货店塞尔福里奇的创始人的孙子。

第四位是如图 1-12 所示的克劳德·香农，信息论的创始人。香农的硕士和博士论文都是关于如何实现布尔代数方面的，这部分研究也成为人工智能的计算理论基础。他由当时麻省理工学院校长布什（Bush）亲自指导。博士毕业后香农去了普林斯顿高等研究院，曾和爱因斯坦、哥德尔、外尔等共事。

另外两位是如图 1-13 所示的赫伯特·西蒙及其学生如图 1-14 所示的艾伦·纽厄尔（Allen Newell）。

除了上述六君子，参会者还有来自 IBM 的撒缪尔和伯恩斯坦，一个研究跳棋，另一个研究象棋。达特茅斯学院的教授摩尔也参加了会议，而另一位被后人忽视的先知是所罗门诺夫。和其他人不同，所罗门诺夫在达特茅斯学院待了整整一个暑假。

图 1-11　奥利弗·塞尔福里奇(Oliver Selfridge,1926—2008)

图 1-12　克劳德·香农(Claude Shannon,1916—2001)

图 1-13　赫伯特·西蒙(Herbert A. Simon,1916—2001)

图 1-14　艾伦·纽厄尔(Allen Newell, 1927—1992)

本次会议纽厄尔和西蒙的关于使用"逻辑理论家"程序证明怀特海和罗素《数学原理》中命题逻辑部分子集的报告技压群雄,给与会者留下了深刻的印象。多年之后,麦卡锡谈起那场报告仍然记忆犹新,他说:"从 IPL 中学到了表处理,这成为他后来发明 LISP 的基础。"明斯基后来接受采访时说:"纽厄尔和西蒙的'逻辑理论家'是第一个可工作的人工智能程序。"

这样一群师承名门、年轻气盛、意气风发的青年足足论战了两个月,虽然大家没有达成普遍的共识,但是却为会议讨论的内容起了一个名字:人工智能。人工智能元年诞生,从此一批又一批的高手投入这片江湖,并用一生的时间去令其壮大……

1.2.2　江湖纷争

达特茅斯会议之后,人工智能获得了井喷式的发展,好消息接踵而至。

1. 机器定理证明

用计算机程序代替人类进行自动推理来证明数学定理是最先取得重大突破的领域之

一。继"逻辑理论家"可以独立证明出《数学原理》第二章的 38 条定理后,美籍华人王浩在 IBM704 计算机上以 3～5min 的时间证明了《数学原理》中有关命题演算部分的全部 220 条定理。当然《数学原理》中罗列的一阶逻辑定理只是一阶逻辑的一个子集。目前一阶逻辑的机器定理证明比起 20 世纪 50 年代已有长足进展,但仍然没有更高效的办法。毕竟王浩证明的是一阶逻辑,而"逻辑理论家"只能处理命题逻辑。数学家马丁·戴维斯和哲学家普特南合作沿着王浩的思路进一步提出了戴维斯-普特南证明过程,后来进一步发展为 DPLL。因此王浩在 1983 年被授予定理证明里程碑大奖,被认为是定理证明的开山鼻祖。而就在这一年,IBM 公司还研制出了平面几何的定理证明程序。

此外,在 1976 年凯尼斯·阿佩尔和沃夫冈·哈肯等人利用人工和计算机混合的方式证明了四色定理。这个猜想表述起来非常简单易懂——对于任意的地图,我们最少仅用四种颜色就可以染色该地图,并使得任意两个相邻的国家不会重色。虽然这个猜想证明起来非常烦琐,阿佩尔等人仍然利用计算机超强的穷举和计算能力,最终把这个猜想证明了。

2. 机器学习领域

在 1956 年的达特茅斯会议上,阿瑟·萨缪尔研制了一个跳棋程序。该程序具有自学习功能,能够通过观察当前位置并学习一个隐含的模型,从而为后续动作提供更好的指导。塞缪尔发现伴随着该游戏程序运行时间的增加,其可以实现越来越好的后续指导。通过这个程序,塞缪尔驳倒了普罗维登斯提出的机器无法像人类一样写代码和学习的模式。1959 年,该跳棋程序打败了它的设计者萨缪尔本人,3 年后已经可以击败美国一个州的跳棋冠军。

3. 模式识别领域

1956 年,奥利弗·塞尔福里奇研制出第一个字符识别程序,开辟了模式识别这一新的领域。1957 年,纽厄尔和西蒙等开始研究一种不依赖于具体领域的通用问题求解器,他们称之为 GPS。1963 年,詹姆斯·斯拉格发表了一个符号积分程序 SAINT,输入一个函数的表达式该程序就能自动输出这个函数的积分表达式。4 年以后,他们研制出了符号积分运算的升级版 SIN,SIN 的运算已经可以达到专家级水准。

1.2.3 停滞不前

俗语说:"月有阴晴圆缺",正当胜利冲晕人工智能科学家们的头脑时,人工智能的黑暗期也悄悄地到了他们的身边。

1965 年开始从理论研究到计算机硬件的限制,使得整个人工智能领域的发展都遇到了很大的瓶颈。机器定理证明领域遇到了瓶颈——计算机推了数十万步也无法证明两个连续函数之和仍是连续函数。萨缪尔的跳棋程序不复往日之勇,披着州冠军的荣耀再无法前进一步,对世界冠军永远只能雾里看花。当今火爆异常的机器学习也停下了它的发展步伐,这一停就是十余年。特别是神经网络学习机因理论缺陷也未能达到预期效果而转入低潮。此外,在机器翻译领域更是举步维艰,本来对于人类自然语言的理解就不是人工智能的专长,下面一个最典型的例子就可以看出计算机对自然语言理解与翻译过程表现得何其差劲。

"The spirit is willing but the flesh is weak."(心有余而力不足。)

当时,人们让机器翻译程序把这句话翻译成俄语,然后再翻译回英语以检验效果,得到的句子竟然是:The wine is good but the meet is spoiled.(酒是好的,肉变质了。),这完全就是驴唇不对马嘴。这就是美国政府花了2000万美元在机器翻译中达到的效果,间接证明了机器翻译就是人工智能的坟墓。

就好像验证了如图1-15所示的技术发展路线魔咒,当时机器虽然拥有了简单的逻辑推理能力,但是遇到了无法解决指数型爆炸的复杂计算问题、无法"看懂"世界的认识信息、无法解决自动规划的逻辑问题等无法克服的基础障碍。因此当时越来越多的不利证据迫使政府和大学削减了人工智能的项目经费,这使得人工智能进入了寒冷的冬天。来自各方的事实证明,人工智能的发展不可能像人们早期设想的那样一帆风顺,人们必须静下心来冷静思考。

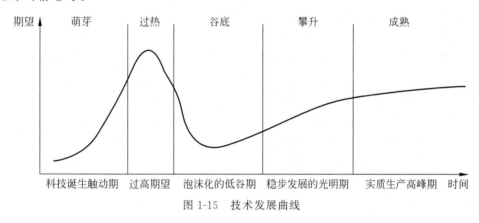

图 1-15　技术发展曲线

1.2.4　门派初成

发展几起几落,几个流派此消彼长,有流派自然有江湖,有江湖自然有派别,古今中外,概莫免俗。目前,人工智能研究主流定义是符号主义学派、连接主义学派和行为主义学派三大流派。

1. 符号主义学派

该学派又称为逻辑主义,该派历任掌门人有纽厄尔、西蒙和尼尔逊等宗师级人物。该派的武学基础源于19世纪末兴起的数理逻辑,20世纪30年代开始,该派中的武林高手将数据逻辑用于描述智能行为,而后又在计算机上实现了逻辑演绎系统。该派中代表性的AI程序——逻辑理论家又证明了《自然哲学的数学原理》中的38条数学定理,表明了应用计算机可以研究人的思维过程,模拟人类智能活动。在1956年的武林盛会上,符号主义学派更是首先提出了"人工智能"这个术语,而后该派分支逐渐开枝散叶,发展了启发式算法分舵、专家系统分舵、知识工程分舵等各分支派别。20世纪80年代之前,符号主义曾长期一枝独秀，特别是专家系统的成功开发与应用，为人工智能走向工程应用和实现理论联系实际具有特别重要的意义。当前符号主义学派中的知识图谱分支正在扛起符号主义的大旗，在人工智能江湖内占有重要地位。

符号主义学派的思想和观点直接继承自图灵，其核心思想是通过提升机器的逻辑推理能力达到机器智能化。他们是直接从功能的角度来理解智能的。他们把智能理解为一个黑箱，只关心这个黑箱的输入和输出，而不关心黑箱的内部构造。因此符号学派利用知识表示和搜索来替代真实人脑的神经网络结构。然而符号主义学派的大师们经过数十年的研究，却反而证明逻辑似乎并不是真正打开智能大门的钥匙，它很擅长解决利用现有的知识做比较复杂的推理、规划、逻辑运算和判断等问题，但这离人们对智能的要求还很远很远……

2. 连接主义学派

既然仅让机器实现人类的符号推理，还不够达到智能这条路，此时就有科学家想到了能否像飞机和超声波技术发明那样，直接利用仿生学来完整地再造一个人脑呢？说干就干，1943 年，由生理学家麦卡洛克（McCulloch）和数理逻辑学家皮茨（Pitts）创立了脑模型（MP模型），它从神经元开始进而研究神经网络模型和脑模型，如同张三丰开创武当一般，创立了人工智能的新学派——连接主义学派，殊不知为自己挑选了一条更为艰辛的道路……

20 世纪 60—70 年代，以感知机为代表的脑模型研究出现如同当今神经网络般的热潮，但由于受到当时实际人脑研究的限制，一直无法前进。直到霍普菲尔德（Hopfield）教授在 1982 年和 1984 年发表的两篇重要论文，提出了用硬件模拟神经网络，才给连接主义带来了新的曙光。1986 年，鲁梅尔哈特（Rumelhart）等提出多层网络中的反向传播（BP）算法。此后，连接主义势头大振，从模型到算法，从理论分析到工程实现，为神经网络计算机走向市场打下基础。

连接主义学派是“只求知其然，不求知其所以然”，其核心思想是让机器直接从大量数据中提取知识，提取过程中不谋求获得有明确物理意义的逻辑关系，只要利用足够数据，根据统计特性，通过结果反推出参数复杂的原因模型，再用模型去预测新的结果，即训练与推理过程。连接主义学派则显然要把智能系统的黑箱打开，从结构的角度来仿真智能系统的运作，而不单单重现功能。这样连接学派看待智能会比符号学派更加底层。这样做的好处是可以很好地解决机器学习的问题，并自动获取知识。但是弱点是对于知识的表述是隐含而晦涩的，因为所有学习到的知识都变成了连接权重的数值。我们若要读出神经网络中存储的知识，就必须要让这个网络运作起来，而无法直接从模型中读出。

此派有三样镇派之宝——算法、数据和算力，后两宝在 21 世纪大数据兴起时大放异彩，并依托深度学习之一分支直接将连接主义学派推上了盟主宝座。连接主义学派擅长解决模式识别、聚类、联想等非结构化的问题，但却很难解决高层次的智能问题（如机器定理证明）。现在该派中的深度学习分支势力正如日中天，派内门徒甚众、人丁兴旺、士气旺盛，但成果却没有像预想的那样令人兴奋，该派是否真正可以带领其余众派突破瓶颈，一统江湖造出真正的智能，还有待观察。

3. 行为主义学派

行为主义学派是一个新兴的学派,是 20 世纪末才创建的学派。但其追溯的渊源来自于维纳的控制论。控制论把神经系统的工作原理与信息理论、控制理论、逻辑以及计算机联系起来。早期的研究工作重点是模拟人在控制过程中的智能行为和作用,如对自寻优、自适应、自镇定、自组织和自学习等控制论系统的研究,并进行"控制论动物"的研制。到 20 世纪 60—70 年代,上述这些控制论系统的研究取得一定进展,播下智能控制和智能机器人的种子,并在 20 世纪 80 年代诞生了智能控制和智能机器人系统。这一学派的镇派神兽是布鲁克斯的六足行走机器人,它是一个基于感知-动作模式模拟昆虫行为的控制系统。而 2006 年 AlphaGo 击败围棋天才李世石才是该派真正的扬名之战。

行为主义学派研究更低级的智能行为,它更擅长仿真身体的运作机制而不是脑,同时行为主义学派非常强调进化的作用。他们认为,人类的智慧也理应是从漫长的进化过程中逐渐演变而来的。行为主义学派还从遗传学和博弈论中取其精华,创立了两套绝世武功——遗传算法和强化学习。强化学习的核心是智能体通过博弈的自我训练,这套武功也许会把行为主义学派向最接近智能的道路推进。

综上所述,这三个学派大致是从软件、硬件和身体这三个角度来仿真和理解智能的。三大学派分别从高、中、低三个层次来仿真智能,但现实中的智能系统显然是一个完整的整体。我们应如何调解、综合这三大学派的观点呢?这是一个未解决的开放问题,而且似乎很难在短时间内解决。主要的原因在于,无论是在理论指导思想还是计算机模型等方面,三大学派都存在着太大的差异。

1.3 武林中兴——深度学习(1981 年至今)

1.3.1 盟主问道——机器学习

微课视频

机器学习起源于对人本身的意识、自我、心灵等哲学问题的探索。在发展的过程中,融合了统计学、神经科学、信息论、控制论、计算复杂性理论等学科的知识。走出机器学习第一步的是唐纳德·赫布,他于 1949 年基于神经心理学的 Hebb 学习规则开启了机器学习的大门。这种学习机制与人类观察和认识世界的过程非常吻合,其过程是使网络能够提取训练集的统计特性,从而把输入信息按照它们的相似性程度划分为若干类。Hebb 学习规则与"条件反射"机理一致,并且已经得到了神经细胞学说的证实。1952 年,IBM 科学家亚瑟·塞缪尔开发了一个跳棋程序。该程序能够通过观察当前位置,并学习一个隐含的模型,从而为后续动作提供更好的指导。塞缪尔发现,伴随着该游戏程序运行时间的增加,其可以实现越来越好的后续指导。通过这个程序,塞缪尔驳倒了普罗维登斯提出的机器无法超越人类,像人类一样写代码和学习的模式。他创造了"机器学习"的派别。

1957 年,罗森·布拉特基于神经感知科学背景提出了第二模型,非常类似于今天的机器学习模型。这在当时是一个非常令人兴奋的发现,它比 Hebb 的想法更适用。基于这个模型,罗森·布拉特设计出了第一个计算机神经网络——感知机(the Perceptron),它模拟了人脑的运作方式。3 年后,维德罗首次使用 Delta 学习规则用于感知器的训练步骤。这种方法后来被称为最小二乘方法。这两者的结合创造了一个良好的线性分类器。

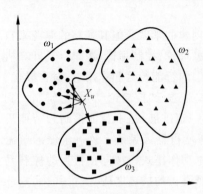

图 1-16　KNN算法图

1967 年,如图 1-16 所示最近邻算法(KNN)出现,由此计算机可以进行简单的模式识别。其核心思想是如果一个样本在特征空间中的 k 个最相邻的样本中的大多数属于某一个类别,则该样本也属于这个类别,并具有这个类别上样本的特性。该方法在确定分类决策上只依据最邻近的一个或者几个样本的类别来决定待分样本所属的类别。

1969 年,一代宗师马文·明斯基将感知器推到最高顶峰,提出了著名的 XOR 问题和感知器数据线性不可分的情形。明斯基还开发出了世界上最早的能够模拟人活动的机器人 Robot C,使机器人技术跃上了一个新台阶。明斯基的另一个大举措是创建了著名的"思维机公司",开发具有智能的计算机。林纳因马在 1970 年提出 BP 神经,并将其称为"自动分化反向模式",给机器学习带来了希望,掀起了"基于统计模型"的机器学习热潮。这个热潮一直持续到今天。人们发现,利用 BP 算法可以让一个人工神经网络模型从大量训练样本中学习出统计规律,从而对未知事件做预测。这种基于统计的机器学习方法比起过去基于人工规则的系统,在很多方面显示出优越性。这个时候的人工神经网络,虽然也被称作多层感知机(Multi-layer Perceptron),但实际上是一种只含有一层隐层节点的浅层模型。

到了 20 世纪 90 年代,各种各样的浅层机器学习模型相继被提出,例如,支撑向量机(SVM)、Boosting、最大熵方法等。这些模型的结构基本上可以看成带有一层隐层节点或没有隐层节点。但这些模型由于理论分析难度大,训练方法需要很多经验和技巧,导致浅层人工神经网络逐渐沉寂,机器学习这一盟主也开始闭关修炼。

1.3.2　神兵现世——神经网络

机器学习学派自成立以来,发明众多算法利器,但在炼制过程中不经意间出现了一把神兵——神经网络。阿尔法狗利用该神兵击败了世界顶级围棋棋手李世石,神兵因此扬名。

神经网络主要从信息处理角度对人脑神经元网络进行抽象,建立某种简单模型,这种模型使用大量的计算神经元,这些神经元通过加权连接层连接。每一层神经元都能够进行大规模的并行计算并在它们之间传递信息。

神经网络的起源甚至可以追溯到计算机本身的发展,第一个神经网络出现在 20 世纪 40 年代,经历了两代英雄的发展。

1. 第一代神经网络神经元起着验证作用

这些神经元的设计者只是想确认他们可以构建用于计算的神经网络。这些网络不能用于培训或学习;它们只是作为逻辑门电路。它们的输入和输出是二进制的,权重是预定义的。

2. 第二代神经网络发展出现在 20 世纪 50—60 年代

这涉及罗斯布拉特在传感器模型和赫伯特学习原理方面的开创性工作。

弗兰克·罗森布拉特开启了利用神经网络进行计算的新时代,止于 1969 年的争论。直到 20 世纪 80 年代,新一代神经网络研究人员开始重新审视这个问题。

这一时期学者们的努力,开创了"计算神经科学""人脑连接组学""认知神经科学"等新兴研究领域,对大脑学习行为的研究也从行为层面深入到分子层面。

1.3.3　后起之秀——深度学习

就在机器学习正在修炼之时,2006 年加拿大多伦多大学教授、机器学习领域的泰斗 Geoffrey Hinton 和他的学生 Ruslan Salakhutdinov 在《科学》上发表了一篇文章,开启了深度学习在学术界和工业界的浪潮。这篇文章有两个主要观点:第一是多隐层的人工神经网络具有优异的特征学习能力,学习得到的特征对数据有更本质的刻画,从而有利于可视化或分类;第二是深度神经网络在训练上的难度,可以通过"逐层初始化"来有效克服,在这篇文章中,逐层初始化是通过无监督学习实现的。

2011 年,谷歌 X 实验室的研究人员从 YouTube 视频中抽取出 1000 万张静态图片,把它喂给"谷歌大脑"——一个采用了所谓深度学习技术的大型神经网络模型,在这些图片中寻找重复出现的模式。三天后,这台超级"大脑"在没有人类的帮助下,居然自己从这些图片中发现了"猫"。2012 年 11 月,微软在中国的一次活动中,展示了他们新研制的一个全自动的同声翻译系统——采用了深度学习技术的计算系统。演讲者用英文演讲,这台机器能实时地完成语音识别、机器翻译和中文的语音合成,也就是利用深度学习完成了同声传译。2013 年 1 月,百度公司成立了百度研究院……这些全球顶尖的计算机、互联网公司都不约而同地对深度学习表现出了极大的兴趣。那么究竟什么是深度学习呢?事实上,深度学习仍然是一种神经网络模型,只不过这种神经网络具备了更多层次的隐含层节点,同时配备了更先进的学习技术,如图 1-17 所示。

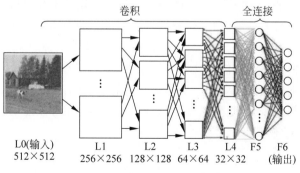

图 1-17　一个深度神经网络模型

然而当我们将超大规模的训练数据喂给深度学习模型的时候,这些具备深层次结构的神经网络仿佛摇身一变,成为拥有感知和学习能力的大脑,表现出了远远好于传统神经网络的学习和泛化的能力。当我们追溯历史,深度学习神经网络其实早在 20 世纪 80 年代就出现了。然而当时的深度网络并没有表现出任何超凡能力，这是因为当时的数据资源远没有现在丰富，而深度学习网络恰恰需要大量的数据以提高它的训练实例数量。到了 2000 年，当大多数科学家已经对深度学习失去兴趣的时候，又是那个杰夫·辛顿带领他的学生继续在这个冷门的领域坚持耕耘。起初他们的研究并不顺利，但他们坚信他们的算法必将给世界带来惊喜。惊喜终于出现了，到了 2009 年，辛顿小组获得了意外的成功。他们的深度学习神经网络在语音识别应用中取得了重大的突破，转换精度已经突破了世界纪录，错误率比以前减少了 25%。可以说，辛顿小组的研究让语音识别领域缩短了至少 10 年的研究时间。就这样，他们的突破吸引了各大公司的注意。苹果公司甚至把他们的研究成果应用到了 Siri 语音识别系统上，使得 iPhone 5 全球热卖。从此，深度学习的流行便一发不可收拾。那么，为什么把网络的深度提高，配合上大数据的训练就能使得网络性能有如此大的改善呢？答案是，因为人脑恰恰就是这样一种多层次的深度神经网络。例如，已有的证据表明，人脑处理视觉信息就是经过多层加工完成的。

　　所以，深度学习实际上只不过是对大脑的一种模拟，其实质是通过构建具有很多隐层的机器学习模型和海量的训练数据，来学习更有用的特征，从而最终提升分类或预测的准确性。因此，"深度模型"是手段，"特征学习"是目的。区别于传统的浅层学习，深度学习的不同在于：第一是强调了模型结构的深度，通常有 5 层、6 层，甚至 10 多层的隐层节点；第二是明确突出了特征学习的重要性。也就是说，通过逐层特征变换，将样本在原空间的特征表示变换到一个新特征空间，从而使分类或预测更加容易。与人工规则构造特征的方法相比，利用大数据来学习特征，更能够刻画数据的丰富内在信息。

　　深度学习技术似乎已经突破了模式识别问题这个瓶颈。有人甚至认为，深度学习神经网络已经可以达到 2 岁小孩的识别能力。深度学习这一后起之秀，会将人工智能引入全新的发展局面。

1.3.4　前提要素——数据标注

　　随着无人驾驶、人脸识别、语音交互等工智能落地商业化进入快车道，在云计算和大数据技术的合力推动下，人工智能技术的突破与行业应用落地如雨后春笋，焕发出源源不断的生机。作为人工智能行业的基础，数据是实现这一能力的决定性条件之一。因此，为机器学习算法训练提供高质量的标注数据服务成为决定人工智能应用高度的重要因素之一。数据标注是数据标注人员借助某种工具软件，对人工智能算法的学习数据集进行加工的一种行为。数据标注的主要作用是为人工智能算法标记用于训练机器学习模型的数据集合。人工智能算法需要"吃掉"大量的数据，才能学会某种技能，数据标注的工作就是为人工智能算法加工"燃料"。

思考题

　　1. 人工智能的发展有几大阶段？
　　2. 数据标注与人工智能的关系是怎样的？
　　3. 简述深度学习的本质。

第 2 章

数据标注的崛起

2.1 数据标注的演变

2.1.1 数据标注的起源

人工智能从 1956 年发展至今已接近一个甲子,经历了两次发展浪潮的涌起和退落,但这股巨浪却都在登陆滩边绕了个弯,未能真正走入人们的生活。这些处于实验室阶段的人工智能研究对原始数据的需求较小,实验数据的数据标注工作一般由算法工程师本人完成,并未形成独立的工作岗位和数据产业。直到 1997 年 IBM 设计的 Deep Blue 一声惊雷,战胜了国际象棋冠军卡斯帕洛夫,才将人们的视野再次拉回到了人工智能应用。2006 年"神经网络之父"Geoffrey Hinton 提出的深度学习技术的变革发展,直接带动了第三次人工智能浪潮的爆发,而这股浪潮的主导力量则是大数据的驱动,而对大量原始数据的标注质量和效率就直接成为影响本次浪潮成功与否的关键因素之一。

而随着数据量的不断增大,如何解决大量标注的难题就成为各学院学者争先进行研究的课题,其中尤具有代表性的是 2007 年斯坦福大学教授李飞飞等启动了一个用于视觉对象识别软件研究的大型可视化数据库的 ImageNet 项目。该项目主要借助亚马逊的劳务众包平台(AMT)来完成图片的分类和标注,以便为机器学习算法提供更好的数据集。截至 2010 年,已有来自 167 个国家的 4 万多名工作者提供了超过 1400 万的图像 URL 被 ImageNet 手动注释,共包含 2 万多种类别。

该项目成功提供了一种解决大数据预处理的方法,同时也改变了大众对数据在人工智能研究中核心地位的认知,使大众认识到数据比算法更为重要。随后,2011 年数据标注的外包市场开启,2017 年进入爆发阶段,数据标注开始慢慢进入人们的视野,缓缓拉开了数据标注新时代的大幕。

2.1.2　数据标注在人工智能中的地位

我们可以闭上双眼一起来回忆一下，"呱，呱，呱……"，一个新生命诞生后，当睁开双眼看到这个陌生的世界时，他需要理解这个世界，需要判断这些事物，需要提前有人告知这是个怎么样的世界。人工智能这个小朋友就是这样通过不断有人教授、不断识别特征、不断强化特征与标签之间的关联，最终实现自主识别。数据标注就可以看作人类逐步教育计算机这个天才儿童认识世界的工具，是帮助人类与其沟通的纽带。现在人工智能应用最广泛的场景无非以下两个：智能语音和图像识别。本节就从这两个方面，看一下数据标注到底如何在其中"发光发热"。

1. 图像识别

图像识别是基于图片的特征信息进行多类别、多角度、多光线等的图像采集，从而完成身份识别的一种图像识别技术。图像识别的过程是不断采集足够大的数据样本，而后通过使用人工标注来标出各图像特征，让计算机进行学习达到计算机自动识别图像的过程。举个例子，如果想让机器学习认识汽车，直接给机器一个汽车图片它是无法识别的，必须对汽车图片进行标注打上标签注明"这是一个汽车"，当机器获得大量打上标签的汽车图片进行特征学习之后，再给机器一个汽车的图片，机器就能知道这是一个汽车了。

2. 语音识别

人类大脑皮层每天处理的信息中，声音信息占 20%，它是沟通最重要的纽带。2016年，机器语音识别准确率第一次达到人类水平，意味着智能语音技术落地期到来。数据标注在语音方面主要用于语音语言采集、语音内容加工处理、情感判断、语音文字等转换方面，起到了举足轻重的作用，为语音识别（ASR）、语音合成（TTS）等提高质量起到了核心支撑作用，从而让智能设备更懂得用户的心声，使机器具备了听说的智能。

总而言之，数据标注在数量和精度方面的要求都在不断被提升，这促进了行业的升级发展以及对人才的需求，人工智能数据标注的发展是机器能够更聪明地学习去认知真实世界的基础，可以说，数据标注是人工智能领域发展的基石，由此可见，人工智能算法由数据驱动，一个好模型需要质量优异的数据资源做支撑。

2.1.3　数据标注团队面临的挑战

量变引起质变，数据标注光明前景的背后是 AI 企业对于数据服务公司提出的高质量、精细化、定制化数据标注要求。这些要求考验了数据服务公司的技术水平实力、精细化管理能力和流程把控能力等，这就给数据标注工作带来了如下挑战。

1. 如何提高定制化标注能力，满足细化的行业和场景需求

数据标注的应用场景十分广泛，具体来说，如自动驾驶、智慧安防、新零售、AI 教育、工业机器人、智慧农业等领域。不同的应用场景对应不同的标注需求，例如，自动驾驶领域主要涉及行人识别、车辆识别、红绿灯识别、道路识别等内容，而智慧安防领域则主要涉

及面部识别、人脸探测、视觉搜索、人脸关键信息点提取以及车牌识别等内容,这对数据服务供应商的定制化标注能力提出了新的挑战。

2. 如何提升标注效率,加强人机协作能力

数据标注行业的特殊性决定了其对于人力的高依赖性,目前主流的标注方法是标注员根据标注需求,借助相关工具在数据上完成诸如分类、画框、注释和标记等工作。由于标注员能力素质的参差不齐以及标注工具功能的不完善,数据服务供应商在标注效率以及数据质量上均有所欠缺。此外,目前很多数据服务供应商忽视或完全不具备人机协作能力,并没有意识到 AI 对于数据标注行业的反哺作用。目前有些公司尝试在标注过程中引入 AI 预标注以及在质检过程中引入 AI 质检,不仅可以有效提高标注效率,同时也可以极大提升标注数据集的准确度。

3. 如何培育高质量的数据标注服务品牌,加强数据标准质量

现阶段,数据标注主要依靠人力来完成,人力成本占据数据标注服务企业总成本的绝大部分。因此很多品牌数据服务供应商都放弃自建标注团队,转而通过分包、转包的模式完成标注业务。

与自建标注团队相比,众包与转包的方式,成本较低且比较灵活,但是与自建标注团队相比,这两种模式信息链过长,且质量难以把控,从长远角度来看,自建标注团队更加符合行业发展的需求。

4. 如何完善数据安全体系,避免标注数据隐私泄露风险

一些特殊行业的需求方,如金融机构和政府部门,格外注重标注数据的安全性,但是一些数据标注企业出于成本方面的考虑,会将这些敏感的数据分发、转包给其他服务商或者个人,这就带来了巨大的潜在数据泄露风险。如何建立一套完善的数据安全防护机制就成为当下诸多数据服务供应商需要着重考量的因素。

在可预见的行业变革期内,无论是中小数据服务供应商还是品牌数据服务供应商,都无法在这场变革中独善其身,唯有不断提升自身技术实力、快速迭代自身业务以适应需求变化,并打造品牌与实力的双重口碑效应,才能在激烈的市场竞争中更具优势,建立高度排他性技术壁垒。

2.2 数据标注行业发展趋势

随着人工智能产业的不断壮大,人工智能生态链也初现雏形,虽然思必驰、地平线机器人等人工智能企业也率先提出了"闭环学习"的概念,但这些尝试仍未形成市场主流。毋庸置疑,在长久的时间里监督式学习仍会是机器学习的主流方式,数据标注作为监督式学习链上最基础的一环,将被越来越多的人所关注和重视,这就让我们不得不充分考虑数据标注行业的未来发展。

2.2.1　数据标注公司简介

目前,中国涌现出来越来越多专业做数据标注的各类企业,涵盖从上市公司到3～5人的民间小作坊的各类体量,可以说是百花齐开,各撒芬芳的状况,但像所有行业一样最终会慢慢沉淀下来,马太效应也会逐渐凸显。

1. 数据标注公司

目前大部分关于数据标注的报道中,基本都会提到数据标注的发展模式倾向于"众包＋工厂"的模式发展,工厂模式占有市场比重更大一些,根据2020年《互联网周刊》发布的前十大数据标注公司排名如表2-1所示。

表 2-1　2020年数据标注公司排行

排名	简　称	全　称
1	Testin 云测	北京云测信息技术有限公司
2	数据堂	数据堂(北京)科技股份有限公司
3	龙猫数据	北京安捷智合科技有限公司
4	星尘纪元	北京星尘纪元智能科技有限公司
5	文德数慧	北京文德数慧科技发展有限责任公司
6	倍赛 BasicFinder	北京深度搜索科技有限公司
7	标贝科技	标贝(北京)科技有限公司
8	爱数智慧	北京爱数智慧科技有限公司
9	梦动科技	贵州梦动科技有限公司
10	曼孚科技	杭州曼孚科技有限公司

上述公司主要以技术驱动为主,主要分为AI技术驱动型和数据标注工具驱动型,AI技术驱动型比较典型的有标贝和爱数两家公司,最开始都是以TTS起家并融资,但目前均下场来做大量的数据标注的生意。

第二类比较典型的就是龙猫和倍赛主打数据标注工具研发以及半自动化标注工具研发,其核心都是为标注本身提高效率。这些平台共同的特点是带头人在人工智能圈是稍微有些名气或者有背景的技术人才。

2. 数据标注平台

2020年《互联网周刊》发布的前十大数据标注众包平台排名如表2-2所示。

表 2-2　2020年数据标注众包平台排行

排名	简　称	全　称
1	京东众智	京东数字科技控股有限公司
2	百度众测	百度在线网络技术(北京)有限公司
3	数据堂	数据堂(北京)科技股份有限公司
4	龙猫众包	北京安捷智合科技有限公司
5	格物钛	格物钛(上海)智能科技有限公司

续表

排名	简　称	全　称
6	MBH 莫比嗨客	大连莫比嗨客智能科技有限公司
7	有道众包	网易有道信息技术(北京)有限公司
8	倍赛 BasicFinder	北京深度搜索科技有限公司
9	淘金云	四川淘金你我信息技术有限公司
10	点我科技	郑州点我科技有限公司

1) 内需驱动型平台

内需驱动型的平台很明显,类似于百度、阿里巴巴、京东、科大讯飞等此类公司都会有自身的众包平台,主要目标是完成本公司的业务需求。此类公司的主要特点是已经形成了相对完善的供应商体系,对供应商的能力以及评级更精准,流程更完善,自身也有非常实用的标注工具及项目管理系统。也就是说,对标注公司的要求相对要高,分别体现在技术能力要求和管理能力两方面。

2) 信息分享型平台

信息分享型平台的情况相对比较混乱,在货币战争中的"渠道为王",正好概括了这些公司的营销策略。数据标注行业基本都是 toB 端的服务型项目,所以客户本身在发布需求出来的时候就是广撒网多捞鱼的策略,那么此类平台公司也是一样的策略。所以此部分只要是手里握着一手渠道都可以作为一个分享型的平台方来做解决方案,其核心竞争力是节约了客户对于项目管理的成本。

不管是平台还是公司,目前核心还是数据标注工厂团队本身的数据标注服务能力,所以大家面对项目管理问题时是一致的。不管上层设计如何定位,作为数据标注员的核心还是高效高质量及时地交付数据才是核心竞争力。不管是通过技术解决客户没有工具的问题,还是客户工具效率低下,还是帮助客户解决人员管理问题,那么对于做数据标注公司的来说,高效高质量及时的同时还是最省钱的那个便成为核心竞争力了。

2.2.2　数据标注行业的现状

国务院发布的《新一代人工智能发展规划》显示,截至 2020 年,我国人工智能核心产业规模超过 1500 亿元,带动相关产业规模超过 1 万亿元。在此背景下,数据标注需求也随数据量增长而上升,2019 年需求量约为 36EB,市场规模达 30.9 亿元,2020 年在 36 亿元左右,必将带动数据标注企业数量上升。此外,大数据产业发展必将推动非结构化数据的清洗标注需求,从而必将引领数据标注企业类型的多元化发展,其行业发展具体表现在如下几方面。

1. 大数据标注支出持续上升

2019 年,我国数据产量总规模为 3.9ZB,同比增加 29.3%,占全球数据总产量的 9.3%。2019 年,我国人均数据产量为 3TB,同比增加 25%。根据 IDC 于 2021 年 3 月发布的最新预测数据显示,2020 年中国大数据市场整体规模预计首次超过 100 亿美元,较 2019 年同比增长 15.9%。

长期来看,中国大数据支出整体呈稳步增长态势,市场总量有望在 2024 年超过 200 亿美元,如图 2-1 所示与 2019 年相比增幅达到 145%。同时中国大数据市场发展迅速,五年 CAGR(Compound Annual Growth Rate,年均复合增长率)约为 19.7%,增速领跑全球。

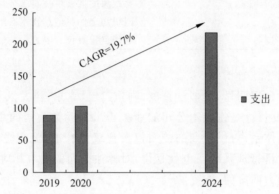

图 2-1　2019—2024 年中国大数据市场规模(单位:亿美元)

2. 大数据标注需求量大幅度上升

目前市场上有 1% 的数据能被收集保存下来,同时其中有 90% 数据是非结构化的数据,这些非结构化的数据只有经过清洗与标注才能被唤醒价值,这就产生了源源不断的清洗与标注需求,按照 90% 的非结构化数据全部需要被清洗标注以应用于人工智能发展来看,2019 年,中国需要被标注的数据量达 36EB。同时根据 iResearch 数据显示,到 2019 年数据标注行业市场规模为 30.9 亿元,到 2020 年行业市场规模突破 36 亿元,如图 2-2 所示预计 2025 年市场规模将突破 100 亿元,说明我国数据标注行业处于高速发展阶段。

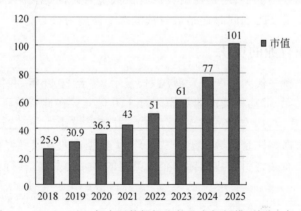

图 2-2　2018—2025 年中国数据标注行业市场规模(单位:亿元)

3. 数据标注企业数量呈上升趋势

根据 AI 数据标注员统计数据显示,2020 年 4 月,国内数据标注业务相关公司数量为 565 家,2020 年 12 月增长至 705 家,这段时间数据标注需求公司增量为 24.78%。

截至目前,国内包括作坊在内的以数据标注为核心业务的企业有上千家,共 20 余万名数据标注员。未来在大数据产业的不断发展下,预计数据标注相关企业数量将呈现不断增长趋势。

2.2.3　数据标注行业前景

目前,人工智能市场半壁江山被创业型 AI 公司所占据,而这些创业型 AI 公司的标注需求无法支撑超大型数据标注公司的运营,因此我们需要思考是否可以仿照工业时代组建遵循如下原则的大规模的数据标注工厂来满足市场需求,更好地陪伴着这些 AI 公司的发展,享受人工智能行业发展中的红利。

1. 服务专业化

服务专业化是指在数据标注的某个领域,进行深耕分类,为客户提供专业化的服务。数据标注根据需求基本可以分为三大类:图像、语音、文字,可以从这三类需求中选出一类,作为核心服务方向。选定服务方向后,只钻研该方向的数据标注需求,通过不断获取该领域的需求,培训成本可以大大降低的同时,给甲方公司的反馈会更为专业。

2. 运营系统化

运营系统化是指通过系统,对人员、数据、绩效使用科学的方法,缩短每个流程所耗费的时间,最大限度地降低公司运营成本。

3. 标注自动化

曾有业内人士预判,数据标注员这样的职业很可能将被淘汰,人工智能技术发展中的数据标注、数据获取、特征提取、模型设计和训练等环节有可能实现自动化或半自动化。不过在 10～15 年内,受到技术的约束,行业的运行将维持与现阶段相似的模式,"人工智能不会是未来的全部。未来将是人工智能与人类智能的结合,是人机耦合的时代。"

4. 精度提高化

无论是工厂、众包还是将两者结合的市场结构,都是在成本、准确率和灵活性上做选择,随着越来越多数据喂养给了人工智能算法,人工智能公司必须想办法积累更多、更准确、符合自身应用的数据。从某种程度上来说,高质量的标注数据决定了人工智能公司的竞争力。

任何一个行业,在经历了早期的疯狂生长后,最终一定会经历一番洗牌,变得更为规范化、透明化。届时质量会取代成本,成为需求方最优先考虑的变量。AI 行业也不例外,压低报价和提交更多的数据标注结果显得不再那么重要,准确率成为脱颖而出的命脉。当 AI 完成初级识别,要进行深度学习训练后,甲方的人工智能公司对数据质量和效率的要求将超越对成本的顾虑。在大型人工智能公司面前,数据标注工厂的准确率提升一个百分点,竞争力将跃迁几个层级。因此往金字塔的高层发展,自有整套数据技术和完善的管理水平,能依靠人工智能增加准确率和流水线增加效率的数据标注工厂成为数据标注行业的未来前景。然而在公司转型到工厂的过程中，公司需要做下列两件事情。

（1）资源调配——公司要知道如何调配资源使其逐步接近目标。

（2）人才培养——行业人才的培养成为全行业的共识，只有通过人才，加强行业内驱力，才能够实现上述未来。

2.3 数据标注行业标准的制定

由北京航空航天大学、中国电子技术标准化研究院、第四范式（北京）技术有限公司、深圳腾讯计算机系统有限公司、中国航空综合技术研究所、数据堂（北京）科技股份有限公司、联想（北京）有限公司、北京深醒科技有限公司、上海外国语大学、深圳云天励飞技术有限公司等单位共同编制的《信息技术人工智能面向机器学习的数据标注规程》是2019年4月1日实施的一项行业标准。本标准确立了数据标注规程框架，规定了数据标注的具体规程，适用于实施数据标注的企业、高校、科研院所、政府机构等面向人工智能研究或开发应用的机构。一个数据标注工厂需重点遵循以下几点标准。

2.3.1 标注数据量记录标准

数据标注前应完成以下五项准备工作。

1. 分析数据

明确机器学习和模型训练过程中所需的标注数据类型、量级、用途及应用场景等。分析维度包括：业务场景的针对性、标注样本的平衡性、前期经验及改进措施的借鉴等。

2. 整理数据

明确数据与标签文件存放的目录结构，在任务分配与回收时，应按指定的目录进行数据组织。

3. 明确命名规则

应明确数据与标签文件的命名方式，命名规则应避免数据更新迭代时的重名，便于数据追踪、标注追踪，且数据文件名与标签文件名应保持一致。

4. 预估数据量

根据标注任务的人力获取模式、工具选择、标注任务类型、算法选择以及整个项目的成本对所需标注的数据量进行预估。

5. 标注数据定义与需求量

明确标注数据的定义并确定最终的需求量。

2.3.2 标注工作职责说明

1．数据需求方

数据需求方应负责确保数据标注的规则符合该领域的业务和专业常识，并根据标注规则，检查所标注的数据是否满足数据需求方。

2．数据使用方

数据使用方应从机器学习算法角度，确保标注规则可满足机器学习模型的训练要求，并根据该标注规则，检查标注的数据支撑机器学习模型达到数据需求方期望的精度。

数据需求方、数据使用方及数据标注团队应共同参与标注说明规则的制定、调整、迭代、执行的各个环节。数据标注团队应从实际标注角度出发，确保标注规则清晰、明确。

2.3.3 标注信息要求规范

标注说明规则应明确项目背景、意义及数据应用场景，包含项目标注工具、任务描述、标注方法、正确示例、常见错误等内容。标注说明规则应有可变更性，该变更应由相关方评审同意后，再更新规则文档，且相关方应沿用制定规则时的基本原则及方法。标注说明规则包括但不限于如下几项。

1．项目背景

概述项目背景或数据标注需求产生的场景。

2．版本信息

标注该说明的当前版本编号、发布日期、发布人、发布说明（发布原因或迭代原因）及历史迭代信息（历代版本编号、发布日期、发布人、发布说明等）。

3．任务描述

概述标注项目主要任务，包括标注项目关键信息、数据形式、标注平台、主要标注方法、期望交付时间、正确率要求等。

4．保密责任

数据需求方应在规则中列明数据安全等级，明确保密责任，标注方对当前承担的数据标注任务承担保密职责（例如雷达数据标注等任务需求）。

5．标注方法

阐明数据需求方所需数据对象的标签定义，明确在协定标注平台上使用的标注组件、标签类型及全部操作。标注方法的衡量标准是以标注人员掌握标注方法后，能否立刻正确操作一次标注。

6. 正确示例

通过图片、图文、视频等形式，示范正确的标注方法或成果，数据需求方应明确数据产出，标注方应明确标注认识，标注样例应覆盖特殊样本的标注示例。

7. 注意事项

标注方的错误预警具有警示作用，规则制定者在注意事项中应列出标注方应避免的错误、标注方法中应注意的细节及额外处理方式等。

8. 质量要求

数据标注规则应对项目的预期质量有合理的定量预估。质量审核应遵循质量要求。

2.3.4 标注执行过程标准

应加强数据标注员相关标注规则培训，保证每个标注人员理解标注说明规则，满足技能要求。

数据需求方宜要求标注方检验标注培训效果，在标注之前及时发现问题，并将问题及应对措施整理归档。数据需求方宜要求标注方对含特殊样例的小样本数据集进行预标注，并对标注结果进行审核。标注方满足审核标准后，数据需求方再正式向其分发标注任务。

标注方按照给定规则标注时，发现存疑数据应及时记录。数据需求方应明确此类数据的记录规则、保存路径及后续处理方法等。采用多人标注或定期集中反馈等方法处理问题数据。

标注说明规则的细则应有可调整性，对调整后的规则细则，应保证参与者及标注方充分理解。发现规则未涵盖的情况或实例时，标注方应及时向数据需求方反馈、沟通和处理。

2.3.5 标注术语体系标准

术语体系的规范化至少应满足：

（1）遵从国家法规和行业规范。

（2）建立统一标注术语字典，确保数据标注人员对术语和定义理解的一致性。

（3）在学习标注说明规则及进行相应的培训后，数据标注人员能够规范使用标注术语完成任务。

（4）被标注项目的相关方认可。

2.3.6 标注交付物说明

1. 图像类型的数据

图像类标注任务的数据结果为带有标签的数据，包含标签的具体内容，及此图像标签对应的图像空间位置(可选)。不同的标注任务和要求会产出不同的结果,但不影响定义数据格式及组成部分。输出格式推荐使用易解析、易存储的数据格式,格式包括但不限于JSON 或 XML。标注文件应该包含标注详细的标签信息。

(1) 每个独立的标签应包含以下信息。

① 标签 ID:每个标签的独立编号。

② 文件路径:待标注图像的名称或路径。

③ 置信度:各标签的置信度。

(2) 每个标签中可能包含多个对象,对于每个对象需要定义:

① 对象类型:如 bounding_box 或者 keypoint。

② 对象详情:为对象的空间信息、内容信息,与其他对象的关系信息。

2. 文本类型的数据

文本类标注任务的数据结果包含文本标签的位置和标签的具体内容。不同标注任务和要求会产出不同的结果,但不影响定义数据格式及组成部分。

标注文件的输出格式推荐使用易解析、易存储的数据格式,包括 json、xml、txt 等。标注文件应该包含详细的标签信息。

(1) 每个独立的标签应包含以下信息。

① 标签 ID:每个标签的独立编号。

② 文件路径:待标注文本的文件链接。

③ 原始文本:待标注文本的全部内容(文本标注任务仅需提供文件路径或原始文本中的一个)。

④ 置信度:为标签的置信度。

(2) 每个标签中可能包含多个对象,对于每个对象需要定义:

① 对象类型:如 text_classification 或者 text_tag。

② 对象详情:对象的具体文本位置和内容信息,或与其他对象的关系信息。

3. 语音类型的数据

语音类标注任务的数据结果包含语音标签的时间位置和标签的具体内容(例如转写内容、说话人信息、噪声等)。不同标注任务和要求会产出不同的结果,但不影响定义数据格式及组成部分。

标注文件的输出格式为 JSON 文件或其他通用输出格式,其中文件应包含详细标签信息。

(1) 每个独立的标签需包含以下信息。

① 标签 ID:每个标签的独立编号。

② 文件路径:待标注音频名称或路径。

③ 置信度:标签的置信度。

(2) 如果是单句录音,则每个标签中包含一个对象;如果是多句录音,则每个标签中包含多个对象。每个标注对象应包括:

① 对象类型：如 speech_to_text。

② 对象详情：包括对象具体时间位置和内容信息，或与其他对象的关系信息；说话者的信息以及噪声标签等都可以放在对象详情中。

4. 视频类型的数据

视频类标注任务的数据结果可包含视频标签的时间位置、空间位置和标签信息等内容。不同标注任务和要求会产出不同的结果，但不影响定义数据格式及组成部分。标注文件的输出格式推荐使用易解析、易存储的数据格式，包括 JSON、XML 等。标注文件应该包含详细的标签信息。

（1）每个独立的标签应包含以下信息。

① 标签：ID 每个标签的独立编号。

② 件路径：待标注视频文件名称或路径。

③ 置信度：为标签的置信度。

（2）每个标签中可能包含多个对象，对于每个对象需包含：

① 对象类型：如 scene_classification。

② 对象详情：具体描述对象的时间、空间信息和内容信息，或与其他 object 的关系信息。对于视频中起始和结束帧的位置描述也应该放到对象详情中，如 Object_frame_index_start 以及 Object_frame_index_end。

思考题

1. 简述数据标注团队面临的挑战。
2. 标注数据量记录标准是什么？
3. 列举出标注信息中需要注意的要求规范。

第 **3** 章

数据标注基础知识

3.1 数据标注基础

微课视频

3.1.1 数据标注的概念

人工智能的目标就是机器代替人去认知与思考,我们将某一图片参数设为汽车,计算机搜索到这张图片后就可以知道是汽车图片。但相比人类,机器并不具备思考与联想的能力,换一张同样的图片之后,由于没有设置参数,机器可能就识别不出里面的"汽车"了。那么如何让计算机可以自我学习认识汽车呢?这时数据标注正式出场了。

数据标注就是给机器大量标注好的图片,让机器找到这些图片里汽车的共同特征,那么以后就可以识别出其他汽车了。当前学术界比较认可的数据标注概念是对文本、图像、语音、视频等未处理的初级数据进行归类、整理、编辑、纠错、标记和批注等加工处理,为待标注数据增加标签,生成满足机器学习训练要求的机器可读数据编码的工作,如图 3-1 所示显示了一个图像标注的示例。

标注者需要识别和标注图片中的各类车辆,如卡车、轿车、面包车、皮卡车等各类车的对象。其中需要了解如下概念。

1. 标签

标签主要是标识数据的特征、类别和属性等,可用于建立数据与机器学习训练要求所定义的机器可读数据编码间的联系。

2. 标注任务

标注任务是指按照数据标注规范对数据集进行标注的过程。

图 3-1　数据标注示例（见彩插）

3. 标注工具

标注工具是指数据标注员完成标注任务产生标注结果所需的工具和软件。标注工具按照自动化程度不同,可分为手动标注工具、半自动标注工具和自动标注工具。

综上,数据标注就是通过数据标注员借助标注工具,对人工智能学习数据进行加工的一种行为。随着无人驾驶、智慧医疗、语音交互等各大应用场景的落地和对标注数据需求的扩大,数据标注师职业和数据标注行业也就应运而生。

3.1.2　数据标注行业的特点

数据标注行业是随着人工智能的火爆而兴起的新兴工作,由于发展时间不长,目前该工作还处于摸索阶段,其具有以下几个特点。

1. 劳动密集行业

数据标注工作需要大量的人力完成,因此该行业属于标准的劳动密集型产业,其区位分布特点与传统工厂的分布十分相似,国内主要集中在山东、河南、河北等劳动力丰富且环绕中心一线城市的市县。

2. 准入门槛低

整个市场大大小小共上千家企业和作坊,规模不一,竞争激烈,从而导致利润薄,服务落后。

3. 市场混乱,亟待规范和整治

数据标注行业以外包为主,数据黄牛利用信息差倒卖数据标注资格,从中牟取利益,导致数据标注需求端层层外包,进一步摊薄利润,导致市场混乱,数据质量和服务较差。

4. 从业人员学历普遍较低

数据标注员大多为较低学历者或残疾人,大专为较高学历。其中主要人员包括数据标注员、数据审核员和标注管理员。

5. 从业人员以兼职为主

国内兼职的数据标注者数量约为全职的 10 倍。

6. 标记质量参差不齐

很多作坊无法保证数据标注的质量和时间,不符合精度和质量要求越来越高的发展趋势。

7. 敏感数据存在安全隐患

由于混乱的市场秩序,极易导致敏感数据泄露,因此,很多需求方会培养内部数据标注员,专门对敏感数据进行标注。

8. 对上游 AI 算法的依赖程度较高

在当前主流算法为有监督学习和半监督学习的大背景下,有大量的数据标注需求,但如果主流算法逐渐转向无监督学习,将不需要对数据进行标注。

3.1.3 数据标注的分类

1. 分类标注

分类标注,就是我们常见的打标签。一般是从既定的标签中选择数据对应的标签,是封闭集合。如图 3-2 所示,一张图就可以有很多分类/标签:树木、猴子、围栏等。对于文字,可以标注主语、谓语、宾语、名词、动词等。

这类分类主要适用于文本、图像、语音、视频,主要应用于脸部识别、情绪识别、性别识别。

2. 标框标注

机器视觉中的标框标注很容易理解,就是框选要检测的对象。如人脸识别,首先要把人脸的位置确定下来。

1)2D 边界框

为那些人类标注器提供图像,并负责在图像中的某些对象周围绘制框。该边框应尽可能地靠近对象的每个边缘。此项工作通常是在不同公司的自定义平台

图 3-2 分类标注图片示例

上完成的。如果某个项目有着独特的要求,那么服务公司则可以通过调整其现有平台,以符合此类需求,典型应用是针对汽车自动驾驶的开发。

如图 3-3 所示,标注器需要在捕获到的交通图像内识别车辆、行人和骑车人等实体,并在其周围绘制边界框。开发人员通过为机器学习模型提供带有边界框标注的图像,以

帮助正在进行自动驾驶的车辆,实时地区分出各类实体,并避免触碰到它们。

2）3D长方体

与边界框非常相似,3D长方体标注是在立体图像中识别对象,并在其周围绘制边框。与仅描绘长和宽的 2D 边界框不同,3D 长方体则标注了对象的长、宽和近似深度。如图 3-4 所示,使用 3D 长方体标注,人类标注器可以绘制一个框,将感兴趣的对象封装起来,并将锚点放置在对象的每个边缘。如果对象的一个边缘不可见或被图像中的另一个对象所遮挡,那么标注器就会根据该对象的大小、高度以及图像的角度,来估算其边缘的位置。

图 3-3　2D 边界框标注示例

图 3-4　3D 长方体标框示例

这类分类主要适用于图像,主要应用于人脸识别、物品识别。

3. 区域标注

相比于标框标注,区域标注要求更加精确。边缘可以是柔性的。尽管线和样条线可以被用于多种用途,但它们在此主要被用于训练驾驶系统,以识别车道及其边界。顾名思义,标注器将会简单地沿着既定的机器学习方式,去绘制出边界线。通过标注出车行道和人行道,它能够训练自动驾驶系统,了解所处的边界,并保持在某条车道内,以避免压线或转向行驶。此外,如图 3-5 所示的线和样条线也可以被用于训练仓库里的机器人,让它们能够整齐地将箱子挨个摆放,或是将物品准确地放置到传送带上。

图 3-5　区域标注示例

这类分类主要适用于图像,主要应用于自动驾驶中的道路识别。

4. 描点标注

一些对于特征要求细致的应用中常常需要如图 3-6 所示描点标注,如人脸识别、骨骼识别等。

图 3-6 描点标注图片示例(见彩插)

这类分类主要适用于图像,主要应用于人脸识别、骨骼识别。

5. 语义分割

语义分割使用的是和多边形标注类似的平台,能够让标注器在需要标记的一组像素周围绘制线条。和上述主要着眼于绘制对象的外部边缘(或边界)分类不同,语义分割要更加精确和具体一些。它是一个将整个图像中的每个像素与标签相关联的过程。在需要用到语义分割的项目中,通常会为人类标注器提供一系列预定义的标签,以便它能够从中选择需要标记的内容。

在实际应用中,标注器一旦接收到自动驾驶的训练数据,就需要按照道路、建筑物、骑车人、行人、障碍物、树木、人行道以及车辆等,对图像中的所有内容,进行分类分割。而且,人类标注器会使用单独的工具,裁剪掉不属于主体的像素。

语义分割的另一个常见应用场景是医学成像。针对提供的患者照片,标注器将从解剖学角度对不同的身体部位,打上正确的部位名称标签。因此,语义分割可以被用于处理诸如"在 CT 扫描图像中标记脑部病变"之类难度较大的特殊任务。

6. 其他标注

标注的类型除了上面几种常见,还有很多个性化的。根据不同的需求则需要不同的标注。如自动摘要,就需要标注文章的主要观点,这时候的标注严格来说就不属于上面的任何一种了。

3.1.4 数据标注的过程

数据质量是影响人工智能产品准确性的关键所在,一个具有高质量标注的数据集对于模型的提升效果,远远高于算法优化带来的效果。数据标注是通过人工或半自动的方式,将原始数据打上相应的标注,打好标注的原始数据称为标注数据或者训练集数据。

数据标注过程有两个意义：第一，使人类经验蕴含于标注数据之中；第二，使标注数据信息能够符合机器的读取方式。标注数据的难度越高价格越昂贵，以此训练出的模型价值就越高。数据标注的流程如图 3-7 所示，通常分为五个步骤。

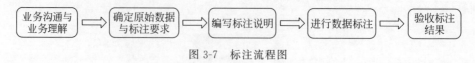

图 3-7　标注流程图

1. 业务沟通与业务理解

项目经理与算法工程师要对业务进行理解，明确原始数据的意义与数据标注的价值。业务理解是所有产品工作的基础。

2. 确定原始数据与标注要求

项目经理需要与算法工程师共同确认原始数据及数据标准结果，并确定标注工具。数据标注的结果必须得到算法工程师确认，确保后续建模过程的顺利开展。

3. 编写标注说明

在确认原始数据与标注结果后，项目经理需要编写标注说明。标注说明就好像软件说明书，需要将标注过程按顺序一一列出。标注教程包含 4 个要素：标注软件（平台）、标注要求、标注对象、标注流程。撰写的标注教程同样需要得到算法工程师确认。

4. 进行数据标注

该过程为数据标注过程，项目经理需要不定时进行标注结果抽查。

5. 验收标注结果

项目经理与算法工程师共同对标注结果进行质量验收，验收不合格需要搞清异常原因并重新标注。对于有行业壁垒的数据，标准准确性需要行业专家进行判断。

3.2　数据标注的对象

3.2.1　数据标注的人员结构

微课视频

在数据标注行业流行着一句话，"有多少智能，就有多少人工"。数据标注工作是人工智能领域"入门级"的工种。从工作流程角度看，其技术含量较低，工作量较大，人是这项工作中最大的影响"因素"，因此人们逐渐为数据标注行业贴上了"劳动密集型"的标签。

相较传统的体力工作，数据标注员的工作倒是更轻松体面，因此吸引了众多农民、学生、残疾人群体加入到数据标注大军中，河南、河北、贵州、山西等地的四五线城市相继出现了一些特色的"数据标注村"。在国外，印度同样涌现了不少数据标注村，他们为北美洲、欧洲、大洋洲和亚洲的 AI 公司服务，可见数据标注向劳动力更充足、成本更低的地方迁移也是全球数据标注行业的发展趋势。这些传统行业的务工者转而成为人工智能浪潮中的参与者，"数据民工"的称谓也由此而来。

但本书作者认为，数据标注其实并不是人工智能行业的"脏活累活"，实际上，真正想高质量地完成数据标注工作并不是随便什么人都可以做到的。AI本身发展很快，随着应用产品落地，对数据的要求越来越高，对数据采标人员的素质也提出了高要求。

1. 数据标注员

数据标注员是数据标注团队的基石，拥有一批成熟的数据标注员可以让数据标注团队事半功倍，大多数公司对数据标注员的岗位要求如下。

（1）按照项目的要求，使用标注工具对各类人工智能项目数据（文本、图像、音频、视频）进行标注与质检。

（2）对不能通过质检的标注结果要进行重新标注。

（3）理解数据标注规则，根据指导和实际工作要求及时改进工作。

（4）协助完善标注工具，建立词库定期上交周报和月报，并对工作提出建议。

2. 质检员

质检员一般都是从优秀的数据标注员中挑选出来的。因为数据标注是一个熟能生巧的职业，一个数据标注员接触过的标注对象越多，那么就越有可能熟练掌握各类型项目规则，把质检的任务做好。同时在质检的过程中也会发现问题，把总结出来的经验传达给其他数据标注员，从而提高数据标注质量和效率。

3. 项目经理

项目经理主要就是对团队的各个成员（包括数据标注员和质检员）进行管理和培训，负责组建和培养一批优秀的标注队伍。项目经理需要具备一定的人工智能基础，能够与需求方进行任务对接，把握需求方需求，节约沟通时间，避免导致数据标注员重复返工的情况。标注团队由项目经理、质检员和数据标注员构成，三者之间相互促进，在数据标注过程中分别发挥着重要作用。

3.2.2　数据标注人员的素质要求

数据标注行业的发展越来越趋向于专业化，早期多以中文数据标注为主，现在随着多语种、方言、个性化标注等发展标注需求的增加，对专业化人才的要求也逐步提高，对专业的要求主要表现在如下几个方面。

1. 学习力是数据标注工作的基础要求

学习力是学习的动力、毅力和能力的综合体现，是把知识资源转化为知识资本的能力。学习力包含知识量和知识吸纳的能力。目前数据标注没有统一的规则，有些数据标注项目配备专业的数据标注软件或数据标注平台，但有的数据标注项目只需要用到专业知识或某些大众的数据标注软件。此外，数据标注的需求种类越来越丰富，数据标注的要求也越来越细致。

因此若想做好数据标注工作，数据标注员需要具备持续的学习能力，不断地学习新规则，开拓专业知识，快速学习掌握行业知识，快速适应数据标注需求，提高各种数据标注软件的操作技能和数据标注能力。

2. 细心是数据标注工作的质量保障

数据标注的终端是人工智能，最终的标注数据是为计算机服务的，所以越精细的标注数据对训练算法越高效（例如，图像标注要求标注误差在 1 个像素点以内，语音标注截取时的误差要控制在 1 个语音帧之内等）。若是标注时不细心，将直接导致数据标注质量不合格，需要打回进行重新标注，这样会浪费很多的时间和人力。态度决定一切，越细心、越认真，标注数据的精细度就越有保证。

在数据标注过程中需要数据标注员细心去找出错误，这样才能不断总结，改进数据标注规则，促进数据标注质量的提升。细心是一个数据标注员具备的基本素质，细心是成为一个合格的标注员最基本的要求。只有细心的数据标注员才能完成数据量极大的数据标注工作。

3. 责任心和耐心是数据标注工作的稳定保证

数据标注在单一的场景中需要重复一个或者几个动作，这种重复的劳动相对比较枯燥，这就要求数据标注员需要有耐心。数据标注员越有耐心，标注数据的稳定性就越有保证。有很多的数据标注项目中标注内容是极其复杂的，如对于车的标注，车辆、人物、指示牌、路灯等都需要标注其类型和属性，每一张图像需要标注很多内容，标注完之后图像会有很多重叠的地方，若是没有耐心就无法完成这类复杂的数据标注项目。

此外，有时候一个场景可能出现多种要标注的元素，这就十分考验数据标注员的耐心，因此具备耐心是一个数据标注员必备的素质。此外，数据标注工作是一份比较枯燥又重复的工作，数据标注员需要重复对一些场景进行标注。具有责任心的员工，会认识到自己的工作在组织中的重要性，把实现组织的目标视为自己的目标。

4. 专注力是数据标注工作的效率保证

专注力是指一个人专心于某一事物或活动时的心理状态。在数据标注过程中，数据标注员需要每天面对大量数据，集中精力进行数据标注，如果没有足够的专注力是做不好数据标注的。

5. 良好的沟通表达力是数据标注工作的有力支撑

沟通表达是将思维所得的成果用语言、语音、语调、表情、行为等方式反映出来的一种行为。很多数据标注项目的数据标注规则可能不是很明确，项目方要充分和需求方进行沟通，表达诉求；并需要将需求方的意思完整传达给数据标注员们。

数据标注员在数据标注过程中可能会遇到一些困难，也需要表达诉求。质检员在质检后指出数据标注错误时也要跟数据标注员说明错误。

3.2.3　数据标注的采集目标

数据标注中的数据来源多种多样,根据当前主流的应用场景可以将数据标注的数据来源归于如下几类。

1. 人脸数据采集

目前对于人脸数据,一方面可通过第三方数据机构购买,另一方面也可自行采集。在采集之前,首先需要根据应用场景,明确采集数据的规格,对包括年龄、人种、性别、表情、拍摄环境、姿态分布等予以准确限定,明确图片尺寸、文件大小与格式、图片数量等要求,并在获得被采集人许可之后,对被采集人进行不同光线、不同角度、不同表情的数据拍摄与收集,并在收集后对数据做脱敏处理。

以下为一个简单的人脸数据采集规格示例。

> 年龄分布——18~30 岁
>
> 性别分布——男:54 人;女:46 人
>
> 人种分布——黑种人:50 人;白种人:40 人;黄种人:10 人
>
> 表情类型——正常,挑眉,向左看,向右看,向上看,向下看,闭左眼,闭右眼,微张嘴,张大嘴,嘟嘴,微笑,大笑,惊讶,悲伤,厌恶
>
> 拍摄环境光线亮的地方,光线暗的地方,光线正常的地方
>
> 图片尺寸——1200×160 像素
>
> 文件格式——JPG
>
> 图片数量——20 000 张
>
> 适用领域——人脸识别,人脸检测

2. 车辆数据采集

在对车辆数据的采集中,常见的方式是通过交通监控视频进行图片截取,图片最好包括车牌、车型、车辆颜色、品牌、年份、位置、拍摄时间等车辆信息,并做统一的图片尺寸、文件格式、图片数量规定,同时做脱敏处理(即数据漂白),实时保护隐私和敏感数据。

以下为一个简单的车辆数据采集规格示例。

> 车型分布——小轿车、SUV、面包车、客车、货车、其他
>
> 车辆颜色——白、灰、红、黄、绿
>
> 其他拍摄时间——光线亮的时候,光线暗的时候,光线正常的时候
>
> 车牌颜色——蓝、白、黄、黑、其他
>
> 图片尺寸——1024×768 像素
>
> 文件格式——JPG
>
> 图片数量——75 000 张
>
> 适用领域——自动驾驶、车牌识别

3. 街景数据采集

与车辆数据采集类似，街景数据采集也可通过监控视频进行图片截图与收集，同时可借助车载摄像头、水下相机等进行街景拍摄。例如，谷歌在进行街景拍摄时，通过集采集、定位与数据上传于一体的街景传感器吊舱、街景眼球、街景塔、街景三轮车、街景雪地车、街景水下相机等多种方式进行 360°图像采集。采集的街景图片主要包括城市道路、十字路口、隧道、高架桥、信号灯、指示标志、行人与车辆等场景。同时，对于采集的数据同样需要做统一的图片尺寸、文件格式、图片数量规定与脱敏处理。

以下为一个简单的街景数据采集规格示例。

```
采集环境——城市道路
路况覆盖——十字路口、高架桥、隧道
数据规模——10 000 张
拍摄设备——车载摄像头
图片尺寸——1920×1200 像素
文件格式——PNG
图片数量——15 000 张
适用领域——自动驾驶
```

4. 语音数据采集

对于语音数据采集，较为直接的方式是语音录制。在录制之前，对采集数量、采集内容、性别分布、录音环境、录音设备、有效时长、是否做内容转写、存储方式、数据脱敏等加以明确，并在征得被采集人的同意之后进行相关录制。由此可建立中文、英语、德语等丰富的语种语料以及方言语音数据。

以下为一个简单的语音数据采集规格示例。

```
采集数量——500 人
性别分布——男性：200 人；女性：300 人
是否做内容转写——是
录制环境——关窗关音乐，关窗开音乐，开窗开音乐，开窗关音乐
录音语料——新闻句子
录音设备——智能手机
音频文件——WAV
文件数量——200 000 条
适用领域——语音识别
```

5. 文本数据采集

如前所述，在数据标注中需要建立多种文本语料库，可以通过专业爬虫网页，对定向

数据源进行定向关键词抓取,获取特定主题内容,进行实时文本更新,建立包括多语种语料库、社交网络语料库、知识数据库等,并对词级、句级、段级和篇级等进行说明。在采集之前,对分布领域、记录格式、存储方式、数据脱敏、产品应用等进行明确界定。

以下为一个简单的文本数据采集规格示例。

> 采集内容——英语、意大利语、法语等语言网络文本语料
> 文件格式——txt
> 编码格式——UTF-8
> 文件数量——50 000 条
> 适用领域——文本分类、语言识别机译

6. 常用数据标注集

数据集分为图像、视频、文本和语音标注数据集四大类,这些数据集的数据的类别、用途和特性如表 3-1 所示。

表 3-1　常用数据标注集

类别	数据集名称	用途	大小	开放情况
图像标注数据集	ImageNet	图像分类、定位、检测	约 1TB	是
	COCO	图像识别、分割和图像语义	约 40GB	是
	PASCAL VOC	图像分类、定位、检测	约 2GB	是
	OpenImage	图像分类、定位、检测	约 1.5GB	是
	Flickr30k	图片描述	30MB	是
视频标注数据集	YouTube-8M	理解和识别视频内容	1PB	受限
	kinetics	动作理解和识别	约 1.5TB	是
	AVA	人类动作识别	—	是
	UCF101	视频分类、动作识别	6.5GB	是
文本标注数据集	Yelp	文本情感分析	约 2.66GB	是
	IMDB	文本情感分析	80.2MB	是
	Muti-Domain Setiment	文本情感分析	52MB	是
	Setiment140	文本情感分析	80MB	是
语音标注数据集	LibriSpeech	训练声学模型	约 60GB	是
	AudioSet	声学事件检测	80MB	是
	FMA	语音识别	约 1000GB	是

其中常用的主要数据集说明如下。

1）ImageNet 数据集

该数据集拥有专门的维护团队,而且文档详细,几乎成为目前检验深度学习图像领域算法性能的“标准”数据集。

2）COCO 数据集

该数据库是在微软公司赞助下生成的数据集,除了图像的类别和位置标注信息外,还

提供图像的语义文本描述。因此,它也成为评价图像语义理解算法性能的"标准"数据集。

3) YouTube-8M

该数据集是谷歌公司从 YouTube 上采集到的超大规模的开源视频数据集,这些视频共计 800 万个,总时长为 50 万小时,包括 4800 个类别。

4) Yelp 数据集

由美国最大的点评网站提供,包括 70 万条用户评价,超过 15 万条商户信息,20 万张图片和 12 个城市信息。研究者利用 Yelp 数据集不仅能进行自然语言处理和情感分析,还可以用于图片分类和图像挖掘。

5) LibriSpeech 数据集

该数据库是目前最大的免费语音识别数据库之一,由近 1000 小时的多人朗读的清晰音频及其对应的文本组成,是衡量当前语音识别技术最权威的开源数据集。

3.2.4 数据标注平台和工具

1. 数据标注平台

近年来,国内的一些互联网公司、大数据公司和人工智能公司纷纷推出了自己的数据标注众包平台和商用标注工具,如数据堂、百度众测、阿里众包、京东微工等,这些工具至少要包含如下功能。

1) 进度条

用于指示数据标注的进度。一方面方便标注人员查看进度,另一方面也利于统计。

2) 标注主体

可以根据标注形式进行设计,一般可分为单个标注(指对某一个对象进行标注)和多个标注(指对多个对象进行标注)的形式。

3) 数据导入导出功能

可以有效地与外部系统进行数据的交互。

4) 收藏功能

针对模棱两可的数据,可以减少工作量并提高工作效率。

5) 质检机制

通过随机分发部分已标注过的数据,检测标注人员的可靠性。

2. 开源数据标注工具

在选择数据标注工具时,需要考虑标注对象(如图像、视频、文本等)、标注需求(如画框、描点、分类等)和不同的数据集格式(如 COCO,PASCAL VOC,JSON 等)。常用标注工具如表 3-2 所示。

表 3-2 常用数据标注工具

名称	简介	运行平台	标注形式	导出数据格式
LabelImg	著名的图像标注工具	Windows、Linux、macOS	矩形	XML 格式

续表

名称	简介	运行平台	标注形式	导出数据格式
LabelMe	著名的图像标注工具、能标注图片和视频	Windows、Linux、macOS	多边形、矩形、圆形、多段性、线段、点	VOC 和 COCO 格式
RectLabel	图像标注	macOS	多边形、矩形、多段性、线段、点	YOLO、KITTI、COCO1 与 CSV 格式
VOTT	微软发布、基于 Web、能标注图像和视频	Windows、Linux、macOS	多边形、矩形、点	TFRecord、CSV、VbTT 格式
LabelBox	适用于大型项目的标注工具,能标注图像和视频	—	多边形、矩形、线段、点、嵌套分类	JSON 格式
VIA	VGG 的图像标注工具,也支持音频和视频标注	—	矩形、圆、椭圆、线段、点、多边形	JSON 格式
COCO UI	用于标注 COCO 数据集的工具,基于 Web 方式	—	矩形、线段、点、多边形	COCO 格式
Vatic	带有目标跟踪的视频标注工具,适合目标检测任务	Linux	—	VOC 格式
BRAT	基于 Web 的文本标注工具,主要用于对文本的结构化标注	Linux	—	ANN 格式
DeepDive	处理非结构化文本的标注工具	Linux	—	NLP 格式
Praat	语音标注工具	Windows、Linux、macOS	—	JSON 格式

除了 COCO UI 和 LabelMe 工具在使用时需要 MIT 许可外,其他的工具均为开源使用。大部分的开源工具都可以运行在 Windows、Linux、macOS 系统上,仅有个别工具是针对特定操作系统开发的(如 RectLabel)。

这些开源工具大多只针对特定对象进行标注,只有少部分工具(如精灵标注助手)能同时标注图像、视频和文本。

市场上还有一些特殊功能的标注工具,如人脸数据标注和 3D 点云标注工具。不同标注工具的标注结果会有一些差异,但尚未有研究关注它们的标注效率和标注结果的质量。

3.3　数据标注的质量保证

3.3.1　数据标注质量的地位

蒸汽机释放了人的体力,但是蒸汽机并不是模仿人的体力,汽车比人跑得快,但是汽车并不是模仿人的双腿。未来的计算会释放人的脑力,但是计算机不是按照人脑一样去思考,计算机必须要有自己的方式去思考。那么如何能让计算机形成一套自主的思考体系呢?我们需要把人类的理解和判断教给计算机,让计算机拥有人类一般的识别能力,数据标注就这样出现了。

数据标注就是人类用计算机能识别的方法,把需要计算机识别和分辨的图片打上特征,让计算机不断地识别这些特征图片,从而最终实现计算机能够自主识别。通俗来讲,想让计算机知道什么是汽车,那么就得在有汽车的图片中,用专业的标注工具按要求标注出来汽车中的各重要元素,计算机通过不断地识别这些特征图片,最终能够自主地识别特征物品。

可见,如果把人工智能看作一个天赋异禀的孩子,数据标注就是这个孩子的启蒙恩师,在传授的过程中,老师讲得越细致,越有耐心,那么孩子成长得也就越稳健。同样,换个角度,如果说人工智能是一条高速公路,那么数据标注就是高速公路的基石,基石越稳固,质量越过硬,那么使用起来就会越放心,越长久。人工智能是一个复杂的过程,但是不论是多复杂的架构,数据标注永远是体系中的养分,通过不断地改变标注内容来适应不断强大的计算机,所以数据标注是人工智能的重中之重。

3.3.2　数据标注质量标准

1. 图像标注的质量标准

图像标注的质量好坏取决于像素点的判定准确性。标注像素点越接近被标注物的边缘像素,标注的质量就越高,标注的难度也越大。如果图像标注要求的准确率为100%,标注像素点与被标注物的边缘像素点的误差应该在1个像素以内。

2. 语音标注的质量标准

语音标注时,语音数据发音的时间轴与标注区域的音标需保持同步。标注于发音时间轴的误差要控制在1个语音帧以内。若误差大于1个语音帧,很容易标注到下一个发音,造成噪声数据。

3. 文本标注的质量标准

文本标注涉及的任务较多,不同任务的质量标准不同。例如,分词标注的质量标准是标注好的分词与词典的词语一致,不存在歧义;情感标注的标注质量标准是对标注句子的情感分类级别正确。

3.3.3　数据标注质量检验方法

1. 实时检验方法

当标注员对分段数据开始标注时,质检员就可以对标注员进行实时检验,当一个阶段的分段式数据标注完成后,质检员将对该阶段数据标注结果进行检验,如果标注合格就可以放入该标注员已完成的数据集中,如果发现不合格的则可立即让标注员进行返工改正标注。

实时检验方法的优点如下。

（1）能够及时发现问题并解决问题。

（2）能够有效减少标注过程中重复错误的重复出现。

（3）能够保证整体标注任务的流畅性。

（4）能够实时掌握数据标注的任务进度。

实时检验方法的缺点主要是对于人员的配备及管理要求较高。

2．全样检验方法

全样检验是质检员对全部已完成的数据集进行全样检验，通过全样检验合格的数据标注存放在已合格数据集中等待交付，而对于不合格的数据标注，需要标注员进行返工改正标注。

全样检验方法的优点如下。

（1）能够对数据集做到无遗漏检验。

（2）可以对数据集进行准确率评估。

全样检验方法的缺点是需要耗费大量的人力精力集中进行。

3．抽样检验方法

1）辅助实时检验流程

当标注员完成第一阶段数据标注任务后，质检员会对其第一阶段标注的数据进行检验，如果标注数据全部合格，在第二阶段实时检验时，质检员只需对标注员的50%进行检验，如果不合格，在第二阶段实时检验时质检员仍需对标注员的数据标注进行全样检验。

2）辅助全样检验流程

在全样检验完成后，要对标注员的标注数据进行第一轮抽样检验，如果全部检验合格，在第二轮检验中，标注数据量减少50%，如果第一轮有不合格的标注数据，在第二轮抽样检验中检验的标注数据量较第一轮的增加一倍。

多重抽样检验方法的优点如下。

（1）能够合理调配质检员的工作重心。

（2）有效地弥补其他检验方法的疏漏。

（3）提高数据标注质量检验的准确性。

多重抽样检验方法的缺点是只能辅助其他检验方法，如果单独实施，会出现疏漏。

3.4　自动标注技术的发展

3.4.1　图像自动标注

随着计算机软硬件、互联网、大数据及分布式存储等技术的不断成熟和快速发展，图像数据在数量和内容上呈现爆炸式增长。根据中国互联网络信息中心发布的《中国互联网发展状况统计报告》显示，多媒体形式网页中图片数量已占八成，以数字图像作为载体也是文化资源数字化的最主要方式。

在数字图像数据保持高速增长的同时，人们对图像数据的利用能力却没有随之增强。究其原因，是计算机难以通过图像的低层视觉特征提取出可供人类理解的高层语义信息，低层视觉特征和高层语义特征之间存在"语义鸿沟"的缺陷。这也导致我们在应对大规模图像数据时缺少有效的检索方案，从而难以获取所需信息，减少"语义鸿沟"的最有效的途径之一是图像自动标注技术。

图像的自动标注是利用人工智能或模式识别等计算机方法对数字图像的低层视觉特征进行分析，从而对图像打上特定语义标签的一个过程。图像的标注框架如图 3-8 所示，总体可分为两个特征提取模型和一个标注模型。

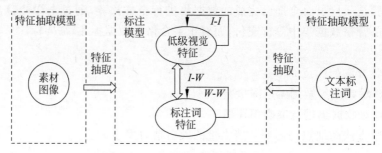

图 3-8　常用自动数据标注模型

两个特征提取模块通过图像的特征提取以及词汇（标签）的特征提取方法可分别得到对应的图像低层视觉特征与标注词特征。图像的标注模型通过需要建立最关键的反映图像和标签关系的 $I(W)$ 映射函数，并通过该映射函数和低层视觉特征矩阵匹配，从而实现对未标注图像进行标签预测。此后再进一步地充分利用分别反映图像之间和标签之间关系的 $I(i)$ 映射函数和 $W(w)$ 映射函数对标注模型进行优化，使其得到鲁棒性较高的标注结果。

1. 标注模型需考虑的问题

图像标注模型最关键的是需要充分利用低层视觉特征和标注词特征，建立起图像之间、图像和标签之间以及标签之间的三种映射函数。但是由于图像训练集本身存在的固有特点、特征提取算法存在差别以及模型对各种特征的适应性不同，所以标注模型还需要考虑如下七个一般性问题。

1）标签的不均衡问题

在图像的训练集中，有少部分标签只存在于较少的图像之中，而另外一些标签则出现频率较高，这种标签分布的不均衡有可能会影响模型的精确性，造成这种问题的原因是在制作训练集时，人们往往倾向用更加广泛和一般性的词汇来进行标注，从而导致标签的频率不尽相同。

2）弱标签问题

这种问题通常在社交领域图像集上出现，即训练集图像中的标注并不能完整地表现图 3-8 中反映的所有语义信息，存在标签缺失或错误的情况。产生这种现象的原因是人们在标注时的主观性不同。

3）特征的高维度问题

从图像中提取的特征往往维度过高，导致模型计算量增加；此外，维度过高也会产生特征的冗余与噪声。

4）特征内维度不均衡问题

由于标注模型往往需要使用多种低层的图像特征共同作用进行标签预测，而每种特征以及特征内的每一维度对标签预测的贡献程度不一致，影响模型精确性。

5）特征的选择问题

针对特定标注模型所选取、设计的视觉特征，在其他模型上通常表现较差。因此，在设计新的标注模型时需考虑在多种图像特征之中选取具有更加泛化性能的特征。

6）模型优化不足问题

由于在图像之间、图像和标签之间以及标签之间的三种关系中，只需通过最关键的图像和标签间映射函数即可对未标注图像进行标签预测，因此，很多模型忽视了图像之间和标签之间的关系考虑，影响了标注精度的进一步提升。

7）标注模型运行效率问题

图像自动标注模型由于需要大量的计算工作，因此为了标注结果更加精确，模型需要进行大量的关系函数运算，因此需要在标注模型的运行效率和模型精度上找到平衡点，从而可以适用于更多的应用场景。

2. 标注模型类别

图像标注领域自21世纪初进入快速发展时期以来，出现了各种不同的方法和模型，但这些图像标注算法和模型依据主要使用的方法可分为如下几类。

1）相关模型

其基本思想为：首先将图像分块，假定分块的图像特征和标签之间存在某种特宏的概率；然后建立分块图像的特征和标签之间的联合概率密度；最后根据待标注图像的分块信息，求得其针对每个标签的后验概率。相关模型的代表有 TM 模型、CMRM 模型、CRM 模型以及 MBRM。

2）隐马尔可夫模型

类似于相关模型，同样需要根据图像块和标注词的联合概率密度来求得最终的标注，但不同之处在于隐马尔可夫模型是通过隐马尔可夫链来建立这种相关关系，其代表有 HMM 模型、TSVM-HMM 模型、SHMM 模型以及 HMM-SVM 模型。

3）主题模型

主题模型最早用于对文档的检索，解决了检索问题中的"一词多义"以及"一义多词"问题。在图像标注领域，主题模型同样通过构建隐藏的主题空间，使得具有语义相似度的模态能够映射到同一主题，或者同一主题可被多种模态所表示。

因此，隐藏的主题空间能够较好地建立起图像底层视觉特征同自然语义之间的联系。但由于主题模型依然是通过选取训练集图像中相应的底层视觉特征和标注词汇来进行概率运算，因此其概率分布难以有效描述样本外的情况，泛化性能不高。对于选取何种底层视觉特征、标注词汇特征，以及对特征的融合利用也是主题模型需要解决的难题。此外，主题模型中需用到 SVD 分解以及 EM 算法等，都需要耗费大量时间以及运算资源。

4）近邻模型

近邻模型在图像标注模型中思想比较简单，其基本原理是具有相似低层视觉特征的图像应该具有相似的语义，因此，利用近邻模型进行图像标注的一般步骤如下。

（1）构建图像低层视觉特征。

（2）通过对低层视觉特征采用某种距离度量策略，选择与待标注图像距离较近的已标注图像。

（3）通过合适的标签扩散方法将已标注图像中的标签应用到待标注图像。

近邻模型的代表模型有 JEC 模型、TagProp 模型、2PKNN 模型、VS-KNN 模型、SNLWL 模型等。

5）图模型

图模型的基本思想是通过图来集成样本间的相似关系，包括样本间视觉特征之间的相似性、标签特征之间的相似性以及视觉特征和标签特征的对应关系，然后再利用相关的图论技术建立图结构中样本以及各种特征的关联模型，从而对标签进行预测。因此，大多基于图的标注模型的区别在于图的构建方式以及选择的图论技术存在差别。

6）相关分析模型

典型相关分析 CCA 模型与 KCCA 模型的本质是用来寻找两组特征变量的最大相关关系，最早被用于基于语义的图像检索领域，其基本思想为：假定图像的视觉特征与对应的标签特征分别为异构的两种特征，则 CCA 模型通过两组对应的基可将两种异构特征分别映射到一个具有最大相关性的可对比隐藏语义空间，进而再通过适当的距离运算或比较模型，获得与图像最相关的标签。由于 KCCA 模型是在 CCA 模型基础上，通过核函数的方式增强了模型的非线性特征，其本质与 CCA 并无区别，因此，本文统一将 CCA 模型和 KCCA 模型都称为 CCA 模型。

7）深度学习模型

近年来，由于硬件运算设备如 GPU、NNU 等运算性能的大幅提升，以深度学习为基础的模型克服了早期存在的运算瓶颈，并且在计算机视觉、文本处理、电子商务等各应用领域，以高泛化性和优异的性能得到了广泛的应用和发展。深度学习模型通过若干层的卷积神经网络（CNN）、非线性激活函数和池化层相连接，直接建立从图像原始像素到图像标签的端到端关系映射。深度学习模型具有以下两个重要优势。

（1）与传统方法中手工设计的图像特征相比，通过预训练的深度学习模型提取出的图像特征具有更高的泛化性以及抽象性。

（2）通过基于深度学习的文本处理模型提取出的标签特征具有高层的语义相关关系。

3.4.2 文本自动标注

Internet 通信技术和大容量存储技术的发展，加速了信息流通的速度，形成了大规模真实文本库。这些文本库具有规模大、实时性强、内容分布广和格式灵活多样等特点。这些特点导致传统的文本信息处理方法已经无法满足新变化的需要,新式的文本信息处理的词类标注和语义标注工作,无论是在理论、方法还是工具方面都面临着如何适应这些变革。这些变革主要表现为处理对象由少量例句到大规模的真实文本,处理方法由完全语法分析到部分语法分析,处理范围由典型领域到开放的实用领域等。

1. 文本自动标注应采取经验主义和理性主义相结合的方法

1992年,国际机器翻译会议的主题即为"机器翻译中的经验主义和理性主义方法"。随着对大规模真实文本处理的日益关注,人们已普遍认识到基于语料库的分析方法(即经验主义方法)至少是对基于规则的分析方法(即理性主义方法)的一个重要补充。

众多实验结果表明,基于语料库统计的方法具有很好的一致性和较高的覆盖率,并且可以将一些不确定的知识定量化。但是在这种方法中获取知识的机制与语言学研究中获取知识的机制完全不同,因而所获取的知识很难与现有的语言学成果相结合。同时该类算法的时间和空间复杂度都比较大,随着标记跨段长度的增加以及兼类词标记数目的增大,其实际运行效率将会降低。

基于规则的理性主义方法可以将大量现成的语言学知识形式化,具有较强的概括性,便于引用最新研究成果。因为任何词类都有其内部的共性和区别于其他词类的个性。只要把词类的共性和它外部的个性特征结合起来,词的兼类问题是可能得到妥善解决的。例如,名词的语法个性在于它可以直接受量词的修饰、可以受名词直接修饰、可以做"有"的宾语、可以与名词组成并列结构等。如果某个词具备了上述特征,就可以判定它是名词。例如,"主张""计划""建议"本来是动词,根据上述特征判断,它们在"五点主张""不少计划""许多建议"的语法环境中则一定是名词。

研究人员在对50万汉字语料进行词类标注中,根据词的语法功能这一标准判别兼类词,既具科学性又有可操作性,收到了较好的效果。但是实践表明,基于规则的方法所描述的语言知识的颗粒度太大,难以处理复杂的、不规则的信息,特别是当规则数目增多时,很难使规则全面覆盖某个领域的各种语言现象。

为此,研究人员正在尝试把基于规则的方法和基于统计的方法结合起来使用,使语言知识选择引用和用统计方法建立的语言模型有机地结合起来,使之互相补充,相得益彰。

2. 文本自动标注应同切词过程一体化进行

人们分析和理解自然语言时,其特点和过程是什么样的呢? 通过仔细观察和思考,不难发现人脑处理自然语言的特点和过程是将切词和词类识别一体化进行。即边切词、边进行词类或语义识别,二者是不可分离的两个方面。下面以处理兼类词"为"和由"为"构成歧义字段为例,说明切词和词类标注不可分离的性质。例如,"他们以服务社会、报效祖国为人生的第一目标"。

理解这句话的关键是判别兼类词"为"的词性,并处理歧义切分字段"为人生"到底该切分为"为人/生"还是切分为"为/人生"。前者是词性判别,后者是词的切分。句法知识在理解这句话中首先起作用,当我们看/听到介词"以"时,首先查询的是这个介词后面的第一个动词,当兼类词"为"出现时,它的动词词性马上被确认,也就是说,介词的词性同时被排除，因为汉语中"以……为……"常作为一种固定搭配使用。确定了"为"的词性，歧义切分字段"为人生"的正确分词结果"为/人生"也被随之确定下来，可见句法知识不仅解决了词性的确定，同时也解决了歧义的切分。词类判别和切词是同时进行而不可分离的。

目前把切词和词类标注分离开将带来什么结果呢？还是以《分词规范》为例，它明确规定"场、室、界、力"等字用在某个单位的末尾时，就要一律按"接尾词"单独切分，如"运动/场""会议/室""新闻/界""生产/力"等。因为切词的目的不是为切词而切词，而是要为进一步的句法分析和理解语言服务。那么词性标注就成为下一步不可或缺的工作，但这时上面的分词结果就出现了麻烦。"场、室、界、力"如果是词也只能是名词，可它们是词吗？如果是词，为什么它们从来都不能独立运用单独成词，而只能以附加的成分出现在某些名词性成分之后？语言中真的有粘着的"名词"吗？答案都只能是否定的。这种把构词成分误作"分词单位"切分的做法造成的上述不能自圆其说的窘况，正是脱离词类标注单独切词的结果。

鉴于此，作者觉得应将切词和词类标注作为理解和分析语言材料的两个不可分离的环节进行一体化处理。这样做才真正符合人处理语言和过程的特点，才无愧于"人工智能"，由此而得出的结果才可能达到预期效果。

3. 应加强文本自动语义标注尝试

在中文信息处理中，词汇、句法和语义层面的分析研究都需要借助于词义特征。一词多义形成了词的多义现象，自动语义标注主要是解决词的多义问题。一词多义虽然是自然语言中的常见现象，但是在一定的上下文中一个词一般只能解释为一个义项。所谓自动语义标注就是运用逻辑运算和推理机制，对出现在一定上下文中的词语语义的义项进行正确的判断，确定其正确的语义，并加以标注。

思考题

1. 简述数据标注的概念。
2. 数据标注质量检验方法有哪些？
3. 标注模型需考虑到哪些问题？

第2部分

数据标注实施

第 4 章

文本数据标注

文本标注是几种数据标注类型中对标注质量要求最严格的一种类型,因为其生成的结果,直接会对机器给出实体、情感、语料、词性等含义,因此想让计算机能理解、处理及掌握人类语言,达到计算机与人之间进行沟通的目的,文本标注也就会包含情绪、意图、语义和关系,有了这些选项才能适用于多种人类语言。

4.1 文本数据特征和分析

4.1.1 文本标注的定义

文本标注是应用最广泛的数据处理之一,各行各业都需要涉及文本标注。文本标注需要考虑相对应的实际场景相结合,同一个标注结果在不同的场合就有着不同的结果,根据当时的语境和文本结果,共同实现想表达的意境。其具体定义指将选定位置内的文本、符号进行标注,让计算机能够在特定的环境下读懂识别,从而应用于人类的生产生活领域。

4.1.2 文本标注的应用领域

文本标注的应用范围非常广泛,几乎渗透入了每个行业,比较常见的如金融领域、电子产品领域、文本检索等。涉及的应用主要有语义识别、文本识别、数据清洗、场景识别、情绪识别、应答识别等。

1. 金融行业

银行、证券公司、政务中心等地方都会涉及很多票据以及线上、线下的表格、文件等。由于这些文字都较为敏感,在样板或者某些特殊的环境下,不得不呈现一些较小的字体。

而这些字体所表达的内容却很重要，在转达或阐述过程中不允许半点差错，因此如果完全由人工审核将非常费时费力并且出错率也会很高。由此可以看出，票据和表格文件智能化识别是必然趋势。

此行业的文本标注需求，大多数会将功能集中在扫描仪、摄像头等项目产品中。通过将如图 4-1 所示票据或者表格放入指定的区域，再将其扫描或者拍摄下来，按照之前编译好的算法去识别规定位置的文字内容。

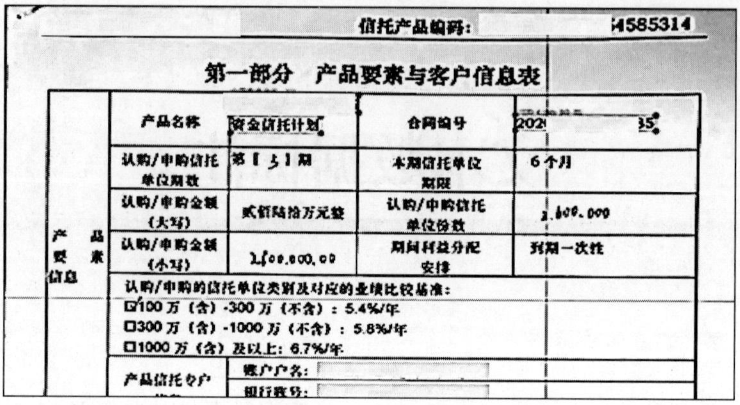
信托产品编码: 4585314

第一部分 产品要素与客户信息表

产品要素信息	产品名称	资金信托计划	合同编号	202 35
	认购/申购信托单位期数	第【 5 】期	本期信托单位期限	6个月
	认购/申购金额（大写）	贰佰陆拾万元整	认购/申购信托单位份数	2,600,000
	认购/申购金额（小写）	2,600,000.00	期间利益分配安排	到期一次性
	认购/申购的信托单位类别及对应的业绩比较基准： ☑100 万（含）-300 万（不含）：5.4%/年 ☐300 万（含）-1000 万（不含）：5.8%/年 ☐1000 万（含）及以上：6.7%/年			
	产品信托专户	账户户名： 银行账号：		

图 4-1　行业票据识别

2. 电子产品行业

日常工作生活中，各种信息大量存放在纸质文档中，不仅不方便存放，还特别难以检索。比如很多经典的书籍，经过岁月的磨损会越来越脆弱，为了方便人们读取都会转换为电子图文等形式，此时图片文字识别功能便发挥了很大的优势。

图片文字识别工作是通过文字识别技术，对文字进行亮暗检测并且与字符库相对比，从而分析出对应的文字进行输出。该原理是基于开放式的 XML 和 JSON 数据结构，能够对数据进行扩充及再定义，方便支持第三方开发厂商进行文档数据的迁移、转换和再利用。其实这项技术还有一个专业化的名词叫 OCR——光学字符识别。

OCR 采用 UNICODE 国际编码标准，可以在同一平台环境中，处理包括中文、日文、韩文、英文在内的多种文字的识别和校对修改。此技术还包含一个很重要的特点：版面还原、支持字体、字号、版面位置、字体颜色等，能够让信息以原始的状态呈现。这对于报刊、图书、杂志等版面文档的识别具有很重要的意义。如图 4-2 所示就是一个保单的识别效果。手机里面的识图翻译、截图识别，熟知的"猿题库""作业帮"等都充分利用了此项技术。

3. 文本检索

文本检索也称为自然语言检索，是指根据文本内容如关键字、语意等对文本集合进行检索、分类、过滤。其进行匹配的对象，可以是整个出版的文本包括文章、报告甚至整本图书；也可以只选取它的部分比如文摘、摘录或只是文献的题名。最早出现的文本检索是

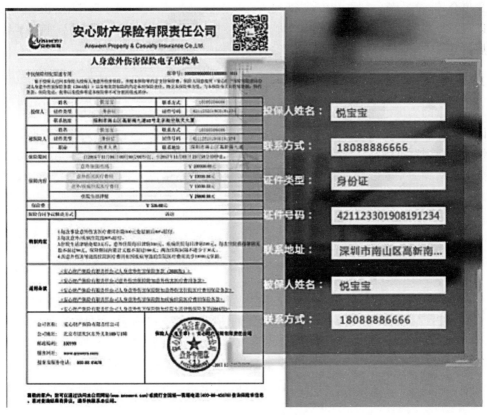

图 4-2 保单识别（见彩插）

图书馆的图书索引,根据书名、作者、出版社、出版时间、书号等信息标定对馆藏图书进行索引,读者只用通过索引便能很快查到所需要的书存放在图书馆的什么地方。

随着计算机算法功能的出现,人们借助设备可以更加方便地管理更多的文档,计算机硬盘甚至可以装下全世界所有图书馆藏书。为了快速找寻计算机所管理的文档,出现了第一代文本检索技术,即根据关键字匹配,将有关键字的文档找寻出来作为检索结果呈现给用户。但是随着文档数据集的增加,相似度越来越高,运用第一代文本检索技术已经很难查找出精确的检索结果,于是根据文本内容语义的第二代文本检索技术应运而生。即根据系统对文本和检索语句的理解,计算文本和检索语句的相似度,根据相似度对检索的结果进行排序,最后将相似度最高的检索结果呈现给用户。

现如今,文本文献在互联网上的数量增长得十分迅猛,文本的数量级和结构都发生了翻天覆地的变化,这给文本检索技术带来了很多的挑战和机遇。于是在基于相似度检索技术基础上,又新增了结合文本结构信息(如文本的网络地址来源、字符大小写、文本段落在页面中所处的位置、所指向的其他文本、指向自己的其他文本等)对检索结果集进行再排序的第三代文本检索技术。

现代的文本检索技术渐渐向语意理解、特定领域等方向发展。全世界科研者都在不遗余力地建设"文本库",如 WordNet、HowNet 等本体字典。通过文本库将文本转换为语义集合,通过提炼文本的语义,来展现语义层次的检索。此外,对于医学、生物、新闻、法律以及新出现的 Blog 等领域,都出现了专门针对对应领域的检索技术,并且得到了迅猛发展。其文本检索领域的著名国际学术会议有 SIGIR、WWW、TREC 等。

4.1.3　文本标注质量标准

在日常的文本标注中,文本的数据质量是直接导致标注质量的一种因素,即数据的一组固有属性满足数据消费者要求的程度,其附带有真实性、及时性和相关性是数据的固有属性。要保证数据的高质量,应从组织、战略、运营、项目、质量管理、相关方角度等方面满足数据消费者的要求。然而影响数据质量的因素,主要是以下四点:信息因素、技术因素、流程因素和管理因素。如何解决数据质量问题,能从如图 4-3 所示的戴明环 PDCA 的方式,来解决存在的数据质量问题。

图 4-3　PDCA 循环图

文本标注其实较为特殊,其标注类型不仅是有基础的拉框定义内容标注,还应根据不同场景应用的需求,进行语义标注等。

语义标注也称为基础语义分析,是处理自然语言中的一个过程,它为句子中的文字或词语指定标签,以表示它们在句子中的语义作用。它包括检测与句子的谓词或动词相关的语义参数,并将其分类为它们的特定角色。其质量标准就是标注词语或语句的语义,在验证时分为下述三种情况。

(1) 制定单独的词语或句子进行检验。

(2) 根据上下文的情景环境来验证。

(3) 通过文本数据中的语调符号进行检验。

这三种语义标注的验证除了需要通过字典一些专业性的工具外,还应充分理解上下文的场景环境或者语调符号的含义。以"意思"为例,比如有这么一段对话:"你这是什么意思"(这里的"意思"代表用意);"意思意思"(这里的"意思"代表心意);"这你就不够意思了"(这里的"意思"代表诚意、趣味);"一点小意思"(这里的意思代表心意、礼物)。

如果根据改变上下文场景环境和语音语调语气的不同,"意思"这个词还可能再另带他意。因此,关于语义标注的检验除借助相关专业性的工具外,还应对文本的情景环境和意境进行理解。

4.1.4　常见标注结果文件格式

1. TXT 文件格式

1) 文件格式介绍

TXT 文件是 Windows 操作系统上附带的一种文本格式,是最常见的一种,在桌面或文件夹上右击即可建立。早期版本 Word 的 DOC 格式时代应用就非常多,其主要存放文本信息,即为文字内容,在微软的操作系统中能够直接保存,大多数的文本编辑软件都可以查看,如记事本、浏览器等。

目前 TXT 格式的文本是运用最广的,能够用在日常的 PC 上,也可以在一些终端设备上阅读。电子文档的主要格式有 PDF、EXE、CHM、UMD、PDG、JAR、PDB、TXT、BRM 等,如今很多流行移动设备都是可以支持的。在手机上常见的电子书格式为 UMD、JAR、TXT 这三种。其中,TXT 格式在手机中存储容量大,占用空间小,因此得到广大热爱电子书的人们的支持,又由于手机都普遍支持这种电子书格式,所以也得到广大手机用户的肯定和喜爱。

2)TXT 格式编码分析

检查 TXT 文件编码格式的方法:在 Windows 系统中用记事本打开 TXT 文件,在左上角的菜单中单击"文件",然后在下拉框中选择"另存为",在弹出框中便可看到 TXT 文件的编码格式。

从图 4-4 中可以看出,TXT 的格式编码有 ANSI、UTF-16 LE、UTF-16 BE、UTF-8。如果想将 TXT 文件进行解析用来开发一些程序,遇到不同的格式编码,那便需要进行兼容处理。

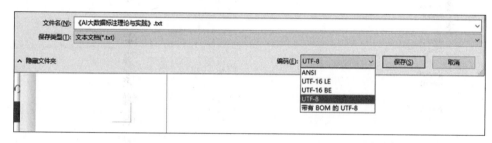

图 4-4　文本文件格式

2. JSON 文件格式

1)文件格式介绍

JSON 全称为 JavaScript Object Notation,是一种基于 ECMAScript(欧洲计算机协会制定的 JS 规范)的一个子集,运用完全独立于编程语言的文本格式来存储和表示数据,同时也基于 JavaScript 语法子集的开放标准数据交换格式,拥有文本的、轻量级的属性,通常被定义为易于读写。简洁明了和规范清晰的层次结构让 JSON 成为理想的数据交换语言,便于人阅读和编写。同时机器也能够快捷地解析和生成,并有效地提升网络传输效率。按专业性来讲,JSON 可将 JavaScript 对象中表示的一组数据转换为字符串,便可在网络或程序之间轻松地传输这个字符串,也能在需要的时候将它还原成各个编程语言所运用的数据格式。

2)JSON 特征

一般在前端应用开发中运用 JSON,可当成任何格式的文本信息存储起来给应用程序使用。一些研发工程师优先使用 JSON 作为数据交换格式,因为它不那么冗杂,工作效率快,降低了数据大小,还简化了文档的处理。它广泛应用于 Web 开发中就是由于它能够在不兼容的技术之间无缝衔接地传输信息。例如,它可能出现在 Ubuntu 上运行的

Java 应用程序中或在 Windows 上运行 C++ 应用程序。

在运用此文件格式开发或者作数据交换时，应采取某些预防措施。因为 JSON 容易出现源自 JavaScript 的解释器和对象文字的安全问题，系统用 JavaScript 动态执行 JSON 文本。也就是说，JavaScript 插入攻击者很容易攻击 JSON，他们能够破译和获取系统或者 Web 服务器内容并传输应用程序对象。不过存在 JSON 安全增强技术，并且还能够解决此类问题，但也需要找出问题，将技术接口一一对应。因此，在运用 JSON 之前，开发人员也应该不断了解学习所有的安全漏洞和可能解决的方案。

JSON 格式文件打开方式有以下几种。

（1）记事本。

在 Windows 中右选择 JSON 文件，单击"打开方式"，如图 4-5 所示为选择记事本或 Notepad 打开。

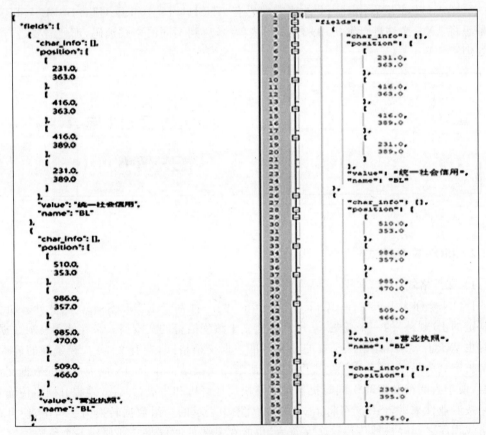

图 4-5　记录本和 Notepad 打开界面

（2）文件编辑器。

文件编辑器有很多种，如 Sublime Text、Notepad 等文件编辑器都能够用来打开 JSON 格式的文件，不过这些工具一般系统都不自带，需要自行下载。

（3）浏览器。

同样右击打开 JSON 格式文件，选择"打开方式"，若是选择栏中没有这一项，可以单击选择默认程序,里面就会有浏览器这个选项可以单击打开。

3. CSV 文件格式

纯文本意味着该文件是一个字符序列,文件的每一行都是一个数据记录,不含必须像二进制数字那样被解读的数据。每个记录由一个或多个字段组成,用逗号分隔。分隔符也可以不是逗号,此时称为字符分隔值。通常,所有记录都有完全相同的字段序列。通常都是纯文本文件。建议使用 WordPad 或是记事本来开启,再则先另存新文档后用 Excel 开启,也是方法之一。

CSV 是一种通用的、相对简单的文件格式,被用户、商业和科学广泛应用。最广泛的应用是在程序之间转移表格数据,而这些程序本身是在不兼容的格式上进行操作的。因为大量程序都支持某种 CSV 变体,至少是作为一种可选择的输入/输出格式。CSV 并不是一种单一的、定义明确的格式。因此在实践中术语"CSV"泛指具有以下特征的任何文件。

(1)开头不留空,以行为单位,每条记录占一行,第一条记录可以是字段名。

(2)可含或不含列名,含列名则居文件第一行。

(3)一行数据不跨行,无空行。

(4)以半角逗号(即,)作分隔符,逗号前后的空格会被忽略。

(5)列内容如存在半角引号(即"),替换成半角双引号("")转义,即用半角引号(即"")将该字段值包含起来。若字段中包含逗号,则该字段必须用双引号括起来,若字段中包含换行符,则该字段必须用双引号括起来,列为空也要表达其存在。

(6)文件读写时引号,逗号操作规则互逆。

(7)内码格式不限,可为 ASCII、Unicode 或者其他。

(8)不支持数字,不支持特殊字符。

4.2 文本数据采集和整理

4.2.1 文本数据采集介绍和案例

现如今已是大数据泛滥的时代,能够获取到各式各样的数据,大数据的价值已经不在于存储数据本身,而是在于怎样挖掘有用的数据,只有拥有足够的数据源才可以挖掘出数据背后的价值。所以采集的数据便决定了数据分析挖掘的上限,所以获取数据是非常重要的分析基础。

获取数据方面,一些大型互联网企业自身就拥有着庞大的用户规模,能够把自身用户产生的社交、搜索、交易等信息数据充分挖掘,拥有着稳定安全的数据资源。但是很多中小型企业和大数据研究机构一般不具备这种实力,通常会采用网络爬虫等技术从互联网上现有的数据中获取自己需要的数据集。下面列举一个关于项目工程文件检索系统文本采集案例。

采集内容——各类项目文档、表格以及其英文版。

采集方式——网络爬虫。

文件格式——TXT。

编码格式——UTF-8。

数据量级——80 000 份。

适用领域——文本分类、文档检索、语言翻译。

网络爬虫又被称为网页蜘蛛、网络机器人，在一些社区中，还被称为网页追逐者，是一种根据一定的要求，自动浏览和抓取万维网的程序或者脚本。爬虫架构如图 4-6 所示，网络搜索引擎等站点也可以通过爬虫软件更新自身的网站内容或其对其他网站的索引。爬虫获取网络数据的过程会消耗目标系统资源，因此在访问大量页面时，爬虫还需要考虑到规划负载等问题。

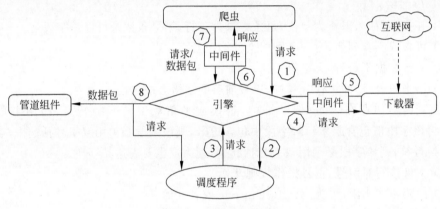

图 4-6　网络爬虫构架

传统爬虫从一个或若干初始网页的 URL 开始，获取到初始网页上的 URL，然后在抓取网页的过程中，不断从当前网页上获取新的 URL 放入队列，直到满足系统列举的条件和数量。现如今网络爬虫按照系统结构和实现技术，大致可以分为以下几种类型：通用网络爬虫、聚焦网络爬虫、增量式网络爬虫、深层网络爬虫。不过在实际的网络爬虫系统中通常是几种爬虫技术相结合实现的。

4.2.2　文本数据预处理及清洗工具

在互联网里或者采集端上，有很多的数据及数据库，但是需要对这些大量的数据进行有效的分析，就应该把这些数据集中放入到一个大型分布式的数据库或分布式的存储集群中。在导入的过程中，会出现信息丢失、信息不一致与冗余信息，将这些数据正确地获取或者分类出来，便完成了数据清洗和预处理工作。

文本的数据清洗工具有各种类型，小规模的数据清洗可以利用 Excel 进行，大量的数据清洗需要借助 Python 编程或 R 语言实现，常用的数据清洗工具软件有 OpenRefine、DataWrangler、Hawk、Excel、Kettle。

Excel 是 Microsoft 公司 Office 系列办公软件中的重要组件,也是一个数据管理和分析的软件。它可以完成很多复杂的数据运算分析,帮助用户做出最优的决策。运用 Excel 内嵌的各种函数,能够方便地完成数据清洗的功能,并且还可以采用过滤、排序等工具发现数据的规律。下面根据一个案例来列举一些 Excel 数据清洗功能的函数。

1. LEFT 函数

文本处理函数,用于快速获取关键信息。主要得到字符串左端指定个数的字符,语法为 LEFT(string,n),string 表示字符串,n 表示字符位。如果字符串包含空值,将返回空值,必要参数为变量。数值表达式,指出将返回多少个字符,如果为 0,返回零长度字符串。如果大于或等于字符串的字符数,则返回整个字符串。

1) 案例说明

若需要对如图 4-7 所示的信息表中的"获奖情况"单独获取每条记录中的座位情况,可以使用 LEFT 函数。

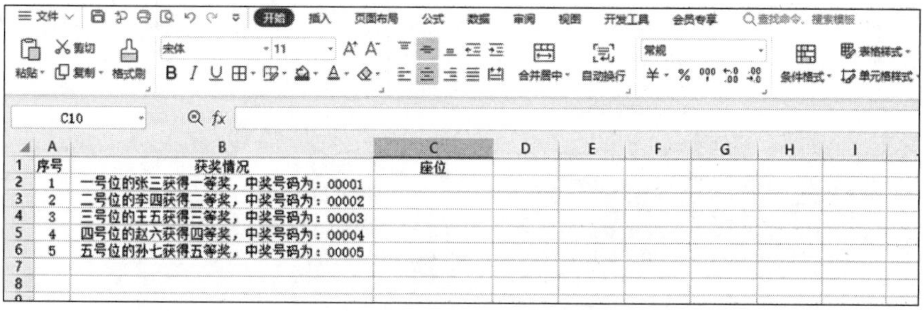

图 4-7 LEFT 函数信息表

2) 函数公式

＝LEFT(B2,3);

3) 函数解析

根据"获奖情况"的规律,每条记录中座位信息都出现在左侧最前面三位数据,所以可以通过 LEFT 函数从左侧开始,统一获取三位数据,使用 LEFT 函数后获取的座位信息如图 4-8 所示。

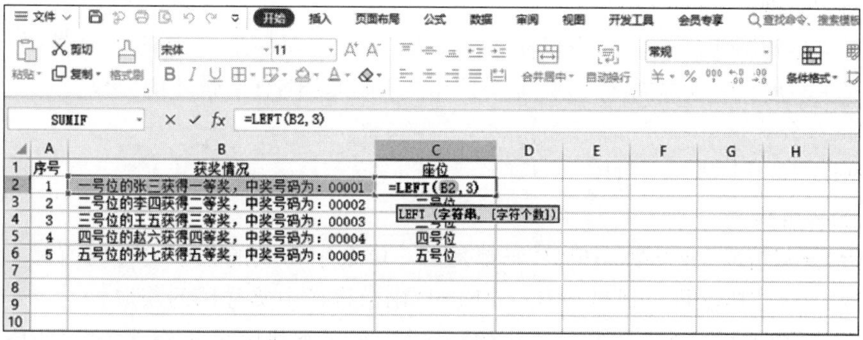

图 4-8 使用 LEFT 函数获取的座位信息

2. RIGHT 函数

RIGHT 函数用于快速获取文本中出现的数字。

1）案例说明

若需要对如图 4-8 所示信息表中的"获奖情况"单独获取每条记录中的中奖号码，可以使用 RIGHT 函数。

2）函数公式

＝RIGHT(B2,5)；

3）函数解析

分析"获奖情况"会发现两个特征，一是中奖号码都是由 5 位数字构成的；二是"获奖情况"中出现的获奖号码全都是在最后的 5 位。根据这样的规律就可以利用 RIGHT 函数快速对中奖号码进行获取。使用 RIGHT 函数后获取的中奖号码如图 4-9 所示。

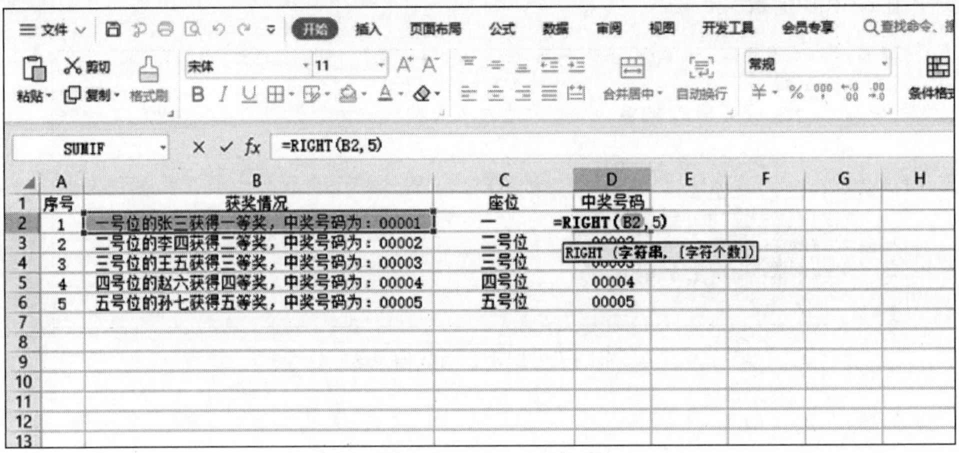

图 4-9　使用 RIGHT 函数获取的获奖号码

3. MID＋FIND 函数

依照特定关键词获取所需数据。

1）案例说明

若需要从如图 4-9 所示的表格中的"获奖情况"中获取所需要的中奖号码，则使用 LEFT 或 RIGHT 函数都无法完成，需要使用 MIN 和 FIND 函数才能完成。

2）函数公式

＝MID(B2,FIND("：",B2)＋1,5)

3）函数解析

分析"获奖情况"会发现，中奖号码都是由 5 位数字构成的且中奖号码前都有一个统一的符号"："，这样就可以通过 MIN 和 FIND 函数进行中奖号码的获取。

FIND 函数的格式为：FIND(查找的关键词，对应查找的单元格)。通过 FIND 函数可以查找到对应关键词所在的具体位置。

MID 函数的格式为：MID(获取的单元格,获取的位置,获取多少个数)。可以利用 FIND 函数查找到关键词所在位置后进行数据的获取。

如图 4-10 所示,通过以上两个函数,可以学会获取某列数据中的部分数据,使数据的粒度变小,达到清洗数据的目的,Excel 还提供了"数据分列"功能,可以快速对格式比较统一的列实现数据分列,达到缩小数据粒度的目的。

图 4-10　使用 MID＋FIND 函数获取的获奖号码

4. TRIM 函数

清除字符串首尾的空白(可以首尾一起,也可以指定首或尾,取决于控制参数),但会保留字符串内部作为词与词之间分隔的空格。也可以理解为删除单元格两侧的内容。

函数公式：＝TRIM(字符串)

Python 和 MySQL 都有同名的内置函数,并且还有 LTRIM 和 RTRIM 的引申用法。

5. CONCATENATE 函数

可将最多 255 个文本字符串合并为一个文本字符串。连接项可以是文本、数字、单元格引用或这些项的组合。即合并单元格函数公式为：

＝CONCATENATE(单元格 A,单元格 B)

CONCATENATE("大","数","据")的输出结果是大数据,还有另一种合并单元格的方式是 ＆,如"大"＆"数"＆"据"的输出结果是"大数据"。当需要合并的内容过多时,CONCATENATE 的效率比较快也比较优雅。

6. REPLACE 函数

它是一个标识替换的函数,替换掉单元格的某个字符,用新字符串替换旧字符串,而且替换的位置和数量都是指定的。

REPLACE 函数在数据清洗时使用较多,该函数可以指定替换字符的起始位置。

7. SUBSTITUTE 函数

该函数表示在全文本范围内进行替换。

如果需要在某一文本字符串中替换指定的文本，使用函数 SUBSTITUTE；如果需要在某一文本字符串中替换指定位置处的任意文本，使用函数 REPLACE。

8. LEN/LENB 函数

该函数表示字符串的返回长度

LENB 是返回文本字符串中用于代表字符的字节数。区别于 LEN 函数，LEN 函数的功能为返回文本字符串中的字符数。

9. SEARCH 函数

SEARCH 函数用来返回指定的字符串在原始字符串中首次出现的位置，从左到右查找，忽略英文字母的大小写，其作用和 FIND 函数相似。

10. TEXT 函数

此公式是个功能强大的函数，能够支持日期转换、带千位分隔符的货币格式转换、指定位数的小数转换、累计加班时间、中文大写金额转换、判断员工考核等级等。即将数值转换为指定的文本格式。

微课视频

4.2.3 文本处理工具

现如今，市面上的文本处理工具各式各样，例如，人们最常用的记事本；Microsoft 开发的通用文本剪辑器 Notepad 和 Notepad++；打开 JSON 格式文件的 JSONviewer；打开 XML 格式文件的 XMLviewer；超大文本文件处理工具 PilotEdit、EMEditor、LogViewer；支持 HTML 和多种语言、适合软件开发者使用的 EditPlus。目前一些开源常用的支持中文文本标注的工具有京东众智 wise 开放标注平台、BRAT、YEDDA、DeepDive 等。下面以 Notepad++ 和记事本为例。

1. 记事本

不管是在学习还是工作中，Windows 系统自带的笔记本肯定是常用的功能，不要看它看上去不怎么起眼，其实拥有的功能还不少。相比起 Word 等大型软件，可以帮助用户简单又快捷地完成不少事情。除了用来记事之外，记事本还有其他关于文本处理的实用技巧。

1) 记事本的其他常用功能

(1) 利用记事本剔除非文本信息。

记事本只能记录纯文本，利用这一点可以将其他地方获取来的文本、图片、表格等资料中的非文本信息过滤掉。如果使用 Word 会发现表格、人工分行符、段落格式标记等一系列的琐碎问题非常多，手工删除又会特别麻烦。如果只是想复制文本，那就可以先将目标资料中的内容复制到记事本中以过滤图片等多余信息，然后再把记事本里面的文本复制到 Word 做进一步的编辑，这样就可以获得真正纯净的文本了。

(2) 让记事本自动换行。

每次打开记事本文件总是显示一行长长的文本，阅读起来一点儿也不方便，其实只要选择菜单上的"格式",然后将"自动换行"复选框勾选上,这样文本就会根据记事本窗口大小自动换行了。

（3）让记事本自动记录上次打开的时间。

在记事本的第一行写上".LOG"（不包括引号且为大写字母,注意前面有个点）,这样今后打开记事本文件就知道上次最后的打开时间了。

2）记事本的常用快捷键

其中有一些最常用的快捷键,也是 Windows 通用的,先介绍最常用的。

（1）Ctrl＋C：复制。

（2）Ctrl＋V＝Shift＋Insert：粘贴。

（3）Ctrl＋Z：撤销。

（4）Ctrl＋X：剪切。

（5）Shift＋方向键（上下左右）：相当于鼠标的选中。

（6）Ctrl＋Home：回到页首,也就是记事本的第一行第一列。

（7）Ctrl＋End：回到页尾,也就是记事本的最后一行最后一列。

（8）Home：光标移到行首。

（9）End：光标移到行尾。

3）记事本的特殊键

（1）Ctrl＋G：转到第几行。

（2）Ctrl＋H：替换窗口。

（3）F3＝Ctrl＋F：查找功能,弹出查找窗口查找文本内的内容。

（4）如图 4-11 所示,在记事本中直接记录显示当前系统时间。

图 4-11　显示时间窗口

2. Notepad++

Notepad++是 Windows 操作系统下的一套文本编辑器（软件版权许可证：GPL），有完整的中文化接口及支持多国语言编写的功能（UTF-8 技术）。比 Windows 中的记事本强大，除了可以用来制作一般的纯文字说明文件，也十分适合编写计算机程序代码。Notepad++不仅有语法高亮度显示，也有语法折叠功能，并且支持宏以及扩充基本功能的外挂模组，还是一款免费软件，可以免费使用，自带中文，支持众多计算机程序语言。它的主要特点就是轻量、可定制性强，可以加载功能强大的插件，是一款必备的文本处理工具。

1）Notepad++的插件配置安装

Notepad++是一款免费软件，在各大软件平台或者百度搜索名称，就能下载安装，这里就不说明了。下面简单介绍一下插件配置方法。此软件的插件安装分为手动和自动安装两种。

（1）手动安装。

① 需要进入 Notepad++插件项目的官方网站，如图 4-12 所示（http://sourceforge.net/projects/npp-plugins/），在列表中单击需要的插件（或在顶部搜索框搜索想要的插件），以 XML Tools 为例。

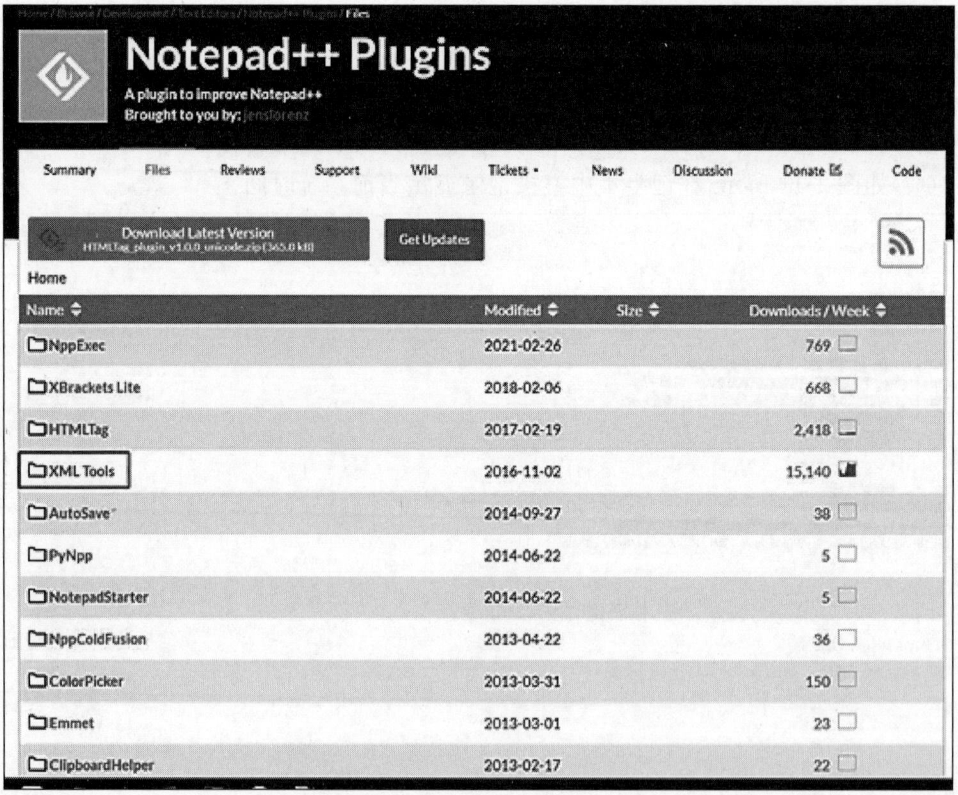

图 4-12　Notepad++下载界面

② 如图 4-13 所示,选择想要下载的版本,单击"下载"按钮,过一会儿才会弹出文件下载框。

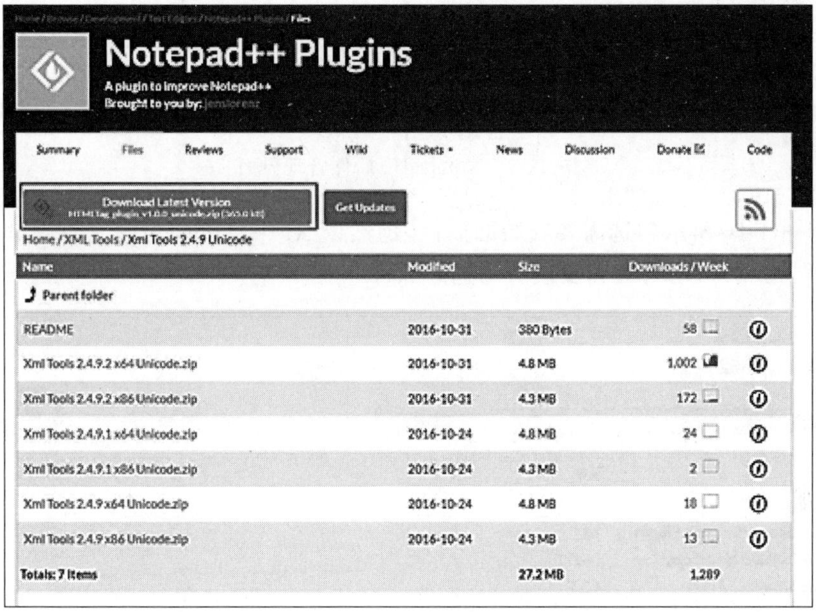

图 4-13　Notepad++安装界面

③ 如图 4-14 所示,找到 Notepad++软件的主目录,打开 plugins 目录,如将下载到的文件解压到 plugins 目录,进行安装。

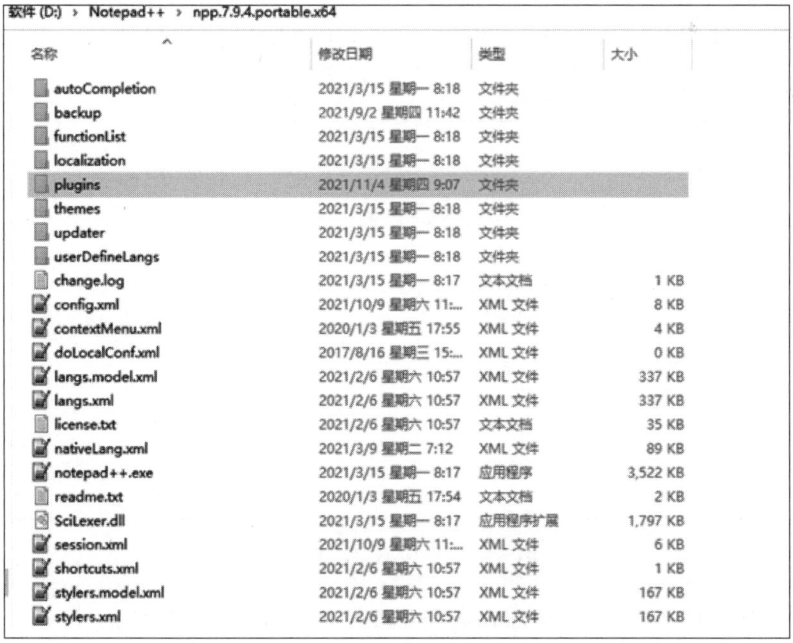

图 4-14　plugins 文件目录

（2）自动安装。

① 如图 4-15 所示启动 Notepad++，找到菜单"插件"，然后单击"插件管理"，即进入插件管理器。

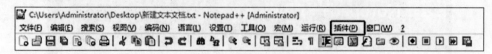

图 4-15　Notepad++插件管理界面

② 如图 4-16 所示勾选需要安装的插件，仍然以 XML Tools 为例说明。单击"安装"按钮，管理器就会自动下载和安装所勾选的插件。

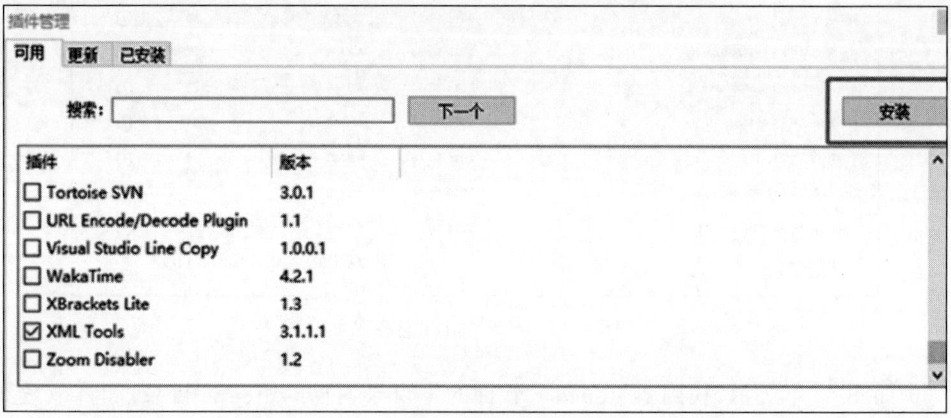

图 4-16　下载勾选插件界面

③ 有的插件安装完需要重启 Notepad++，单击"确定"按钮即可。单击完后如果 Notepad++没有自动启动，则如图 4-17 所示，自己手动运行就可以了。

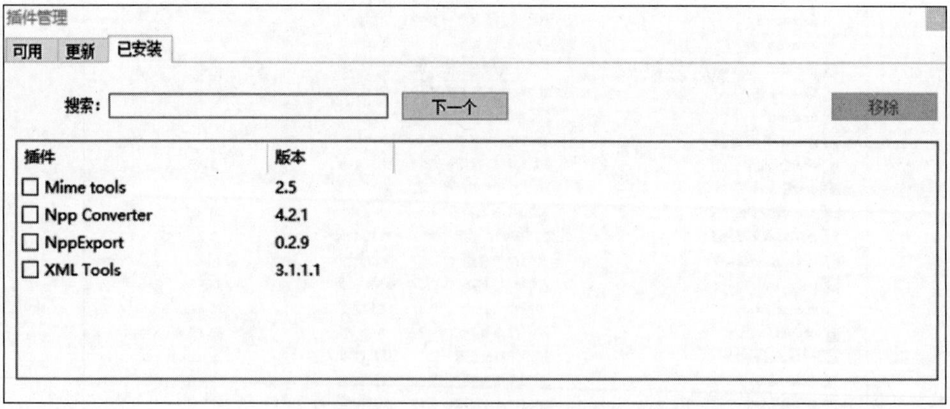

图 4-17　手动运行插件界面

④ 如图 4-18 所示，安装完成后在插件管理器即可查看所安装的插件。

图 4-18 确定安装插件界面

2）Notepad++的常用功能

（1）标签文件上的常用操作。

打开一个文件后，在 Notepad++中就会创建一个标签，在这个标签上右击后会显示很多常用功能，如下。

① 关闭文件相关，如关闭当前文件、非当前文件（其他文件）、左边所有文件、右边所有文件。

② 打开此文件所在的文件夹，在这里 Notepad++还提供了在命令行中打开此文件夹，这种功能很适合于初学 Java/Python 这种编程语言，需要在命令行中进行编译、运行的情况；

③ 复制文件路径，提供了复制文件路径、文件名、当前路径。

④ 缩进操作——写代码时经常会遇到需要手工调整缩进的情况，在 Notepad++中，可以全选一整段，然后按 Tab 键进行批量缩进，当然，也提供了减少缩进，按 Shift＋Tab 组合键可以减少缩进。对应菜单操作在"编辑"→"缩进"菜单中。

（2）行操作。

① 排列行。提供了按升序、降序对行进行排列，这种操作主要用在整理测试数据时。

② 移除空行。提供了移除空行（这种操作仅移除此行中不包含空白字符的行，即真正的空行），还提供了一种移除所有的空行，就算是此行由 Tab 或空格组成也移除。这种操作适合于整理网上复制的代码。

（3）注释操作。

在空白行中只能使用 Ctrl＋Shift＋Q 组合键来添加块注释，行注释只能是对光标所在行有文字，或者是对选择的文字。添加行注释使用快捷键 Ctrl＋K，取消行注释使用快捷键 Ctrl＋Shift＋K，添加与取消注释交替使用的情况提供了 Ctrl＋Q 组合键，添加块注释使用快捷键 Ctrl＋Shift＋Q，对应的菜单在"编辑"→"注释/取消注释"。

（4）文档格式转换。

像是在 Windows 下编辑 Linux 下的配置文件，然后再放到 Linux 下会由于换行符不一致而有可能无法读取。为此提供了格式转换操作，可以将文件转换成 UNIX/Windows/Mac 不同的格式。对应的菜单在"编辑"→"文档格式转换"。

（5）空白操作。

当我们从浏览器中复制下来一些代码后，会发现代码结尾有很多的空白字符，或者是我们想去掉自己写的代码中的行首与行尾的空白字符，可以使用下面的菜单。还提供了将空格转换成 Tab 这种操作。对应的菜单在"编辑"→"空白字符操作"。

（6）开启历史剪贴板。

在我们写代码与编辑文字时，有时会想再复制很多步之前的内容，可以借助于 Notepad++ 自带的历史剪贴板功能，在"编辑"菜单中选择"历史剪贴板"，在 Notepad++ 右侧会多出一个空格，用来显示剪贴板历史。

（7）书签。

书签是一种特殊的行标记，使用书签能够很简单地转到指定的行，进行一些相关的编辑，特别有助于处理较大较长的文本。在任意行单击左侧栏或按 Ctrl＋F2 快捷键，将出现蓝色小点，这就表示添加了一个书签，单击蓝色的小点或再次按 Ctrl＋F2 快捷键便可取消该行书签。按 F2 键，编辑行移动到上一个书签；按 Shift＋F2 快捷键，编辑行移动到下一个书签。

（8）文档折叠。

文档折叠是根据文档语言隐藏文档中的多行文本，特别是对如 C++ 或者 XML 这样的结构化语言很有用。文本项可以分成多个层次，可以折叠父层的文本项，折叠后只会显示文本项的第一行内容，能够迅速查看文档的内容，移动到指定文档的位置。取消折叠文本项（展开或取消折叠）将会再次显示折叠的文本块，有助于代码的阅读。文档折叠常用的组合快捷键如下。

1 折叠所有层次：Alt＋0。

2 展开所有层次：Alt＋Shift＋0。

3 折叠当前层次：Ctrl＋Alt＋F。

4 展开当前层次：Ctrl＋Alt＋Shift＋F。

（9）文本列编辑。

想要在每一行的前面都加上某个符号或者一些文字，就可以使用列编辑功能。例如，在想要批量输入开始的那一行的开头，按 Alt＋C 组合键，在弹出的对话框中输入需要加入的字符便能够实现功能，会从当前行添加至最后一列。此功能还一个方法为 Alt＋鼠标左键，并单击编辑多列功能。可以按住 Alt 键的同时，使用鼠标左键去选择多列后输入想要的字符及相关编辑操作。

（10）代码提示。

Ctrl＋Enter 组合键能够显示代码提示，例如，在 CSS 文件中输入"b"，再按 Ctrl＋Enter 组合键就能显示代码提示。可以在自动完成选项卡与首选项中的备份中按照个人的方式选择所有的输入都开启"自动完成"选项和提示的"函数参数"选项，便能够自动显示代码提示。

3）Notepad++的快捷键

菜单中的主要快捷键及其功能如表 4-1 所示。

表 4-1　菜单快捷键

菜单项	快捷键	功　　能	快捷键	功　　能
功能菜单	Ctrl＋O	打开文件	Ctrl＋N	新建文件
	Ctrl＋S	保存文件	Ctrl＋Alt＋S	另存为
	Ctrl＋Shift＋S	保存所有	Ctrl＋P	打印
	Alt＋F4	退出	Ctrl＋Tab	下一个文档
	Ctrl＋Shift＋Tab	上一个文档	Ctrl＋W	关闭当前文档
编辑菜单	Ctrl＋C	复制	Ctrl＋J	连接行
	Ctrl＋Insert	复制	Ctrl＋G	打开"转到"对话框
	Ctrl＋Shift＋T	复制当前行	Ctrl＋Q	行注释/取消行注释
	Ctrl＋X/ Shift＋Delete	剪切	Ctrl＋Shift＋Q	块注释
	Ctrl＋V/ Shift＋Insert	粘贴	Tab	插入制表符
	Ctrl＋Space	显示函数参数列表	Ctrl＋Alt＋R	文本方向从右向左
	Alt＋C	列编辑器	Ctrl＋J	合并多行（注：使用时要选中需要合并的行）
	Ctrl＋D	复制当前行至下方，或者复制选中区域至其后	Ctrl＋G	"跳转至某行"对话框
	Ctrl＋T	复制当前行至剪贴板（注：帮助中说是将当前行与上一行交换位置）	Ctrl＋Q	添加/删除注释
	Ctrl＋Alt＋T	与上一行进行交换	Ctrl＋Shift＋Q	区块添加/删除注释
搜索菜单	Ctrl＋F	打开"搜索"对话框	Ctrl＋Alt＋F3	快速查找下一个
	Ctrl＋H	打开"替换搜索"对话框	Ctrl＋Alt＋Shift＋F3	快速查找上一个
	F3	搜索下一个结果	Ctrl＋F3	选定并寻找下一个
	Shift＋F3	搜索上一个结果	Ctrl＋Shift＋F3	选定并寻找上一个

续表

菜单项	快捷键	功 能	快捷键	功 能
显示菜单	Ctrl+Keypad	恢复到原始页面大小	Alt+0	收缩所有折叠
	F11	开关全屏显示（显示标签页）	Alt+(1～8)	展开相应层折叠
	F12	开关全屏显示（不显示标签页）	Alt+Shift+0	展开所有折叠
	Ctrl+Alt+F	收缩当前折叠	Alt+Shift+(1～8)	展开所有层次折叠
运行菜单	Alt+F1	获得 PHP 帮助	Ctrl+Alt+Shift+R	在 Chrome 中打开
	Alt+F2	用 Google 搜索	Ctrl+Alt+Shift+X	在 Firefox 中打开
	Alt+F3	用 Wiki 搜索	Ctrl+Alt+Shift+I	在 IE 中打开

4.3 文本数据标注工具和方法

在各种类型的机器学习中，机器学习文本标注的内容都较为简便和快捷，没有复杂的预处理流程，因此被算法工程师广泛运用。但对于标注人员来说，这种标注方式，却需要花费极大的精力。这是由于这类标注的容错率较低，是非性较为明显，文字表示一就是一，二就是二，正确率一般都需要达到100%。文本标注工具的页面和功能通常都较为简单，工具功能以清晰便捷为核心，从而保证标注过程中的正确率。

4.3.1 目标检测文本识别工具及使用方法

微课视频

有很多 AI 产品或者系统中，都需要在一些视频和图像中去找寻文字信息，然后再将其正确识别出来，比如检测车牌信息的违章摄像头、查看道路指示牌的实时导航等。这些文字信息的位置都是不固定的，并且还可能会呈现出各种长短高宽不一的样子，也就是图形畸变，所以就需要先让机器在各类场景中去找寻出文本信息的范围，再将此范围内部的文本识别出来，所以就衍生出了一些带有文本目标检测训练效果的文本标注工具。

plate_labellmg 是一款能够定位文本信息坐标的标注工具，此工具是通过开源图像标注工具 labellmg 改编而成，使用起来方便快捷，生成的是 XML 格式的标签文件。运行环境与 labellmg 相同，后面在图像标注工具处详细介绍。

1. 数据及标签文件的打开和导出

在标注工具同一目录下，会存在 config.ini 配置文件，编辑此文件，在 image Dir：处输入数据路径，即可找到相关数据进行标注。生成的标签文件会和数据放在同一目录下，如需要打开带有标签的数据，也需要将标签和数据放置在同一目录下。

2. 基本功能

鼠标左键双击 plate_labellmg.exe 文件，出现如图 4-19 所示的窗口界面，说明已经正常启动。由于是开源工具,所以界面中的各类型选项能够根据模型相关需求自行设计,现以生活中运用较多的车牌检测识别为例,进行介绍。

图 4-19 plate_labellmg 主界面和基本功能窗口

如图 4-19 所示的界面已汉化处理,功能与界面上的含义相同。单击最右上角的"打开"按钮也能够选取数据文件路径,使用此工具进行数据标注后,如图 4-20 所示会产生系统日志和如图 4-21 所示实时操作记录,方便后期查询问题。

图 4-20 plate_labellmg 系统日志

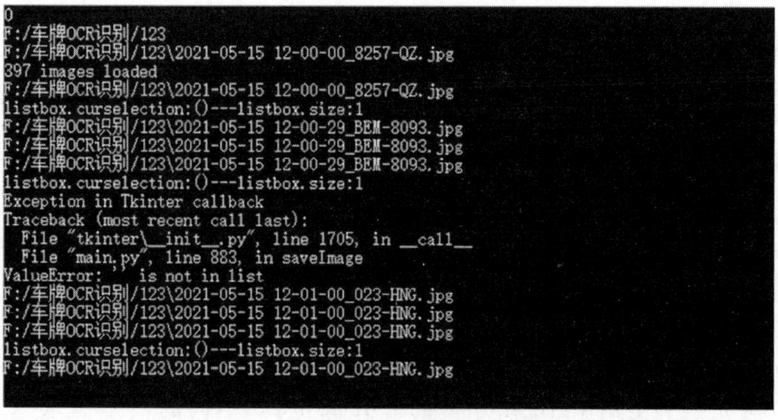

```
0
F:/车牌OCR识别/123
F:/车牌OCR识别/123\2021-05-15 12-00-00_8257-QZ.jpg
397 images loaded
F:/车牌OCR识别/123\2021-05-15 12-00-00_8257-QZ.jpg
listbox. curselection: ()---listbox.size:1
F:/车牌OCR识别/123\2021-05-15 12-00-29_BEM-8093.jpg
F:/车牌OCR识别/123\2021-05-15 12-00-29_BEM-8093.jpg
F:/车牌OCR识别/123\2021-05-15 12-00-29_BEM-8093.jpg
listbox. curselection: ()---listbox.size:1
Exception in Tkinter callback
Traceback (most recent call last):
  File "tkinter\__init__.py", line 1705, in __call__
  File "main.py", line 883, in saveImage
ValueError: ' ' is not in list
F:/车牌OCR识别/123\2021-05-15 12-01-00_023-HNG.jpg
F:/车牌OCR识别/123\2021-05-15 12-01-00_023-HNG.jpg
F:/车牌OCR识别/123\2021-05-15 12-01-00_023-HNG.jpg
listbox. curselection: ()---listbox.size:1
F:/车牌OCR识别/123\2021-05-15 12-01-00_023-HNG.jpg
```

图 4-21 plate_labellmg 实时操作记录

3. plate_labelImg 中常用的快捷键

常用的快捷键如表 4-2 所示。

表 4-2 plate_labelImg 快捷键

快捷键	功　　能
F2 键	保存标注
F1 键	上一张图像
F3 键	下一张图像
F5 键	放大所框选区域
F6 键	涂黑（废弃此区域）
F7 键	载入上一次文件路径
F8 键	复制前图的标注
F9 键	输出已标注图片
F10 键	统计修改的车牌

4. 标注操作方法

（1）单击“打开”按钮选择需要标注的数据所在文件夹或者在 config. ini 配置文件里输入相应文件路径。

（2）使用鼠标左键单击检测框的第一个点，移动鼠标就能够出现一条直线，再单击一次左键就能完成第一个边的标注，并在第二下单击处又能自动生成一条跟上步操作相同的直线。以此类推，在单击第四个点时，选取框将会自动闭环，形成一个四边形。

（3）画完框后，需要到界面右边选取和输入相关框选信息。

（4）如图像中还有文字内容需要框，则重复（2）、（3）两步，如没有则可单击“保存”按钮或按 F2 键。

（5）保存完毕的文本框为红色，并在框的上方显示选取和输入的信息，修改标注内容的框为绿色。

（6）单击“下一张”按钮或者按 F2 键，对下一张图像进行标注。

微课视频

4.3.2　语义定义全文 OCR 识别工具及使用方法

在生活中有着各式各样的文本信息，它存在于各类场景和文档中，有些还是非常重要和较为保密的身份信息。如政务部门、银行等地方的文件、发票，就包含很多敏感和无法外泄的信息，在人工去审视以及核查的情况下，容易出现错误和泄漏的情况，如果给机器去读取一些票据或者政务文件，就能很好地解决这些问题，因此现如今出现了各类文件扫描仪或者信息录入系统，它们都能很好地分类和识别同类型文件里面的打印体、手写体文字信息。那么此类功能是如何学习出来的呢？labelTool 就能很好地满足此类模型建立数据处理方面的工作。

labelTool 是一个使用 Python 开发的非开源工具，不同的模型需求，会镶嵌各类 SDK，还需附带相对应 model 文件，来精准地识别文本信息。如文本底色、字体颜色、字体效果等,都会因场景和需求的不同而变化,因此都要使用相应的学习规则,使其最终达到区分并正确识别的目的。此标注工具的原理,是将框选出来的字符信息,划分到一种定义域内,再将其实际内容填写出来,程序就会把框选出来的字符特征,与标注员填写的字符信息对应,最终就达到了学习的目的。以后如果在此定义域内出现了类似的字符特征,系统就能认出这类字符信息。因此在使用前,还应将指定的定义域中可能出现的字符信息,提前放入 model 数据库内,这样系统才能把字符特征对比到某个目标上。

1. labelTool 的安装

labelTool 可以在 Windows、Linux、Unantu、iOS 等系统上运行。在使用 labelTool 前需要先配置好 model 文件,并且需将定义域内的字符信息录入到对应 model 文件的数据库内,如图 4-22 所示。如果需要加密字符特征匹配功能,可以采用 licensetool 工具加密,授权 lic 格式的 license 文件为解密件,便可控制匹配识别功能的开关。

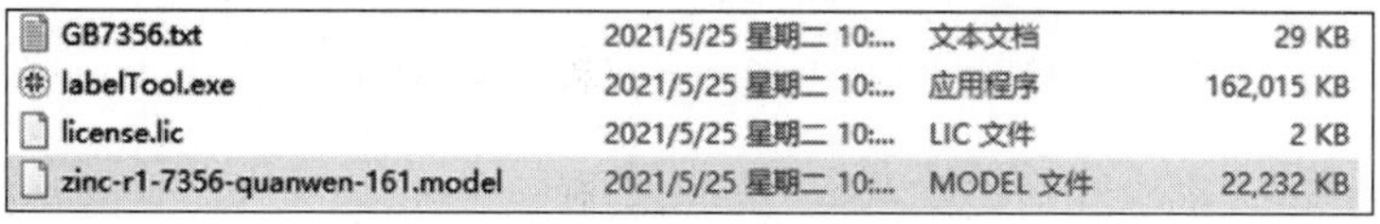

GB7356.txt	2021/5/25 星期二 10:…	文本文档	29 KB
labelTool.exe	2021/5/25 星期二 10:…	应用程序	162,015 KB
license.lic	2021/5/25 星期二 10:…	LIC 文件	2 KB
zinc-r1-7356-quanwen-161.model	2021/5/25 星期二 10:…	MODEL 文件	22,232 KB

图 4-22　labelTool 相关配套文件

2. labelTool 的使用方法

使用 labelTool 工具标注时,需将标签文件与扫描的文本图像放在同一文件夹下,才能开始标注,生成的标签文件也与文本图像一一对应,labelTool 的导出为 JSON 格式文件。labelTool 的程序安装路径,以及数据文件的存放路径,都不能存在中文。

1）配置定义域分类名

定义域的域名分类名保存在 labelTool. exe 文件所在路径下的 label 文件夹中,有一个名为 label. txt 的文本文件,按行存放,每行存放一个定义域域名。

2）基本功能

双击 labeltool. exe 文件,出现如图 4-23 所示的窗口界面,说明 labelTool 已经正常启动。

面对各类文件,可能文本信息不一定是规则的矩形文件,因此此工具除了采用两点矩形拉框方式框选识别区域外,还配置了四边形和多边形标注区域。该区域能够根据不同的实际需求,改变标注范围。"打开文件"表示打开数据路径;"打开上次图片"表示打开上次关闭程序时文件路径;"保存"表示保存所有 JSON 文件;"矩形""四边形""多边形"表示框选文本功能形状;"编辑"表示框选功能开关;"删除"表示剔除文本框;"左上标显示"表示在文本框左上角显示出赋予的字符信息,即输入的标注文字,↑↓方向键能够控制显示字符的大小;"配置真值"表示提前将某定义域内的真值内容(标注的字符信息)编辑完毕,在标注时,选定此定义域,则默认配置提前设置好的真值,这样可以提升标注效率,减少重复标注相同文本内容的时间;"左转""右转"表示旋转图像的显示方向,生成 JSON 文件后无法再进行图像旋转;OCR 表示识别匹配开关,可加密。

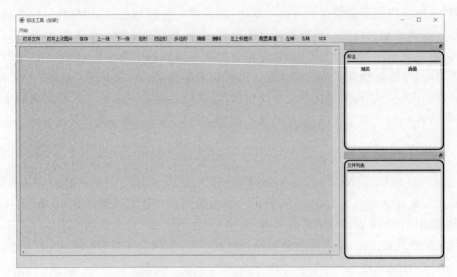

图 4-23　labelTool 主界面和基本功能窗口

如图 4-24 所示，鼠标移动至菜单栏，右击，会弹出 toolBar 按钮，取消勾选就能隐藏菜单栏。标注工具主界面的右上角的"标注"窗口，是显示当前文本图像所标注的各项定义域及其对应的真值内容；"文件列表"窗口表示被标注文本图像文件列表，双击列表中的文件名可以跳转至所选图像文件进行标注，已生成了 JSON 文件的数据名呈绿色，未生成 JSON 文件的数据名呈白色。鼠标滚轮可以改变图像显示大小。

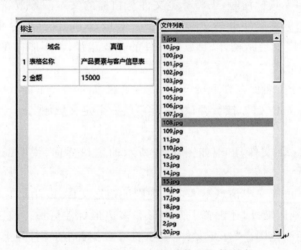

图 4-24　labelTool 标注功能和文件列表

3）labelTool 中常用的快捷键

（1）Ctrl＋U：打开标注文件。

（2）Ctrl＋O：打开识别匹配（OCR）。

（3）A 键和←方向键：上一张。

（4）D 键和→方向键：下一张。

（5）Space 键：标注框开关。

（6）Esc 键：删除标注框。

（7）Ctrl+D：复制当前标注框及真值和域名。

（8）Ctrl+H：隐藏所有的标注框。

（9）Ctrl+A：显示所有的标注框。

4）标注操作方法

（1）label.txt 的文本中编辑好标注所需定义的域名。

（2）单击"打开文件"按钮，选择需要进行标注的数据路径。

（3）选择标注需要的文本框形状，单击"编辑"按钮或者按 Space 键开始标注，"矩形"框需选取文本框的左上角和右下角，"四边形"框在选取完文本框的第四个角时会自动闭环标注框，"多边形"框需选取完文本框的所有角点后，手动单击第一个点形成闭环。

（4）如图 4-25 所示选取完文本标注框后，会自动弹出"域名"和"真值"的编辑窗口，选择好对应的域名（如果需要临时增加域名，可单击"增加域"按钮添加域名），然后在"真值"输入框中填写框选的字符信息内容，单击 OK 按钮或按 Enter 键保存域名真值信息。

带有真值的标注框为绿色，不带有真值的标注框为红色，如需修改标注框的范围或域名真值信息，在非"编辑"状态下，单击所要修改的标注框即可。

图 4-25　labelTool 域名和真值
编辑窗口

当文本图像内所有字符信息标注完毕后，可单击"下一张"按钮或按相应快捷键进行下一个数据标注。此工具自动保存，最后在关闭程序时单击"保存"确定 JSON 文件存储路径即可。

4.4　文本数据标注案例

4.4.1　车牌——检测识别

微课视频

车牌识别目前应用于大量生活场景中，如停车场管理、小区车辆综合管理、城市道路监控、智慧园区车辆管理、汽车 4S 店管理、移动手持检测设备、警务系统、高速公路管理等，都需要使用车牌识别进行机器学习。车牌识别标注使用了图像目标检测和文本转写，本节将对项目实际标注整体状况进行讲解。

1. 车牌数据要求

（1）场景类型——白天晴朗、白天阴雨、夜间灯光、夜间昏暗。

（2）车牌颜色——白底黑字、白底红字、红底白字、绿底白字、白底绿字、黄底黑字、蓝底白字。

（3）车牌质量——画面清晰无遮挡（正样本）、画面模糊（负样本）、画面被遮挡（负样本）。

（4）文件格式——JPG。

（5）数据量级——10 000 张（正负样本比例 9∶1）。

2. 数据集分类

（1）参与标注——训练集：9000 张（正负样本比例 8∶1）。

（2）不参与标注——测试集：1000 张（均为正样本）。

3. 具体标注流程

（1）打开 plate_labeling 标注工具，并选择数据文件所在路径，如图 4-26 所示。

图 4-26　用 plate_labeling 标注工具打开车牌图像（见彩插）

（2）如图 4-27 所示使用鼠标左键单击车牌的右上角，会出现一个可视箭头，沿着车牌上边线拉长箭头，使其与上边线重合，直到左上角，并再单击鼠标，将生成的第二条箭头与车牌右边线重合。以此类推，从左上角开始，沿顺时针旋转标注，每个车牌标注形式均为上述要求，不能有变化。

图 4-27　对车牌图像进行标框标注（见彩插）

（3）车牌检测框画完后，如图4-28所示到标注界面右边车牌信息填写窗口，输入相关信息。

（4）按照此类上述方法标注完训练集所有样本，标注过程中需保证车辆信息与真实图片中的一致，如图4-29所示车牌检测框与车牌外轮廓完全贴合。

图4-28　对车牌信息进行填写　　　　　图4-29　正确标注示例（见彩插）

4.4.2　票据证件——语义分类全文 OCR 识别

现如今，工厂制造业、零售业、银行业、保险证券业、物流供应链、手机 App、各大服务窗口以及各种移动终端设备或者信息上传系统，都会配有表格文档识别、扫读笔或点读笔 OCR 算法、增值税发票识别、集装箱号识别、身份证识别、营业执照识别、卡证识别、票据发票识别、护照识别、火车票识别、其他特定场景文字文件读取识别功能。如表格文档这些都是将文本文字资料扫描或成像为图片文件，再进行分析，最终获取文字及版面信息，即为人们常说的 OCR 功能。那是通过怎样的数据训练才能得到的呢？下面将根据一种证件票据扫描仪案例，介绍此类算法的标注处理。

1．文本数据要求

（1）文件类型——营业执照、开户许可证、增值税发票、银行承兑汇票、银行账户通用凭证、二代身份证、护照。

（2）文件质量——纸张平整（正样本）、纸张褶皱（负样本）。

（3）证件质量——界面清晰整洁（正样本）、界面花乱陈旧（负样本）。

（4）文件格式——JPG、PNG。

（5）数据量级——5000（正负样本比例9：1）。

2．数据集分类

（1）参与标注——训练集：4500张（正负样本比例8：1）。

（2）不参与标注——测试集：500张（均为正样本）。

3. 具体标注流程

(1) 在 label.txt 中编辑好标注所需定义的域名（以营业执照为例）：类型、名称、日期、地址、统一社会信用代码、注册资金、成立日期、营业期限、法定代表人、经营范围、住所。

(2) 打开 labelTool 标注工具，并选择数据文件所在路径，如图 4-30 所示。

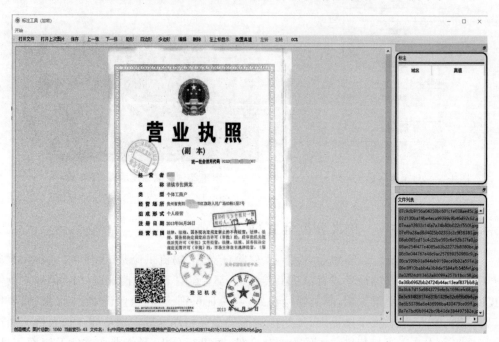

图 4-30　用 labelTool 标注工具打开标注数据（见彩插）

(3) 单击菜单栏中适用的标注框形状，以矩形为例，选择完毕之后单击"编辑"按钮，屏幕中会出现一个十字架，选择文字框的左上角和右上角，完成文字框选。文字框内不应出现其他定义域内的字符，文字框之间可以允许互相重叠，如图 4-31 所示选择的是"四边形"或"多边形"标注框，需按照顺时针方向进行框选。

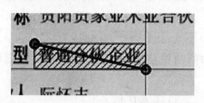

图 4-31　labelTool 矩形标注框选过程（见彩插）

(4) 选取完文本标注框后，如图 4-32 所示在弹出的编辑窗口内，选择好"类型"域名，然后在"真值"输入框中填写框选的字符信息内容——"普通合伙企业"，单击 OK 按钮或按 Enter 键存域名真值信息。如果框选的文字中出现空格，输入时应去掉空格。

(5) 如图 4-33 所示，按照上述方法将需标注的字符，都填入对应的域名和真值。

图 4-32 labelTool 文本编辑信息

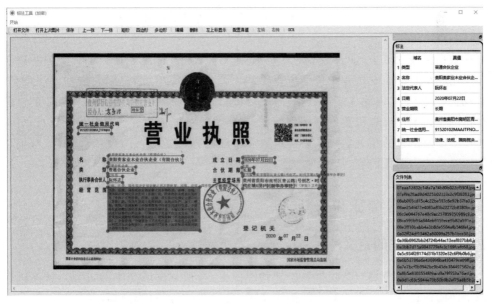

图 4-33 labelTool 标注完成界面(见彩插)

思考题

1. 文本标注常见的应用领域有哪些?

2. Excel 中常用的文本数据清洗功能函数有哪些?

3. 简单介绍 Notepad++文本处理工具。

第 **5** 章

图像数据标注

在数据标注领域中,涉及最多的就是图像标注。图像标注也在人工智能与各行各业实际应用相结合的演变过程中扮演着重要的角色,是最简单、最常用的数据标注类型,非常直观且容易上手,因此大多数数据标注员都是从图像标注开始接触标注行业的。图像标注目的是为了使计算机更好地识别图像,主要手段是把标注好的数据给计算机,告诉它这是什么以及附带的相关信息。后面再依靠不断的强化学习,计算机算法就能够把未标注的图像描述出图像内容,从而对图像进行处理。

5.1 图像数据特征和分析

5.1.1 图像标注的定义

图像标注的本质是一个将标签添加到图像上,将视觉变成文本的过程。计算机根据图像里面的信息自动生成相对应的描述文字,是自然语言与计算机视觉领域的结合。其目标范围既可以是在整个图像上仅使用一个标签,也可以是在某个图像内的各组像素中配上多个标签,这就好像我们小时候在做看图说话题目一样。我们也希望算法能够根据图像而描绘其内容含义的自然语句和自然语言。这项工作同时涵盖图像理解和语言生成,这些工作对于人类小朋友来说较为容易,但对于计算机视觉领域来讲,是一个不小的挑战。随着深度学习概念的到来,图像标注技术的发展,实现了两种不同形式的图像信息到文本信息之间进行转换。为人工智能的发展提供了有力而坚实的后盾,实现了 AI 里程碑式的发展。

5.1.2 图像处理的应用领域

通过对路况图片中的汽车和行人进行筛选、分类、标框等,可以提高安防摄像头以及无人驾驶的识别能力;通过对医疗影像中的骨骼进行描点,特别是对病理切片进行标注分析,能够帮助 AI 提前预测各种疾病;对街景中红绿灯、车辆、高架桥等道路标注的画框标注,可用于帮助自动驾驶和测量识别道路物体;对人脸图像做描点处理,能帮助人工智能告知是不同个体等,这些领域均为图像标注的常见应用。主要用于为计算机视觉的相关算法提供数据集,下面取其中三个最常见的领域具体介绍。

1. 人脸识别

人脸识别是利用人的脸部特征信息来进行身份识别的一种生物识别技术。采用摄像机或摄像头获取到含有人脸的图像或视频流,并在图像中检测和跟踪人脸进而将检测到的人脸进行信息识别的一系列相关技术,通常也叫作人像识别或面部识别。人脸识别由于其采集成本低、识别效率高,在市场中占据重要位置。

传统的人脸识别技术主要是通过可见光图像来进行的,这也是人们熟悉的识别方式,已有 30 多年的研究历史。但这种方式有着难以克服的缺陷,特别是在环境光照发生变化时,识别效果会急剧下降,无法满足实际系统的需要。能解决光照问题的方案有三维图像人脸识别和热成像人脸识别。可这两种技术还有很多需要探索的地方远不成熟,识别效果不尽如人意。迅速发展起来的另一种解决方案是采用主动近红外图像的多光源人脸识别技术。它能够克服光线变化的影响,已经取得了卓越的识别性能,在精度、稳定性和速度方面的整体系统性能超过三维图像人脸识别。这项技术在近两三年迅速发展,使人脸识别技术逐渐走向实用化。

人体的各个生理特征都是与生俱来的,它的唯一性和不易被复制的优势特性为身份鉴别提供了必要的前提。与其他类型的生物特征识别比较,人脸识别具有非强制性、非接触性和并发性、操作简单、结果直观、隐蔽性好等特点。其实人脸识别技术是通过将人脸信息进行多项分析处理得到的结果,其过程中有 6 个关键的步骤。

1) 人脸检测

人脸检测是为了寻找图片中人脸的位置。当有人脸出现在图片中时,会将人脸框选出来,并给出一个坐标信息,或者将人脸切割出来,检测并定位出图片中的人脸特征关键点。

可以使用方向梯度直方图(HOG)来检测人脸位置,具体方法是先将图片灰度化,接着计算图像中像素的梯度。通过将图像转变成 HOG 形式,就可以获得人脸位置。

2) 人脸比对

人脸比对是把不同角度的人脸图像对齐成同一种标准的形状,如图 5-1 所示提取不同图片或视频中人脸的特征,比对人脸特征的相似度,从而判断是否同一个人,并给出相似度数值。

因为在不同时间获取的图片,不可能完全一致。在身份验证、小区门禁系统、闸机智能验证、金融业认证、App 人脸登录、企业刷脸考勤等场景中都需要用到。

3) 人脸属性分析

定位并标记出图片中人脸的位置,并且可对人脸中的耳、口、鼻、眼、眉等多个特征点进行定位,还可识别出多种人脸属性,如年龄、性别、表情等。

FACIAL LANDMARK POINTS

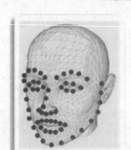

Feature	Point range
Left jaw line	0-7
Chin	8
Right jaw line	9-16
Left eyebrow	17-21
Right eyebrow	22-26
Bridge of nose	27-30
Bottom of nose	31-35
Left eye	36-41
Right eye	42-47
Oyter edge of lips	48-59
Inner edge of lips	60-67

图 5-1　一种人脸特征点位定义（见彩插）

4）人脸活体检测

RGB 静默、IR 双目、3D 结构光等多种活体检测算法，可拒绝照片、视频、人脸模具等假人脸作弊攻击，保障人脸识别系统的安全稳定运行。

5）人脸搜索视频比对

从视频中精确搜索给定的图片，可广泛用于公安、工厂、小区的安防布控场景，从海量视频中快速定位嫌疑人或特定人群。

6）人脸识别

检测视频和图片中的人形、人头、五官、四肢等属性，应用于人脸识别抓拍机、摄像机等产品中，采集点如图 5-2 所示。

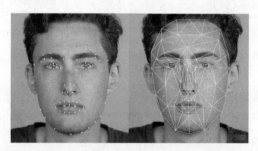

图 5-2　人脸识别头像标注（见彩插）

作为一项飞速发展的技术，人脸识别凭借着出色的运用优势，完全吻合物联网时代人机交互的所需条件。人脸识别的市场十分广阔，许多新兴应用场景处于开发当中。目前主要应用领域包括金融、安防、交通、教育以及智能家居等。现阶段市场主流的人脸识别应用场景具体有如下几个。

（1）金融行业。

人脸识别技术在金融领域主要作为身份核验的工具，已广泛运用在互联网金融、商业银行等领域。各类商业银行目前均已配备人脸识别机器用于客户开户、存取款等业务。随着互联网金融渗透率不断提高，手机、网银支付逐渐成为日常生活支付的主流方式，其主要身份识别方法即人脸识别技术。

（2）安检领域。

目前，智能安防发展得如火如荼，为了进一步提升安防应用的适用性，提高数据处理的速度与效率，推动安防从被动防御向主动预警发展，对数据标注的需求与日俱增，这也是由于安检安防领域是人脸识别系统去支撑。目前在全国主要城市的火车站、飞机场等人员进出通道均已搭配人脸识别技术，用来对乘客个人身份信息的验证。除此之外，交通管理部门也将运用人脸识别技术对于行人的违法违章行为进行监督管理，提高城市管理效率，主要应用场景如图 5-3 所示。

图 5-3 安检入口处的人脸识别闸机通道

（3）智能家居。

智能家居领域作为新兴市场，发展十分迅速，具体应用场景有智能人脸识别锁、扫地机器人、智能冰箱、智能咖啡机等。人脸识别作为未来 AIOT 领域的主要交互方式之一，渗透率逐渐提高。通过配备人脸识别技术，智能家居可以变得更加便利与安全，以满足万物智联的需求。

2. 医疗影像

随着数据的暴增和计算机硬件技术的发展，AI 技术逐渐渗透到各行各业的应用之中。对于医疗行业来说，人工智能 AI 是一种很好的工具，能够缓解医生资源紧缺的问题，提高医生工作效率，可以承担部分影像筛查、分类、预警等前期工作，为紧张的医疗资源带来有效缓冲，让医师解放出时间处理疑难病症。

医院可以利用 AI 进行范围内居民健康管理，通过人工智能 AI 模拟医生诊疗过程并给出诊疗建议，实现人机协智的互联网智慧医疗模式，开展大数据人工智能跨区域、跨学科、多中心的临床科研，加速医疗服务队伍专业化能力的培养。

医疗 AI 最终训练出来的模型好坏取决于医疗数据的来源和质量，模型不是难点，数据才是真正的门槛。目前业界流传着一段话：有多少人工，就有多少智能。因此，人工智能医疗影像标注是实现 AI 医疗的必要环节，影像数据的获取能力与标注能力已经成为 AI 医学影像公司的核心竞争力之一。精准的医疗影像标注，最终将深耕医疗行业，为医疗行业做出贡献。

在医疗领域，主要标注方法有人体标框、3D 画框、骨骼点标记、病历转录等应用，机器学习能够快速完成医学编码和注释，以及在远程医疗、医疗机器人、医疗影像、药物挖掘等场景的应用，助力于提供更高效的诊断与治疗，制订更为健全的医疗保险计划。

现如今医疗影像生成技术还不够成熟，且为专项领域，进入门槛比较高，因此做影像标注的大多数是专业医生。影像标注与目标检测拉框标注所采用的方法比较类似，不过标注起来需要结合较为严谨的专业医学知识，其对标注准确性的要求非常高。一旦标注出错，会造成十分严重的医疗事故，这便是为何要求只能是医学领域的专业人士来做，例如在职医生和医学研究生。

如果出现了一些较为复杂的医疗影像，如图 5-4 所示的宫颈癌病理切片甚至在三甲医院实习的医生都不能完成。目前获取医疗影像数据主要有两个途径，其一是靠国家政府的公共数据，其二是与医疗机构协同，建立深层合作关系，获得高质量可靠的数据来源。

图 5-4　宫颈癌病理切片标注（见彩插）

3. 自动驾驶

自动驾驶系统是一个汇集众多高新技术的综合系统，系统采用先进的通信、计算机、网络和控制技术，对车辆实现实时、连续控制。

无人驾驶汽车要想取得长足的发展，有赖于多方面技术的突破和创新。自动驾驶系统相关的关键技术，包括环境感知、逻辑推理和决策、运动控制、处理器性能等。随着机器视觉、模式识别软件和光达系统的进步，车载计算机可以通过将机器视觉、感应器数据和空间数据相结合来控制汽车的行驶。因此技术的进步为各家汽车厂商自动驾驶的发展奠定了基石。另一方面，普及还存在一些关键技术问题需要解决，包括车辆间的通信协议规范、有人驾驶车辆和无人驾驶车辆共享车道的问题、通用的软件开发平台建立、多种传感器之间信息融合以及视觉算法对环境的适应性问题等。

要完好地实现上述功能，必定需要依赖人工智能的发展，即满足四个基本要素：计算力、海量数据、算法与决策以及传感器的数据采集。而实现完全的自动驾驶则高度依赖于这四个基本要素，并且缺一不可。因此，自动驾驶也被誉为人工智能的终极场景。在汽车自动驾驶的过程中，想要让汽车本身的算法做到处理更多、更复杂的场景，背后就需要有海量的真实道路数据做支撑,这就需要依靠数据标注。

自动驾驶包含的标注颇为繁多,几乎涵盖了所有车辆和街景的图像信息,其需要标注的内容有:

1) 路面标线类

白色实线、单黄实线、黄色虚线、黄色虚实线、白色虚线、黄色禁止停车线、导流线、禁停网格线、人行道、道路箭头、减速带等。

2) 道路设施类

道路可行驶区域、栏杆、隔离栏、石墩、杆状物(竖直部分)、路边建筑、绿化植被、路灯、红绿灯等。

3) 车辆车型类

非机动车、轿车(小型车辆)、货车(大型车辆)、其他机动车、行人等。

5.1.3　数据质量和标注标准

1. 数据质量标准

人们日常所说的人工智能其实就是一种机器学习,即从数据中自动训练获得规律,并利用规律对未知数据进行处理的过程。如何让机器学习从数据中更准确有效地获得规律,这就是数据标注要做的事情。虽然机器学习领域在算法上取得了重大突破,由浅层学习转变为深度学习,但缺乏高质量的标准数据集已经成为深度学习发展的瓶颈。其影响数据质量的因素主要来源于四个方面:信息因素、技术因素、流程因素和管理因素。

1) 信息因素

产生这部分数据质量问题的原因主要有:源数据描述及理解错误、数据度量的各种性质(如数据源规格不统一)得不到保证和变化频度不恰当等。

2) 技术因素

技术因素主要由于具体数据处理时各技术环节的异常造成数据质量问题。数据质量问题的产生环节主要包括数据创建、数据获取、数据传输、数据装载、数据使用、数据维护等方面的内容。

3) 流程因素

流程因素是指由于系统作业流程和人工操作流程设置不当造成的数据质量问题,主要来源于系统数据的创建过程、传递过程、装载过程、使用过程、维护过程和稽核过程等各环节。

4) 管理因素

管理因素是指由于人员素质及管理机制方面的原因造成数据质量问题。

如今深度学习算法的训练效果在很大程度上需要依赖高质量的数据集,如果训练中使用的标注数据集存在大量误差,将会导致机器学习训练不充分,无法获得规律,这样在训练效果验证时会出现目标偏离,无法识别的情况。一般的数据在进行机器学习前都要进行加工处理,使数据集的整体质量得到提升,以此来提高算法的训练效果。当数据集的整体标注质量只有80%的时候,机器学习的效果可能只有30%～40%。

随着数据标注质量逐步提高，机器学习的效果也会突飞猛进。但数据标注质量达到90%以上的时候，机器学习效果的提升就没有之前那么明显了，少量的标注数据就无法产生好的效果，需要靠大量的数据进行迭代，才能拥有明显的优化效果。

2. 数据标注标准

对比人眼所见的图像而言，计算机所见的图像只是一堆枯燥的数字。图像标注就是根据需求将这一堆数字划分区域，让计算机在划分出来的区域中找寻数字规律。如图5-5所示场景实际图像转换为如图5-6所示的数字化呈现。

图 5-5　场景实际图像

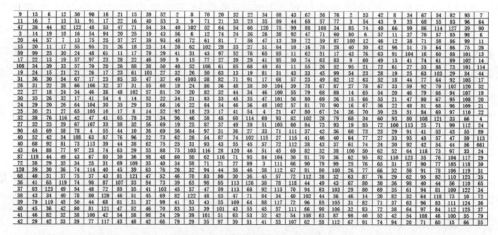

图 5-6　图像在计算机中的呈现

不过对于深度学习训练图像识别其实是根据像素点进行的，因此图像标注的质量标准也是根据像素点位判定，即标注区域的像素点越接近于实际物的边缘像素点，所标注的质量就越高，随之的标注难度就越大。由于原始图片质量等原因，标注物的边缘可能存在一定数量与实际边缘像素点灰度相似的像素点，这部分像素点会对图像标注产生干扰。面对各类图像标注类型则需要使用不同的检验方式，下面对一些常用的图像标注方式进行说明。

1) 2D矩形框标注

对于标框标注，标注员应该先对需标记物最边缘像素点进行标绘，然后核查标框的四周能否和标记物最边缘的像素点误差在1个像素以内。如图5-7所示，标框标注的上下左右边框均与图中座椅最边缘像素点误差在1个像素以内，所以这是一张合格的标框标注图片。

2）分割标注

与标框标注相比,分割标注质量检验的难度在于标注时需要对标注物的每一个边缘像素点进行检验。如图5-8所示,分割标注像素点与被标记物座椅边缘像素点的误差在1个像素以内,才能是一张合格的分割标注图片。在其质量检验中需要特别注意检验转折拐角,因为在图像中转折拐角的边缘像素点噪声最大,最容易产生标注误差。

图 5-7 合格标框标注数据

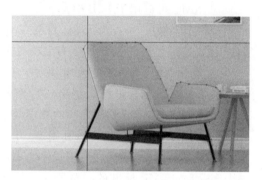

图 5-8 合格分割标注数据(见彩插)

5.1.4 常见的图像文件和标注结果格式

1. 常用图像标注结果格式——XML

XML又可称为可扩展标记语言,标准通用标记语言的子集,是一种具有结构性的标记语言,用于标记电子文件。XML的简易性,使得其能够在任何应用程序中读/写数据,这使XML很快成为数据交换的唯一公共语言,虽然目前一些应用软件也支持其他格式的数据交换,但不久之后它们都将支持XML,那就意味着程序可以更容易地与Windows、macOS、Linux以及其他平台下产生的信息结合,然后可以很容易加载XML数据到程序中并分析它,并以XML格式输出结果。

1）XML的特点

在计算机系统中,标记代表计算机所能理解的信息符号。通过此种标记,计算机之间可以连通处理各类信息,如文章等。XML可以用来标记数据、定义数据类型,是一种允许用户对自己的标记语言进行定义的源语言。它非常适合万维网传输,采用统一的方法来描述和交换独立于应用程序以及供应商的结构化数据,是Internet环境中具有跨平台、依赖于内容特征的技术,也是当今处理分布式结构信息的有效工具。早在1998年,W3C就发布了XML 1.0规范,使用它来简化Internet的文档信息传输。既然此类格式文件如此广泛,是拥有其何种特点才得到各界开发者的喜爱?

（1）XML能够从HTML中分离数据。

即能够在HTML文件之外将数据存储在XML文档中,这样可以使开发者专注于用HTML做好数据的显示和布局,并使得数据内容变化时不会导致HTML文件也需要改动,从而方便维护页面。XML 也可以把数据以"数据岛"的形式存储在 HTML 页面中,开发者依然能够把精力集中到使用 HTML 格式化和显示数据上。

（2）XML 可成为交换数据的中转站。

对于开发者来说,最耗时间的工作就是在遍布网络的系统之间交换数据,然而计算机系统和数据库系统所存储的数据却有多种形式。基于 XML 可以在不兼容的系统之间交换数据,因此把数据转换为 XML 格式存储将大大减少交换数据时的复杂性,还可以使这些数据能被不同的程序读取。

（3）XML 可应用于 B2B 中。

比如在网络中交换金融信息,目前 XML 已正成为遍布网络的商业系统间交换信息所使用的主要语言,许多与 B2B 有关的完全基于 XML 的应用程序正在开发中。

（4）利用 XML 能够实现数据共享。

XML 格式数据是以纯文本格式存储,这使得 XML 更易读、更便于记录、更便于调试,使得不同系统、不同程序之间的数据共享变得更加简单。

（5）XML 能够让数据充分利用。

XML 是与软件、硬件和应用程序无关的,数据可以被更多的用户、设备所利用,而不仅限于基于 HTML 标准的浏览器。其他客户端和应用程序可以把 XML 文档作为数据源来处理,就像操作数据库一样,XML 格式的数据能被各式各样的"阅读器"处理。

（6）XML 可用于开发新的语言。

由 XML 发展来的有 WAP 和 WML。WML（Wireless Markup Language,无线标记语言）是用于标记运行于移动设备上的 Internet 程序工具,它就采用了 XML 的标准。

综上所述,XML 使用一个简单而又灵活的标准格式,为基于 Web 的应用提供了一个描述数据和交换数据的有效手段。

2）XML 的规则

XML 文件格式是纯文本格式,在许多方面类似于 HTML。XML 由相应的元素组成,每个 XML 元素包括一个开始标记<,一个结束标记>以及两个标记之间的内容。例如,可以将 XML 元素标记为价格、订单编号或名称。标记是对文档存储格式和逻辑结构的描述。在形式上,标记中可能包括注释、引用、字符数据段、起始标记、结束标记、空元素、文档类型声明（DTD）和序言。

具体规则如下。

（1）必须有声明语句。

XML 声明是 XML 文档的第一句,其格式如下。

```
<?xml version = "1.0" encoding = "utf-8"?>
```

（2）注意大小写。

在 XML 的展示文档中,大小写是有区别的。例如,"A"和"a"是不同的标记。注意在写数据时,前后标记的大小写要保持一致。编写此类文档时最好养成一种习惯,要么全部大写,要么全部小写,或者大写第一个字母,这样可以减少因为大小写不匹配而产生的文档错误。

（3）XML 文档有且只有一个根元素。

良好格式的 XML 文档必须有一个根元素，就是紧接着第一行声明后面所建立的第一个元素，其他元素都是这个根元素的子元素，根元素包含文档中其他所有的元素。根元素的起始标记要放在所有其他元素的起始标记之前；根元素的结束标记要放在所有其他元素的结束标记之后。

（4）属性值使用引号。

在 HTML 代码里面，属性值可以加引号，也可以不加。但是 XML 的规则里面，所有属性值必须加引号（引号不做限制，可以是单引号，也可以是双引号），否则将被视为错误。

（5）所有的标记必须有相应的结束标记。

在 HTML 中，标记可以不成对出现，而在 XML 中，所有标记必须成对出现，有一个开始标记，就必须有一个结束标记，否则将被视为错误。

（6）所有的空标记也必须被关闭。

空标记是指标记对之间没有内容的标记，如""等标记。在 XML 中，规定所有的标记必须有结束标记。

3）XML 的相关标准

虽然 XML 标准本身简单，但与 XML 相关的标准却种类繁多，W3C 制定的相关标准就有二十多个，采用 XML 制定的重要的电子商务标准就有十多个。这一方面说明 XML 确实是一种非常实用的结构化通用标记语言，并且已经得到广泛应用；另一方面，这又为了解这些标准带来一定的困难，除了标准种类繁多外，标准之间通常还互相引用，特别是应用标准，它们的制定不仅使用的是 XML 标准本身，还常常用到了其他很多标准。

XML 标准的体系与 SGML 标准的体系非常相似，XML 相关标准也可分为元语言标准、基础标准、应用标准三个层次。

（1）元语言标准。

描述的是用来描述标准的元语言。在 XML 标准体系中就是 XML 标准，是整个体系的核心，其他 XML 相关标准都是用它制定的或为其服务的。

（2）基础标准。

这一层次的标准是为 XML 的进一步实用化制定的标准，规定了采用 XML 制定标准时的一些公用特征、方法或规则。例如，XML Schema 描述了更加严格地定义 XML 文档的方法，以便可以更自动化处理 XML 文档。

1XMLNamespace 用于保证 XML DTD 中名字的一致性，以便不同的 DTD 中的名字在需要时可以合并到一个文档中。

2XSL 是描述 XML 文档样式与转换的一种语言。

3XLink 用来描述 XML 文档中的超链接。

4XPointer 描述了定位到 XML 文档结构内部的方法。

5DOM 定义了与平台和语言无关的接口，以便程序和脚本动态访问和修改文档内容、结构及样式等。

（3）应用标准。

XML 已开始被广泛接受，大量的应用标准，特别是针对因特网的应用标准，纷纷采用 XML 进行制定。有人甚至认为,XML 标准是因特网时代的 ASCII 标准。在这因特网时代,几乎所有的行业领域都与因特网有关。而它们与因特网发生关系,都必然要有其行业标准,而这些标准往往采用 XML 来制定。如图 5-9 所示为某 XML 文件内容。

```xml
<folder>xingye-part4-20200702</folder>
<filename>0b398999f8bd49a39d382eb265900b2b_300.jpg</filename>
<path>F:\xingye-part4-20200702\0b398999f8bd49a39d382eb265900b2b_300.jpg</path>
<source>
    <database>Unknown</database>
</source>
<size>
    <width>1280</width>
    <height>720</height>
    <depth>3</depth>
</size>
<segmented>0</segmented>
<object>
    <name>document</name>
    <pose>Unspecified</pose>
    <truncated>0</truncated>
    <difficult>0</difficult>
    <bndbox>
        <xmin>642</xmin>
        <ymin>113</ymin>
        <xmax>1187</xmax>
        <ymax>698</ymax>
    </bndbox>
</object>
</annotation>
```

图 5-9　某图像标注 XML 文件内容

2. 常见图像文件格式

1) BMP 格式

BMP 是 Bitmap(位图)的缩写,是一种与硬件设备无关的图像文件格式,使用非常广,能够被 Windows 操作系统中多种应用程序所支持,是 Windows 的标准图像文件格式。随着 Windows 操作系统的流行以及丰富的应用程序诞生,BMP 图像格式理所当然地被广泛应用。这种格式的特点是采用位映射存储格式,除了图像深度可选以外,不进行任何压缩,几乎没有损耗,图像包含的信息较丰富,但因此导致了它与生俱来的缺点——磁盘占用空间过大。所以,目前 BMP 在单机上比较流行。

2) JPEG 格式

JPEG 是最常见的一种图像格式,应用十分广泛,特别是在网络和光盘读物上,都能找到它的身影。它由联合照片专家组(Joint Photographic Experts Group,JPEG)开发并命名为 ISO 10918-1,JPEG 仅仅是一种俗称而已。JPEG 文件的扩展名为.jpg 或.jpeg,其压缩技术十分先进,它用有损压缩方式去除冗余的图像和彩色数据,获取极高压缩率的同时能展现十分丰富生动的图像,换句话说,就是可以用最少的磁盘空间得到较好的图像质量。

同时,JPEG 还是一种很灵活的格式,具有调节图像质量的功能,可以调节不同的压缩比例对文件进行压缩,如最高可以把 2.74MB 的 BMP 位图文件压缩至 40.6KB。当然也完全可以在图像质量和文件尺寸之间找到平衡点。

目前各类浏览器均支持 JPEG 这种图像格式,因为 JPEG 格式的文件尺寸较小,下载速度快,使得 Web 页有可能以较短的下载时间提供大量美观的图像,JPEG 因此也就顺理成章地成为网络上最受欢迎的图像格式。

3）PNG 格式

PNG(Portable Network Graphics)是目前一种新兴的网络图像格式。1994 年年底,由于 Unysis 公司发表 GIF 拥有专利的压缩方法,要求开发 GIF 软件的作者须缴纳一定费用,由此促使免费的 PNG 图像格式的诞生。其主要特点如下。

(1）PNG 一开始便结合了 GIF 及 JPG 两家之长,存储形式丰富,兼有 GIF 和 JPG 的色彩模式,打算一举代替这两种格式;

(2）能把图像文件压缩到极限以利于网络传输,但又能保留所有与图像品质有关的信息,因为 PNG 是采用无损压缩方式来减少文件的大小,这点与牺牲图像品质以换取高压缩率的 JPG 有所不同。

(3）显示速度很快,只需下载 1/64 的图像信息就可以显示出低分辨率的预览图像。

(4）PNG 无法进行动画应用效果,如果在这方面能有所涉及,简直就可以完全替代 GIF 和 JPEG 了。

Macromedia 公司的 Fireworks 软件的默认格式就是 PNG。现在,越来越多的软件开始支持这一格式,而且在网络上也越来越流行。

5.1.5　图像标注各类型介绍

图像标注方式有矩形框标注、3D 标注、多边形拉框、打点、语义分割等。当然,具体标注的方法取决于实际项目所使用到的图像标注类型。计算机视觉的飞速发展,离不开大量图像标注数据的支撑,随着各类图像检测、识别算法的商业化落地,市场对图像标注的精准度愈发严格,为了针对不同的应用场景,也衍生出了不同的图像标注方法。

1. 2D 边界拉框

2D 边界框又叫矩形框,标注用途广泛且简单明了,是计算机视觉中最常用最广泛的图像标注类型之一。该标注负责在图像中的某些对象周围绘制框,边框应尽可能地靠近对象的每个边缘。边界框圈出目标,并协助计算机视觉网络找出感兴趣的目标。边界框几乎可以应用于任何目标,而且能大幅提升目标检测系统的准确度,其实质的应用场景如下。

1）自动驾驶

2D 边界框标注多数会出现在目标检测模型运用里,显然自动驾驶系统就是其典型应用场景,定位捕获交通图像内的车辆、行人等实体就必不可少。

2）智能建筑

另外还能用在建筑工地上为目标归类创建分类目标的模型,分析工地安全,让机器识别出不同环境中的目标。

3）智能超市

如图 5-10 所示 2D 边界框可以用于标注产品的图像,识别杂货店的食品及其他物品,自动监测结账流程。

图 5-10　2D 边界框在自动驾驶中的标注场景（见彩插）

2. 3D 标注

3D 标注是一种非常强大的图像标注，与边界框非常相似，是在立体图像中识别对象并在其周围绘制边框。与仅描绘长和宽的 2D 边界框不同，3D 长方体则标注了对象的长、宽和近似深度，让目标以三维效果呈现，使计算机视觉系统在三维空间中学会区分体积和位置等特征。

如图 5-11 所示使用 3D 长方体标注，可以绘制一个框将感兴趣的对象封装起来，并将锚点放置在对象的每个边缘。如果对象的一个边缘不可见或被图像中的另一个对象所遮挡，那就需要根据该对象的大小、高度以及图像的角度，来估算其边缘的位置。

该标注类型常用来开发能够运动的自动系统，从而预测目标在其周围环境中的状况。例如，自动驾驶车辆和移动机器人的计算机视觉系统。

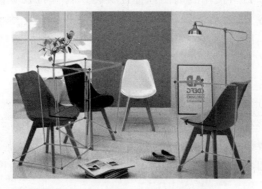

图 5-11　3D 标注呈现效果（见彩插）

3. 多边形

很多时候，图像中的目标由于光照、角度或者遮挡等原因，其形状、大小或方向无法很好地与 2D 边界框或 3D 长方体适配上。同时，开发人员希望对图像中的目标进行更加精确的标注。在这些情况下，便需要选择另一种图像标注技术——多边形进行标注。其也是边界框背后理论的扩展，复杂的多边形比单纯的框更能精确地检测出目标的位置和边界。

在使用多边形时，通常会在需要标注的对象外边缘，标记许多个点来绘制成线。这个过程与"连点成线,勾勒轮廓"相似。和边界框相比,多边形标注能够捕捉不规则形状的目标,切掉目标边缘无用像素,避免给分类标准造成困扰,提升模型的精确度。其主要应用场景如下。

1）自动驾驶

因为多边形能勾勒物品轮廓,消除边界框中的无用像素,多边形分割在自动驾驶中非常有用,能够突出显示标志和路标等不规则物体。

2）X 光片

多边形可用于在医用 X 射线中标记器官,以便将它们输入深度学习模型,以训练 X 射线中的畸形或缺陷。

3）卫星图片

它还能用来精确标注众多不规则目标,如卫星和无人机所检测的对象。如图 5-12 所示需精确探测水生物,多边形分割也比边界框更好。

4. 线和样条线

线标注包含直线和曲线,主要用于描绘图像的各个部分。当需要标注且划分界限的部分太小或者太薄,边界框等方法无法描绘时,便可使用线标注。其主要应用场景如下。

1）道路场景

尽管线和样条线可以被用于多种用途,但最好用在如图 5-13 所示外观重要特征为线形的目标中,它们在此主要被用于训练驾驶系统,以识别车道及其边界。

图 5-12 多边形标注应用场景　　　　图 5-13 道路场景中的线性标注（见彩插）

2）仓库机器人

线和样条线也可以被用于训练仓库里的机器人,让它们能够整齐地将箱子挨个摆放,或是将物品准确地放置到传送带上。

3）制造行业

线和样条可用于标注工厂的图像线跟随机器人工作。这可以帮助自动化生产过程,人力劳动可以最小化。

5. 语义分割

和上述主要着手于描绘对象的外部边缘（或边界）标注不同，语义分割则要更加精确和具体一些。其流程是根据物体的属性，把复杂不规则的图像分割成不同区域，整个图像中的每个像素与标签属性相关联的过程。

例如，图片中一部分可能是"天空"，而另一部分可能是"草地"，语义分割的关键是，各区域由语义信息所定义。在一些需要用到语义分割的项目中，一般会给标注工具提供一系列预定义的标签，以便在定义过程中能够从中选择需要标记的内容。其应用场景如下。

1）医学成像

针对提供过来的患者照片，标注工具将从解剖学角度对不同的身体部位，打上正确的部位名称标签。因此，语义分割可以被用于处理诸如"在 CT 扫描图像中标记脑部病变"之类难度较大的特殊任务。

2）自动驾驶汽车

图像标注可以利用语义分割对图像中的每个像素进行标记，使车辆能够感知到道路上的障碍物，分辨出道路、草地和人行道的各个区域。

3）农田分析

使用如图 5-14 所示的语义分割标注，检测杂草和特定的作物类型，检测森林和雨林的毁坏和生态系统破坏，促进生态保护。

图 5-14　语义分割标注结果（见彩插）

6. 特征点位标注

因为特征点标注在图片上创建点，所以有时也被称为点标注。仅仅几个小点就能为图片中细小纷繁的目标归类。但特征点标注常常使用许多点来描绘目标的轮廓或框架。特征点大小多样,大些的点有时会用来在区域中区分出重要/标志区域。特征点/点标注用点表示目标,所以最主要的用法是检测并量化小型目标。例如,城市鸟瞰图需要用特征点检测来找到车辆、房屋、树木、水池等感兴趣的目标。也就是说,特征点标注也有其他用法。将重点特征点结合起来便能创建目标轮廓,就像是连点拼图的游戏。这些点形成的轮廓能用来识别面部特征,或者分析人的动作或姿势。其主要应用场景如下。

1) 面部识别

追踪多个特征点能轻松识别出面部表情和其他面部特征。

2) 生物学领域的几何形态测量

如图 5-15 所示人脸骨骼点、场景目标物体以及统计模型。

7. 其他图像标注类型

1) 云标注

点云是三维数据的一种重要表达方式,通过激光雷达等传感器,能够采集到各类障碍物以及其位置坐标,而标注员则需要将这些密集的点云分类,并标注上不同属性。

2) 目标跟踪

目标跟踪是指在动态的图像中,进行抽帧标注,

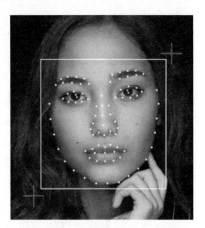

图 5-15　脸部特征点位标注

在每一帧图片中将目标物体标注出来,描述它们的运动轨迹,这类标注常应用于训练自动驾驶模型以及视频识别模型。

3) 属性判别

属性判别是指通过人工或机器配合的方式,识别出图像中的目标物体,并将其标注上对应属性。

总之,只要选择对应且正确的标注方法,计算机视觉便能实现所有的目标。在了解图像标注的众多种类和用例后,最好进行实验,付诸实践,从而掌握实际应用中的最佳方法。

5.2　图像数据采集和整理

5.2.1　数据采集的渠道和方法

数据采集,又称数据获取,是利用一种装置从系统外部采集数据并输入到系统内部一个接口的过程。在计算机广泛应用的今天,数据采集的重要性是十分显著的,它是计算机与外部物理世界连接的桥梁纽带。面对各种类型信号采集,其难易程度差别会很大,实际采集时,杂质和噪声也可能带来一些麻烦。

数据采集时,有一些基本原理要注意,往往原始材料与第一手资源针对性强且更为准确。但相应的采集比较耗时耗力,而对于互联网信息以及文献资料、研究报告等丰富的现成资料,采集相对比较快捷,其中还有更多的实际问题要解决。数据采集技术广泛应用在

各个领域,如摄像头、麦克风,都是常见的数据采集工具。

对于来自不同领域的源数据,需要遵循特定的数据采集流程。具体而言,数据采集在明确数据来源之后,可以根据特定行业与应用定位,确定采集的数据范围与数量,并通过核实的数据采集方法,展开后续的数据采集工作。

在互联网行业快速发展的今天,数据采集已经被广泛应用于互联网及分布式领域,数据采集领域已经发生了重要的变化。首先,分布式控制应用场合中的智能数据采集系统在国内外已经取得了长足的发展;其次,总线兼容型数据采集插件的数量不断增大,与个人计算机兼容的数据采集系统的数量也在增加。

国内外各种数据采集机先后问世,将数据采集带入了一个全新的时代。目前一些大数据公司和很多数据研究机构,获取图像数据的方法主要包括如下四种。

1. 系统日志采集

日志文件是用于记录数据源执行的各种操作行为,包括股票记账、流量管理、Web 服务器记录等用户访问行文的记录,很多互联网企业都有自己的海量数据采集工具,多用于系统日志采集。如 Hadoop 的 Chukwa,Cloudera 的 Flume,Facebook 的 Scribe 等,这些工具均采用分布式架构,能满足大数据的日志数据采集和传输需求。

2. 互联网数据采集

通过网络爬虫或者网站公开 API 等方式从网站上获取数据信息,该方法能够按照一定的规则,自动地把数据从网页中抽取出来进行处理,使其统一存储到本地数据文件。它可以支持图片、音频、视频等文件或附件的采集,同时附件与正文可以自动关联。处理网站中包含的内容之外,还可以使用 DPI 或 DFI 等带宽管理技术实现对网络流量的采集。

3. App 移动端或终端数据采集

App 是获取用户移动端数据的一种有效方法,App 中的 SDK 插件可以将用户使用App 的信息汇总给指定服务器,即便用户在没有访问时,也能获知用户端的相关信息,包括安装应用的数量和类型等。单个 App 用户规模有限,数据量有限;但数十万 App 用户,获取的用户终端数据和部分行为数据也会达到数亿的量级。

日常生活中我们常见道路或者商场内部的监控摄像头,还有各种语音控制设备都是良好的数据采集方式,这些终端通过日常的工作形态,将其运作过程中的数据保存下来,后期再经过合理的清洗和分类,就能获得最真实原始的计算机视觉训练数据。

4. 向数据服务机构进行购买

有很多专门做行业研究的组织、公司和数据服务机构,能够在某一特定领域获得大量的数据,通常具备规范的数据共享和交易渠道,这些组织、公司和机构会通过有偿或无偿的方式将数据共享给数据需求者,人们可以在平台上快速、明确地获取自己所需要的数据。而对于企业生产经营数据或学科研究数据等保密性要求较高的数据,也可以通过与企业或研究机构合作,使用特定系统接口等相关方式采集数据。

以上均为常见的数据采集方法,当然针对特定项目场景算法模型的需要,在通过上述批量获取数据之外,对于一些人像、车辆、街景等数据需求者可以自行采集数据,到相似现场进行拍摄收集图片,对语音可进行人工朗读、转录成音频文件来收集,或者直接从书籍、文章中提取特定文本内容等。也可以委托数据标注平台采集数据,现在很多数据标注平台都提供数据采集的业务,它们将数据采集任务以众包的形式发布在网站上,付费给网友来协助采集。

5.2.2 图像数据采集案例

前文介绍了数据采集的方法和流程之后,下面来具体描述一些常见数据采集项目的过程与要求。

1. 人脸数据采集

关于人脸数据的获取,可以从第三方数据机构进行购买,或者可自行准备一些采集设备进行收集。在采集之前,应该需要提前了解应用场景,明确采集数据的规格,对包括年龄、人种、性别、表情、拍摄环境、姿态分布等予以准确限定,明确图片尺寸、文件大小与格式、图片数量等要求,同时在获得被采集人许可之后,还需对被采集人拍摄不同光线、不同角度、不同表情的数据,并在收集后对数据做脱敏处理。

如下为一个简单的人脸数据采集项目的示例卡片。

> 年龄分布——18~30岁
>
> 性别分布——男女比例:6:4
>
> 人种分布——黑种人:50;白种人:40;黄种人:10
>
> 表情类型——正常,挑眉,向左看,向右看,向上看,向下看,闭左眼,闭右眼,微张嘴,张大嘴,嘟嘴,微笑,大笑,惊讶,悲伤,厌恶
>
> 采集方式——自行使用采集设备
>
> 拍摄环境——光线亮的地方,光线暗的地方,光线正常的地方
>
> 图片尺寸——1200×1600
>
> 文件格式——JPG
>
> 数据量级——20 000
>
> 适用领域——人脸识别,人脸检测

2. 车辆数据采集

在对车辆数据的采集中,最常用的方式是通过交通监控视频进行图片抓取,数据中最好包含车牌、车型、车辆颜色、品牌、年份、位置、拍摄时间等车辆信息。定好统一的图片尺寸、文件格式、图片数量规定,必要时做脱敏处理(即数据漂白),实时保护隐私和敏感数据。

如下为一个车辆数据采集项目示例卡片。

车型类型——小轿车、SUV、面包车、客车、货车、其他

车辆颜色——白、灰、红、黄、绿、其他

拍摄时间——光线亮的时候，光线暗的时候，光线正常的时候

车牌颜色——蓝、白、黄、黑、其他

图片尺寸——1024×768

文件格式——JPG

图片数量——75 000 张

适用领域——自动驾驶、车牌识别

3. 街景数据采集

与车辆数据采集相同，街景数据采集也能来自监控视频，可将视频进行截图与收集，还可借助车载摄像头、水下相机等进行街景拍摄。例如，谷歌在进行街景拍摄时，通过采集、定位到街景传感器吊舱、街景眼球、街景塔、街景三轮车、街景雪地车、街景水下相机等多种渠道进行全方位图像采集。采集的街景数据主要包括城市道路、十字路口、隧道、高架桥、信号灯、指示标志、行人与车辆等场景。同时，对于采集的数据需要做统一的图片尺寸、文件格式、图片数量规定与脱敏处理。

如下是一个街景数据采集项目示例卡片。

数据环境——城市道路

路况类型——十字路口、高架桥、隧道

数据量级——10 000 张

采集设备——车载摄像头

图片尺寸——1920×1200

文件格式——PNG

图片数量——15 000 张

应用领域——自动驾驶

4. 人体姿态采集

数据对象：办公室及相应工作场景周边的人体姿态。

如下是一个人体姿态采集项目示例卡片。

图片要求——不能直接在网络上获取，必须是真实拍摄的照片，不可以做修改

年龄分布——18～60 岁

性别分布——男女比例：1∶1

拍摄光线要求：正常光线、较暗光线和较亮光线

照片清晰度：清晰度大于 1080P，无闪光灯及其他灯光问题

文件格式：JPG

照片数量：30 000 张

适用领域：人体识别

1）场景 1：办公室内

姿态要求：

（1）手平放在桌子上，露出胳膊之间的间隙，左前方放置绿植遮挡部分手臂，遮挡部分不超过左手臂的三分之一。

（2）左手平放在桌子上，右手五指张开，直立在桌子上，不要遮挡身体躯干，且要求露出胳膊之间的空隙。

（3）左手平放在桌子上，右手五指张开，直立在桌子上，不要遮挡身体躯干，且要求露出胳膊之间的空隙，左前方放置绿植遮挡部分手臂，遮挡部分不超过左手臂的二分之一。

2）场景 2：办公室过道

指房间与其他房间或墙面形成的狭窄区域，非写字楼的楼道及其他场景的楼道。姿态要求：

（1）单人全身出镜，不要遮挡面部。

（2）站立于过道中间，不要依靠两侧墙体或其他物体。

3）场景 3：其他工作场景

如业务大厅工作人员、教室等。

姿态要求：靠墙环抱手臂，双臂环抱胸前，臂膀紧靠在墙上，墙体完整且不为纯白色。室内站立状态下正面背靠绿植或侧面靠绿植。所有照片不可以佩戴口罩或用其他物品遮挡面部。桌面除绿植外，不要有其他物体，单人上半身出镜。

5．停车位和交通标志采集

采集对象：车位范围及交通标志

采集场景：停车场和标识道路

采集地域：武汉、上海、广州、深圳

采集内容：采集各个停车场停车位图片，以及在停车过程中采集交通标志图片

采集方法：驾驶员负责开车，采集员负责在后排拍摄

图片格式：JPG

图片数量：300 000 张

停车场个数：500 个

适用领域：自动停车

5.2.3　数据预处理和清洗

数据预处理是一种数据挖掘技术，其目的是把原始数据转换为可以理解的格式或者符合数据挖掘的格式。现实世界中获取的数据是大部分不完整、不一致的脏数据，无法直

接进行数据挖掘或者数据挖掘结果差强人意。为了提高数据挖掘的质量，产生了数据预处理技术。数据预处理有多种方法，包括数据清洗、数据集成、数据归约、数据变换。需要注意的是，这些方法不一定会同时使用，或者有时几种方法会结合在一起使用。在数据挖掘之前使用数据预处理技术先对数据进行一定的处理，将极大地提高数据挖掘的质量，降低实际数据挖掘所需的时间。

当数据质量核查完毕之后，针对有问题的数据要进行数据清洗和转换，并且还包含对合格数据的转换。如图 5-16 所示数据清洗从名字上也看得出就是把"脏"的"洗掉"，指发现并纠正数据文件中可识别的错误的最后一道程序，包括检查数据一致性，处理无效值和缺失值等。因为获取数据后，并不是每一条数据都能够直接使用，来自各处数据源的数据内容并不"完美"。有些数据存在缺失不完整，有的数据存在噪声不一致，有的数据异常存在错误和重复，按照一定的规则把异常数据"洗掉"，这就是数据清洗。

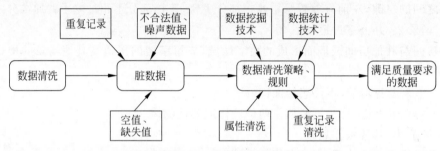

图 5-16　数据清洗流程

1. 数据清洗流程

在具体的数据清洗流程中，能够按指定错误类型、判断错误实例、修正发现错误、正确数据回收的具体流程来进行开展。

1）指定错误类型

在这个环节中，能够通过手动检查或者数据样本的分析方式，检测分析数据中包含的异常，然后在此基础上定义清洗转换规则和工作流程。根据数据源的数量以及缺失、不一致或者冗余情况，决定数据转换和清洗步骤。

2）判断错误实例

在核查过程中，如果只利用人工方式，一般耗时耗力，准确率也难以保障。因此在这个过程中，能够首先通过统计、聚类或者关联规则的方法，自动检查数据的属性错误。提高核查的效率，且扩大范围，使之发现更多的错误。

3）修正发现错误

对于纠正错误，便按照最初定义的数据清洗要求和工作流程有序进行。在纠正过程中，为了方便处理，应该对数据源进行分类处理，并在同一类型数据中将属性值统一格式，做标准化处理。

此外，在处理之前还应该对源数据进行备份，以免造成数据修改错误或者意外丢失，需要进行撤销操作等情况。

4）正确数据回收

通过以上三大环节，基本可以得到正确干净的数据，这时需要把原来的"脏"数据给替换掉，实现干净数据回流，以提高数据质量，同时也避免了将数据重复清洗的工作。

2. 数据清洗的主要作用

1）修改错误

出错的数据是数据源环境中一直都存在的一类问题。数据错误的形式包括以下。

（1）数值错误。

数据直接是错误的，例如，超过固定域集、超过极值、拼写错误、属性错误、源错误等。

（2）类型错误。

数据的存储类型与实际情况不符，如日期类型的以数值型存储，时间戳存为字符串等。

（3）编码错误。

存储的数据编码错误，例如，将 UTF-8 写成 UTF-80。

（4）格式错误。

存储的数据格式问题，如半角全角字符、中英文字符等。

（5）异常错误。

如数值数据输成全角数字字符、字符串数据后面有一个回车操作、日期越界、数据前后有不可见字符等。

（6）依赖冲突。

某些数据字段间存储依赖关系，例如，城市与车牌字符应该满足对应关系，但可能存在二者不匹配的问题。

（7）多值错误。

大多数情况下，每个字段存储的是单个值，但也存在一个字段存储多个值的情况，其中有些可能是不符合实际业务规则的。

这类错误产生的原因是业务系统不够健全，尤其是在数据产生之初的校验和入库规则不规范，导致在接收输入后没有进行判断或无法检测而直接写入后台数据库造成的。

2）剔除重复数据

因为各类情况，数据集中可能存在重复记录或重复字段（列），对于这些重复项目（行和列）需要做去重处理。对于重复数据的处理，基本方式是"排序和合并"，先把数据库中的记录按一定规则排序，然后通过比较邻近记录是否相似来检测记录是否重复。这里面其实包含两个操作，一是排序，二是计算相似度。

（1）常见的排序算法。

插入排序、冒泡排序、选择排序、快速排序、堆排序、归并排序、基数排序、希尔排序。

（2）常见的判断相似度的算法。

基本的字段匹配算法、标准化欧氏距离、汉明距离、夹角余弦、杰卡德距离、马氏距离、曼哈顿距离、闵可夫斯基距离、欧氏距离、切比雪夫距离、相关系数、信息熵。

对于重复的数据项，尽量需要经过业务确认并进行整理提取出规则。在清洗转换阶段,对于重复数据项尽量不要轻易做出删除决策,尤其不能将重要的或有业务意义的数据过滤掉,校验和重复确认的工作必不可少。

3）统一规格

大多数项目的数据都来自不同系统,且分散在各个业务线,不同业务线对于数据的要求、理解和规格不同,会导致对于同一数据对象描述规格完全不同,因此在清洗过程中需要统一数据规格并将具有一致性的内容抽象出来。数据字段的规则大致可以从以下几个方面进行统一。

（1）名称。

对于同一个数据对象的名称首先应该是一致的。例如,对于访问深度这个字段,可能的名称包括访问深度、人均页面浏览量、每访问 PV 数。

（2）类型。

同一个数据对象的数据类型必须统一,且表示方法一致。例如,普通日期的类型和时间戳的类型需要区分。

（3）单位。

对于数值型字段,单位需要统一。例如,万、十万、百万等单位度量。

（4）格式。

在同一类型下,不同的表示格式也会产生差异。例如,日期中的长日期、短日期、英文、中文、年月日制式和缩写等格式均不一样。

（5）长度。

同一字段长度必须一致。

（6）小数位数。

小数位数对于数值型字段尤为重要,尤其当数据量累积较大时会因为位数的不同而产生巨大偏差。

（7）记数方法。

对于数值型等的千分位、科学记数法等的记数方法的统一。

（8）缩写规则。

对于常用字段的缩写,例如,单位、姓名、日期、月份等的统一。例如,将周一表示为Monday 还是 Mon 还是 M。

（9）值域。

对于离散型和连续型的变量都应该根据业务规则进行统一的值域约束。

（10）约束。

是否允许控制、唯一性、外键约束、主键等的统一。

统一数据规格的过程中,重要的一点是确认不同业务线带来数据的规格一致性,这需要业务部门的参与、讨论和确认,以明确不同体系数据的统一标准。

4）修正逻辑

如果一个数据集的来源存在多个数据集,很可能存在数据异常或冲突的问题。例如,不同的数据源对于订单数量的数据统计冲突问题,结果出现矛盾的记录。通常,这是由于不同系统对于同一个数据对象的统计逻辑不同而造成的,逻辑的不一致会直接导致结果的差异性；除了统计逻辑和口径的差异，也有因为源数据系统基于性能的考虑，放弃了外键约束，从而导致数据不一致的结果；另外，也存在极小的数据丢失的可能性，通常由于并发量和负载过高、服务器延迟甚至宕机等原因导致数据采集的差异。

对于这类数据矛盾，首先需要明确各个源系统的逻辑、条件、口径，然后定义一套符合各个系统采集逻辑的规则，并对异常源系统的采集逻辑进行修正。

某些情况下，也可能存在业务规则的错误导致的数据采集的错误，此时需要从源头纠正错误的采集逻辑，然后再进行数据清洗和转换。

5）转换构造

数据变换是数据清理过程的重要步骤，是对数据的一个标准处理，几乎所有的数据处理过程都会涉及该步骤。数据转换常见的内容包括：数据类型转换、数据语义转换、数据值域转换、数据粒度转换、表/数据拆分、行列转换、数据离散化、数据离散化、提炼新字段、属性构造等。

（1）数据类型转换。

当数据来自不同的数据源时，不同类型的数据源数据类型不兼容可能导致系统报错。这时需要将不同数据源的数据类型进行统一转换为一种兼容的数据类型。

（2）数据语义转换。

传统数据仓库中基于第三范式可能存在维度表、事实表等，此时在事实表中会有很多字段需要结合维度表才能进行语义上的解析。例如，假如字段 M 的业务含义是浏览器类型，其取值分别是 1/2/3/4/5，这 5 个数字如果不加转换则很难理解为业务语言，更无法在后期被解读和应用。

（3）数据粒度转换。

业务系统一般存储的是明细数据，有些系统甚至存储的是基于时间戳的数据，而数据仓库中的数据是用来分析的，不需要非常明细的数据。一般情况下，会将业务系统数据按照数据仓库中不同的粒度需求进行聚合。

（4）表/数据拆分。

某些字段可能存储多种数据信息，例如，时间戳中包含年、月、日、小时、分、秒等信息，有些规则中需要将其中部分或者全部时间属性进行拆分，以此来满足多粒度下的数据聚合需求。同样地，一个表内的多个字段，也可能存在表字段拆分的情况。

（5）行列转换。

某些情况下，表内的行列数据会需要进行转换（又称为转置），例如，协同过滤的计算之前，user 和 term 之间的关系即互为行列并且可相互转换，可用来满足基于项目和基于用户的相似度推荐计算。

（6）数据离散化。

将连续取值的属性离散化成若干区间，来帮助消减一个连续属性的取值个数。例如，对于收入这个字段，为了便于做统计，根据业务经验可能分为几个不同的区间：0～3000、3001～5000、5001～10 000、10 001～30 000，大于 30 000，或者在此基础上分别用 1、2、3、4、5 来表示。

（7）数据标准化。

不同字段间由于字段本身的业务含义不同，有些时间需要消除变量之间不同数量级造成的数值之间的悬殊差异。例如，将销售额进行离散化处理，以消除不同销售额之间由于量级关系导致的无法进行多列的复合计算。数据标准化过程还可以用来解决个别数值较高的属性对聚类结果的影响。

（8）提炼新字段。

很多情况下，需要基于业务规则提取新的字段，这些字段也称为复合字段。这些字段通常都是基于单一字段产生，但需要进行复合运算甚至复杂算法模型才能得到新的指标。

（9）属性构造。

在有些建模过程中，也会需要根据已有的属性集构造新的属性。例如，几乎所有的机器学习都会将样本分为训练集、测试集、验证集三类，那么数据集的分类（或者叫分区）就属于需要新构建的属性，用户作机器学习不同阶段的样本使用。

6）数据压缩

数据压缩通常是表示在保持原有数据集的完整性和准确性，以及不丢失有用信息的前提下，按照一定的算法和方式对数据进行重新组织的一种技术方法。

对大规模的数据进行复杂的数据分析与数据计算通常需要耗费大量时间，所以在这之前需要进行数据的约减和压缩，减小数据规模，而且还可能面临交互式的数据挖掘，根据数据挖掘前后对比对数据进行信息反馈。这样在精简数据集上进行数据挖掘显然效率更高，并且挖掘出来的结果与使用原有数据集所获得结果基本相同。

数据压缩的意义不止体现在数据计算过程中，还有利于减少存储空间，提高其传输、存储和处理效率，减少数据的冗余和存储的空间，其包括无损压缩和有损压缩两种类型。数据压缩常用于磁盘文件、视频、音频、图像等，这对于底层大数据平台具有非常重要的意义。数据压缩有多种方式可供选择：

（1）数据聚合。

将数据聚合后使用，例如，如果汇总全部数据，那么基于更粗粒度的数据更加便利。

（2）维度约减。

通过相关分析手动消除多余属性，使得参与计算的维度（字段）减少；也可以使用主成分分析、因子分析等进行维度聚合，得到的同样是更少的参与计算的数据维度。

（3）数据块消减。

利用聚类或参数模型替代原有数据，这种方式常见于多个模型综合进行机器学习和数据挖掘。

3. 常见数据清洗的方法

根据上面所述，如果需要获取到高质量的数据，则在拿到数据之后，需要将不规整的数据转换为优质数据，因而完成准确、简洁的数据清洗工作便成为数据预处理中的重要环节。面对不同的业务需求，数据清洗包含以下几种方法。

1）数据缺失处理

当数据到达我们手上时，难免会丢失部分信息，无法做到全部完成。例如，数据库中的图像在传输过程中经过了压缩处理、表格中的列值不会全部强制性不为空类型、设备异常对数据改变没有日志记载等。面对这些问题,解决的方法大致为以下三种。

(1) 消除存在缺失值的日志记录。

就是将含有缺失属性值的对象直接删除,从而得到一个完备的数据信息。理论上讲,删除具有缺失值记录的方法主要有直接删除法和权重法。其中,直接删除法是对缺失值进行处理的最原始、最简单的方法。在缺失属性的数据占整个数据集比例较小时,这种方法比较适用,一般是在进行分类任务中缺失类别标号属性时常采用。如果数据集中大量的数据都存在缺失值问题,则此种方法失效。或者整体的数据量级过小,这样删除宝贵的数据资源,便会很大地影响挖掘结果的准确性。

(2) 补全缺失值。

采用一定的值对缺失的属性进行填充补齐,进而使数据信息完备化。填补缺失值的核心观念是通过最可能出现的值来补全缺失值,这相对于把不完全样本全部删除所造成的信息丢失要少得多。在数据挖掘中,面对的一般都是大型的数据库,数据会附带几十个甚至几百个属性,因为其中一个属性的错误或者丢失,而抛弃其他大量的属性值,是对信息的极大浪费,因此便有了以可能值对缺失值进行填补的思想与方法,常用的有以下几种方法。

① 人工填写:需要用户对数据相关信息属性非常了解,面对大数据集时,此种方法效率太低。

② 指定值填充:将所有空值使用一个指定值进行填充,使用此方法有可能导致严重的数据偏离。

③ 均值填充:如果缺失的是定量数据,则用该字段存在值的平均值来插补缺失的值,即数值型数据属性;如果缺失的是定性数据,则依照统计学中的众数原理,用该属性中出现频率最高的值来插补缺失的值。

(3) 最大可能性的预估填补。

在缺少情况为随机缺失的条件下,假如模型对于完整的样本是正确的,那么通过观测数据的边际分布可以对未知参数进行极大似然估计。这种方法也称为忽略缺失值的极大似然估计。对于极大似然的参数估计,实际中常采用的计算方法是期望值最大化。使用前提是增大样本,并且有效样本的数量足以保证极大似然估计值是渐近无偏的并且服从正态分布。但是这种方法可能会陷入局部极值,收敛速度也不是很快,并且计算很复杂。

2) 重复数据处理

如果两个值中的所有字段和属性都相同,对于重复的值一定要剔除。但数据集的量级不够大,则可根据业务场景,只选取其中几个字段来进行去重操作,避免数据集过小。

3) 噪声数据处理

噪声数据中会存在错误和异常,即偏离期望值的数据,会影响数据分析的结果。造成这种情况有多方面的原因,如数据收集工具的问题,数据输入以及传输错误,技术问题等。如果想优化算法模型的效果,通过使用标注数据来迭代获取最优的线性算法,然后训练数据集中含有大量的噪声数据,那么就会大大影响算法的收敛速率,并且还会对训练生成模型准确性造成负面影响,即越迭代效果越差。上述问题过程是很多项目算法模型后期都会遇到和存在的问题，就是因为没有重视噪声数据的清洗所造成的。其基本的噪声数据处理有三个方法，分别是分箱法、回归法、聚类法。

（1）分箱法。

这是一个经常使用到的方法。所谓的分箱法，就是将需要处理的数据根据一定的规则放进箱子里，然后测试每一个箱子里的数据，并根据数据中的各个箱子的实际情况采取方法处理数据。

（2）回归法。

回归法就是利用函数的数据进行绘制图像，然后对图像进行光滑处理。回归法有两种，一种是单线性回归，一种是多线性回归。单线性回归就是找出两个属性的最佳直线，能够从一个属性预测另一个属性。多线性回归就是找到很多个属性，从而将数据拟合到一个多维面，这样就能够消除噪声。

（3）聚类法。

聚类法的工作流程是比较简单的，但是操作起来却是复杂的。所谓聚类法，就是将抽象的对象进行集合分组，成为不同的集合，找到在集合以外的孤点，这些孤点就是噪声。这样就能够直接发现噪点，然后进行清除即可。

4. 常见图像数据清洗方法

1) 图像降噪

现实中的数据图像在数字化和传输过程中会经常出现成像设备与外部环境噪声干扰等影响因素，这种现象称为含噪图像或噪声图像。减少数据图像中噪声的过程称为图像降噪。

在演示的过程中可以看到当二值化之后的图片会显示很多小黑点，这些都是不需要的信息，会对后面进行图片的轮廓切割识别造成极大的影响，降噪是一个非常重要的阶段，降噪处理的好坏直接影响了图片识别的准确率。

最简单的叫作数据结构中学到的 DFS 或者 BFS（深度和广度搜索）。我们对 $w \times h$ 的位图先搜索所有连通的区域（值为 1 的，看起来是黑色的，连接起来的区域）。所有连通区域算一个平均的像素值，如果某些连通区域的像素值远远低于这个平均值，我们就认为是噪点。然后用 0 代替它。

2) 倾斜矫正

拍照或者选取的图片不可能完全是水平的，倾斜会影响后面切出来的图片，所以要对图片进行旋转。倾斜矫正最常用的方法是霍夫变换，其原理是将图片进行膨胀处理，将断续的文字连成一条直线，便于直线检测。计算出直线的角度后就可以利用旋转算法，将倾斜图片矫正到水平位置。

5.2.4 图像处理工具

微课视频

收集到的数据往往不能直接使用，通常需要经过图像处理程序的加工处理才能使用。能够进行图像处理的软件和工具有很多，常见的图像处理工具有 ProcessOn、Microsoft Office Visio、Photoshop 等。

1. ProcessOn

ProcessOn 是一个面向垂直专业领域的作图工具和社交网络,成立于 2011 年 6 月,并于 2012 年启动。它能够提供基于云服务的免费流程梳理、创作协作工具,与同事和客户实时进行协作协同设计,实时创建和编辑文件,并可以实现更改的及时合并与同步,这意味着跨部门的流程梳理、优化和确认可以即刻完成。支持绘制思维导图、流程图、UML、网络拓扑图、组织结构图、原型图、时间轴等。

ProcessOn 专注于为作图人员提供价值,利用互联网和社交技术颠覆了人们梳理流程的方法习惯,继而使商业用户获得比传统模式更高的效率和回报,改善人们对流程图的创作过程。

将全球的专家顾问、咨询机构、BPM 厂商、IT 解决方案厂商和广泛的企业用户紧密地连接在一起。

1)应用场景

(1)计划制定。

ProcessOn 的思维导图能够用来制定计划,包括工作计划、学习计划、旅游计划等,计划可以按照时间或项目划分,罗列出计划的内容、完成时间、执行人等信息后,可以标注出每个事项的完成度,将繁杂的日程整理清晰。

(2)笔记。

ProcessOn 的思维导图可以记录学习或工作笔记。把大篇幅的学习内容进行拆分,缩短文字数量,总结知识点的从属关系进行概括,便于理解和记忆。

(3)梳理流程。

如图 5-17 所示 ProcessOn 的流程图可以梳理系统流程、工艺流程、管理流程等,用图的形式来展现某一过程。

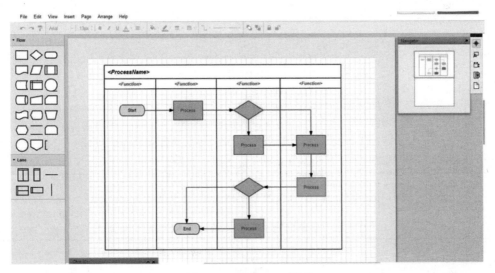

图 5-17 ProcessOn 界面

2）常用快捷键

（1）通用类快捷键如表 5-1 所示。

表 5-1　通用类快捷键

键　名	功　能
Alt	按住 Alt 键，通过鼠标可以对页面进行拖动
Ctrl	按住 Ctrl 键，单击一个图形，将其添加到选择图形中，或者从中移除
Ctrl+（+）/（-）	放大/缩小
Ctrl+A	全部选中
Esc	取消选中，并取消当先操作
T	插入文本
I	插入图片
L	插入连线

（2）选中图形时快捷键如表 5-2 所示。

表 5-2　选中图形时快捷键

键　名	功　能
方向键	将选中图形向左、向上、向下、向右移动
Ctrl+方向键（←↑↓→）	每次微移一个像素
Ctrl+Z	撤销
Ctrl+Y	恢复
Ctrl+X	剪切
Ctrl+C	复制
Ctrl+V	粘贴
Ctrl+D	复用
Ctrl+Shift+B	格式刷
Delete,BackSpace	删除
Ctrl+]	将选中的图形置于顶层
Ctrl+[	将选中的图形置于底层
Ctrl+Shift+]	将选中的图形上移一层
Ctrl+Shift+[	将选中的图形下移一层
Ctrl+L	锁定选中的图形
Ctrl+Shift+L	将选中的图形解锁
Ctrl+G	组合选中的图形
Ctrl+Shift+G	将选中的图形取消组合

（3）编辑文本时快捷键如表 5-3 所示。

表 5-3　编辑文本快捷键

键　名	功　能
空格	编辑文本
Ctrl+B	粗体

续表

键　名	功　能
Ctrl+I	斜体
Ctrl+U	下画线
Ctrl+Enter	保存文本编辑

2. Microsoft Office Visio

Office Visio 是 Office 软件系列中负责绘制流程图和示意图的软件,是一款便于 IT 和商务人员就复杂信息、系统和流程进行可视化处理、分析和交流的软件。使用具有专业外观的 Office Visio 图表,可以促进对系统和流程的了解,深入了解复杂信息并利用这些知识做出更好的业务决策。

OfficeVisio 很多时候可以用来处理一些专业的图像,使其标注数据能够更加精确。或者为一些特定的项目场景制定专门对口的数据环境,使其模型训练更加得专一性。例如,可将畸变过大的图像数据,进行长宽比重塑,使其消除畸变,满足模型识别规格;除去字符底色和背景,并将其镶嵌到其他场景环境中,拟造出更加多元化的数据,提升算法模型的兼容性。如表 5-4 所示为此图像编辑工具的常用快捷键列表

表 5-4　Office Visio 快捷键

键　名	功　能
Ctrl+Shift+U	取消对所选组合中形状的组合 ("形状"菜单,"组合"子菜单,"取消组合")
Ctrl+Shift+F	将所选形状置于顶层 ("形状"菜单,"顺序"子菜单,"置于顶层")
Ctrl+Shift+B	将所选形状置于底层 ("形状"菜单,"顺序"子菜单,"置于底层")
Ctrl+L	将所选形状向左旋转 ("形状"菜单,"旋转或翻转"子菜单,"向左旋转")
Ctrl+R	将所选形状向右旋转 ("形状"菜单,"旋转或翻转"子菜单,"向右旋转")
Ctrl+H	水平翻转所选形状 ("形状"菜单,"旋转或翻转"子菜单,"水平翻转")
Ctrl+J	垂直翻转所选形状 ("形状"菜单,"旋转或翻转"子菜单,"垂直翻转")
F8	为所选形状打开"对齐形状"对话框 ("形状"菜单,"对齐形状")
Ctrl+Shift+P	切换"格式刷"工具的状态 ("开"或"关")
Ctrl+1	选择"指针工具"
Ctrl+3	选择"连接线工具"
Ctrl+Shift+1	选择"连接点工具"

续表

键　　名	功　　能
Ctrl＋2	选择"文本工具"
Ctrl＋Shift＋4	选择"文本块工具"
Ctrl＋Shift＋3	选择"图章工具"

3. Photoshop

Photoshop 是目前公认的最好的功能非常强大的平面图像编辑工具及平面美术设计软件,功能相当多,性能稳定,使用方便。在实际生活和工作中,可以将数码照相机拍摄下来的照片进行编辑和修饰,也可以将现有的图形和照片用扫描仪扫入计算机进行加工处理,还可以把摄像机摄入的内容转移到计算机上,然后用它实现对影像的润色。

由于 Photoshop 功能强大,目前正在被越来越多的图像编排领域、广告和形象设计领域以及婚纱影楼等领域广泛使用,是一个非常受欢迎的应用软件。支持几乎所有的图像格式和色彩模式,能够同时进行多图层的处理;它的绘画功能和选择功能让编辑图像变得十分方便;它的图层样式功能和滤镜功能给图像带来无穷无尽的奇特效果。下面就简单介绍一下图像处理方面较为常用的相关功能。

1) Photoshop 的主界面

如图 5-18 所示,单击菜单栏中的"窗口"选项,可打开或关闭工具箱面板及其他浮动面板。

图 5-18　Photoshop 的主界面

2）改变图像大小

第一步：依次单击"文件"→"打开"按钮，打开需要调整尺寸的原始图像。

第二步：依次单击"图像"→"图像大小"按钮，弹出"图像大小"对话框，在宽度和高度输入框里输入相应的数字，单击"确定"按钮。

3）抠取图像

很多的图像处理工作，经常需要从现有的图像素材中截取或者抠取一部分使用，这就要用到抠取图像技术。在 Photoshop 中，抠取图像的方法有很多种，这里介绍利用选择工具抠取图像的方法。

（1）矩形框选工具。

需要抠取的图像具有矩形规则。将鼠标放在矩形选框工具图标上，并按住鼠标，则会出现一个工具列表，这些工具能够建立矩形或椭圆形选区，甚至可以建立只有一个像素的水平或垂直选区。

（2）套索工具。

可用于选取不规则形状的属性数据。套索工具分为两种，一种是多边形套索工具，另一种是磁性套索工具。多边形套索工具可以通过单击屏幕上的不同点来创建直线多边形区域。磁性套索工具能够自动对齐到图像的边缘，常用于创建精确的复杂选区。

（3）魔棒工具。

魔棒工具能够依据颜色的相似性来判断选取。它可以选择一个图像中与其他区域颜色不同的区域，此工具的应用广泛，作用很大。

灵活运用好以上三种选择工具，便可从一幅图像中抠取想要的区域使用。

4）图像的颜色改变

对图像的色泽、背景、曝光率等的调整，也是图像处理中经常会进行的操作。例如，数码照相机拍摄或者扫描仪扫描出来的图像，由于设备及环境原因有时会出现颜色失真的现象，图像效果不理想，便可使用 Photoshop 对图像颜色进行调整。

（1）了解颜色的属性。

颜色有三个属性：色相、饱和度和明度。色相是颜色的名称，用来描述颜色种类。饱和度是指一种色彩的浓烈或鲜艳程度，饱和度越高，颜色中的灰色组分就越低，颜色的色彩浓度就越高。明度是指颜色的明暗程度，它主要取决于该颜色吸收光线的程度。

（2）颜色调整方法。

依次单击菜单"图像"→"调整""色相/饱和度"按钮，打开"色相/饱和度"对话框，拖动颜色三个属性的滑块，即可调整图像的颜色。

5）Photoshop 的图层

图层是 Photoshop 十分重要的功能。如图 5-19 所示，引入图层的概念，便于把一张复杂的图像分解为相对简单的多层结构，每个图层都可以进行独立调整，而图层又通过上下叠加的形式来组成整个图像。操作时可以根据需要添加很多图层，方便地对图像的效果进行灵活调整，可以通过图层浮动面板来管理图层。

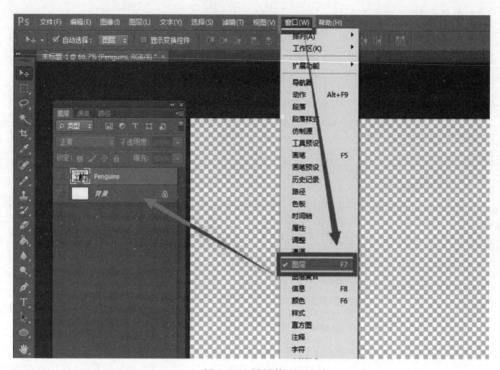

图 5-19　图层管理

5.3　图像数据标注工具和方法

　　数据标注是人类运用计算机等工具把各类型的数据如文本、语音、图像、视频等通过不同的标注方式为它们定义标签，并提供给机器学习的过程。在人工智能发展过程中，数据标注是必不可少的一个环节。此行业十分注重高效和准确，一个好用、功能强大的数据标注工具可以帮助团队节约成本，提高数据标注效率，为算法模型数据的获取如虎添翼。

5.3.1　目标检测工具及使用方法

微课视频

　　LabelImg 是一个可视化的图像标定工具。其主要特点是操作简单、使用方便。Faster R-CNN，YOLO，SSD 等目标检测网络所需要的数据集，均需要借此工具标定图像中的目标，且生成的 XML 文件是遵循 PASCAL VOC 格式的。

1. LabelImg 的安装环境

　　（1）下载工具 Anaconda。下载地址为 https://www.anaconda.com/products/individual#download-section。

　　（2）安装 Anaconda，选择默认安装目录将能勾选的都勾选上，选择自动添加环境变量。

　　（3）如图 5-20 所示，利用 pip 安装 PyQt5。

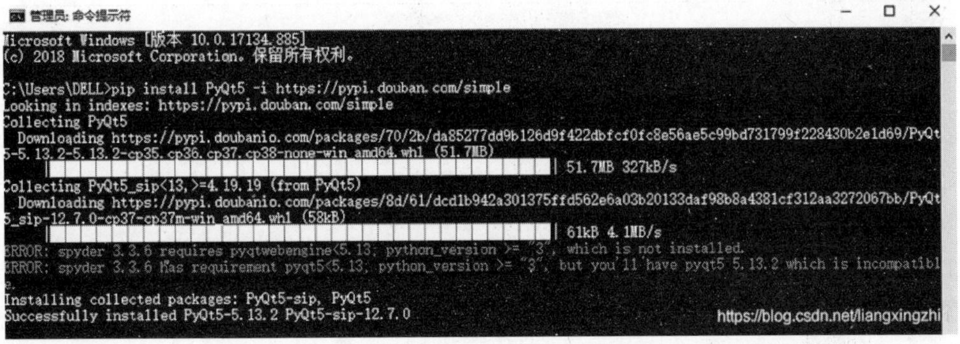

图 5-20　安装 PyQt5 界面

（4）如图 5-21 所示，安装 lxml，文件较小直接运行即可：pip install lxml。

图 5-21　安装 lxml 界面

（5）如图 5-22 所示，安装 LabelImg：pip install labelimg。

图 5-22　图层管理

（6）在 cmd 中输入"labelimg"就会弹出工具主界面。

2. LabelImg 的使用方法

1）配置预定义标签名称

预定义标签名称的配置，如图 5-23 所示需要到 labelimg.exe 文件所在路径下的 data\predefined_classes.txt 文本文件中进行填写或修改，按行存放，每行代表一个预定义标签名称。

2）基本功能

在 LabelImg 窗口的左边有一些操作的功能，如图 5-24 所示。其中，Open 是打开单个图像；Open Dir 是打开文件夹；Change Save Dir 是图像保存的路径；Next Image 是切换到下一张图像；Prev Image 是切换到上一张图像；Verify Image 是校验图像；Save 是保存图像；Create RectBox 是创建一个标注框；Duplicate RectBox 是重复标注框；Delete RectBox 是删除标注框；Zoom In 是放大图像；Zoom Out 是缩小图像；Fit Window 是图像适用窗口；Fit Width 是图像适应宽度。当然，使用操作按钮不是很方便，下面介绍一些快捷键，可为无聊的标注工作节省一些时间。

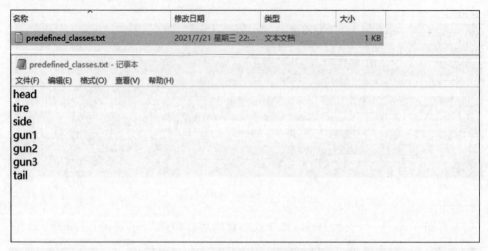

图 5-23　LabelImg 标签预定义配置文本

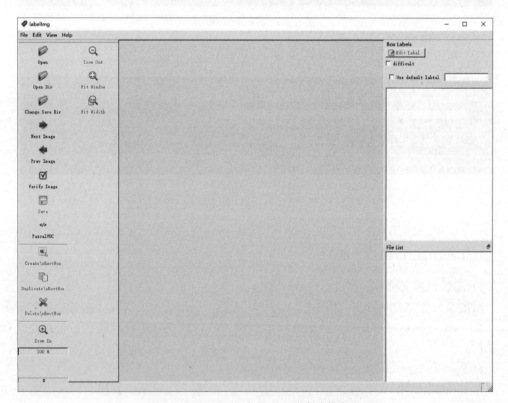

图 5-24　LabelImg 主界面和基本功能窗口

3. LabelImg 中常用的快捷键

LabelImg 常用快捷键如表 5-5 所示。

表 5-5　LabelImg 快捷键

快捷键	功　能
Ctrl+O	打开图像文件
Ctrl+U	打开图像所在的文件夹
Ctrl+R	更改结果保存的位置
W	开始画标注框
Ctrl+S	保存标注结果
D/A	下一张图像/上一张图像
Delete	删除画的标注框
Ctrl+(+)/(−)/(=)	放大/缩小/保持图像原始大小
Ctrl+E	编辑标签
Ctrl+Shift+O	打开的文件夹只显示 XML 格式的文件
Ctrl+L	修改标注框边线的颜色
Ctrl+Shift+S	将图像另存为
Ctrl+J	修改标注框
Ctrl+D	复制框
Ctrl+H	隐藏所有的标注框
Ctrl+A	显示所有的标注框
Space	标记当前的图像
Ctrl+D	复制当前标注框的标签和框
Ctrl+Q	退出软件
Ctrl+F	适合窗口的图像大小

4. 操作方法

（1）单击 Open,Dir 按钮打开如图 5-25 所示需要标注的图像所在文件夹,打开第一张需要标注的图像。

（2）单击 Change Save Dir 按钮确定 XML 文件保存路径。

（3）单击 Create RectBox 按钮或按 W 键对图像中需要标注的部分进行画框,过程中需按住鼠标。

（4）画完框后,松开鼠标左键,会弹出选择标签类别信息框。如图 5-26 所示,可以提前在预定义标签文档中编辑好所需用到的标签信息。

（5）如图 5-27 所示,选择所需要的标注类别或者输入新的类别,然后单击 OK 按钮。

（6）继续标注,直到一张图像的所有目标都标注成功以后,单击 Save 按钮,此时就在标注图像的文件夹下生成一个对应图像名的 XML 格式的文件,里面保存了标注信息。

（7）单击 Next Image 按钮或按 D 键,对下一张图像进行标注。

5.3.2　图像分割工具及使用方法

labelme 可以定义为升级版的 LabelImg 工具,能够支持对图像进行多边形、矩形、圆、折线、点、语义分割等形式的标注,适用于目标检测、语义分割、图像分类等多个领域的数据标注任务。作为一款开源工具,labelme 布局简单,图形界面运用的是 pyqt。labelme

微课视频

图 5-25　打开标注图像示例

图 5-26　编辑标签示例

图 5-27 选择标签类型示例

可以生成 VOC 格式和 COCO 格式的数据集且以 JSON 文件格式存储标注信息。

1. labelme 的安装

（1）首先安装 Anaconda，可以安装 Python 2.7 版本或 Python 3.6 版本。

（2）如图 5-28 所示，安装成功后，打开 Anaconda Prompt，然后依次输入以下命令。

```
1   # python2
2   conda create --name=labelme python=2.7
3   source activate labelme
4   # conda install -c conda-forge pyside2
5   conda install pyqt
6   pip install labelme
7   # if you'd like to use the latest version. run below:
8   # pip install git+https://github.com/wkentaro/labelme.git
9
10  # python3
11  conda create --name=labelme python=3.6
12  conda activate labelme
13  # conda install -c conda-forge pyside2
14  # conda install pyqt
15  pip install pyqt5  # pyqt5 can be installed via pip on python3
16  pip install labelme
17
18  # Pillow 5 causes dll load error on Windows.
19  # https://github.com/wkentaro/labelme/pull/174
20  conda install pillow=4.0.0
```

图 5-28 Labelme 安装命令

（3）成功后，在 Anaconda Prompt 中输入"labelme"，如果打开如图 5-28 所示的界面，则表明安装成功。

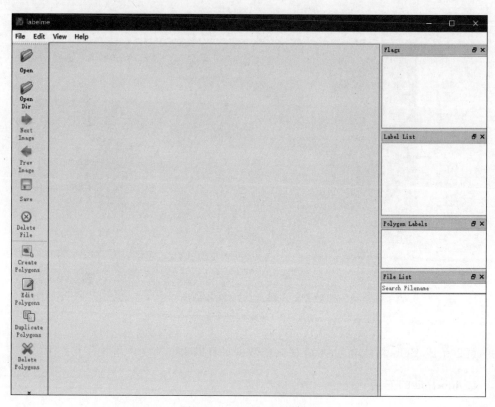

图 5-28　labelme 初始窗口

2. labelme 的基本功能

如图 5-29 所示，在 labelme 窗口的左边有一些操作的功能。其中，Open 是打开单个图像；Open Dir 是选择文件夹地址，打开多张图片；Next Image 是切换到下一张图像；Prev Image 是切换到上一张图像；Save 是保存 .json 文件；Delete File 是删除 .json 文件；Create Polygons 是绘制多边形边界；Edit Polygons 是编辑多边形边界；Duplicate Polygons 是复制选择的多边形边界；Delete Polygons 是删除选择的多边形边界；Undo 是撤销上一步；Zoom In 是放大图像；Zoom Out 是缩小图像；Fit Window 是图像适用窗口；Fit Width 是图像适应宽度。当然使用操作按钮不是很方便，下面绍一些快捷键，可为无聊的标注工作节省一些时间。

3. labelme 的快捷键

为了提高标注的效率，labelme 提供了大量的快捷键。在 home 文件夹内能够看到一个隐藏文件". labelmerc"，打开". labelmerc"，就能查询到默认的快捷键，也可以根据习惯自定义操作快捷键。系统默认的快捷键如表 5-6 所示。

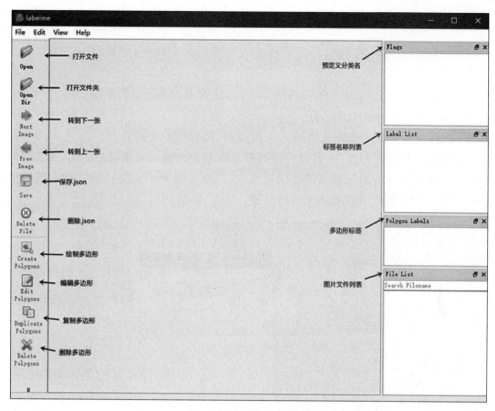

图 5-29　labelme 主界面

表 5-6　labelme 快捷键

快捷键	功　　能
Ctrl+O	打开图像文件
Ctrl+U	打开图像所在的文件夹
Ctrl+S	保存标注结果
Ctrl+Shift+S	将图像另存为
Ctrl+W	关闭标注
Ctrl+Q	退出软件
D/A	下一张图像/上一张图像
Delete	删除画的标注框
Ctrl+(+)/(−)/(=)	放大/缩小/保持图像原始大小
Ctrl+F	适合窗口的图像大小
Ctrl+N	创建多边形标注框
Ctrl+R	创建矩形标注框
Ctrl+D	复制框
Ctrl+J	修改标注框
Ctrl+L	修改标注框边线的颜色
Ctrl+Shift+L	修改标注框填充颜色

4. 操作方法

（1）单击 Open Dir 按钮打开需要标注的图像所在文件夹，打开第一张需要标注的图像。

（2）使用 Create Polygons 绘制多边形边界，使用 BackSpace 键撤销一步。

（3）首尾点合并输入类别名称。

（4）选择所需的标注类别或者输入新的类别，然后单击 OK 按钮。如图 5-30 所示使用过的标签名会保留在列表中，可以直接选择。出现多个同类对象时，可以在标签名后加上数字以作区分。之后如果想要修改标签名，可以在右侧 Polygon Labels 栏中选择要修改的标签名，右击，选择 Edit Label 修改标签。

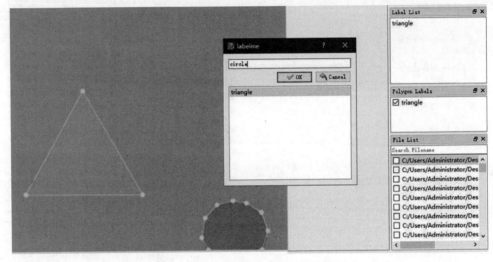

图 5-30　labelme 设置标签名（见彩插）

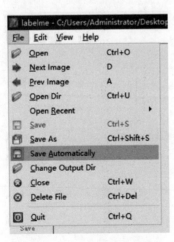

图 5-31　labelme 设置标签名

（5）继续标注，使用 Ctrl＋－、Ctrl++和 Ctrl＋鼠标滚轮放大或缩小图片，使用 Edit Polygons 移动边界点。选中的边界点会变成正方形，请注意不要将整个掩码移动了。

（6）直到一张图像的所有目标都标注成功以后，单击 Save 按钮，保存路径要与原图片路径相同，否则 labelme 无法读取保存后的.json 文件。此时就在标注图像的文件夹下生成一个对应图像名的 JSON 格式的文件，里面保存了标注信息。如图 5-31 所示可以在打开 labelme 后，通过 File 下拉菜单，选择 Save Automatically，自动将.json 文件保存在图片路径下。

5.4　图像数据标注案例

　　数据标注是一项熟能生巧的工作,需要通过大量的实战练习,才能够熟练掌握这门技术,并且更为精准地标注数据。本节分别对人体框图像、车辆识别和手势关键点进行数据标注进行介绍,涵盖了标框标注、分割标注和描点标注以及区域多边形标注。

5.4.1　人体框图像标注——目标检测

微课视频

　　对于行人的标注是很多项目中都会出现的场景,需要将人体的各个特征属性都标注清晰,且标注框贴合。由于人体特征较为明显,因此这类型的标注大多数使用 LabelImg 标注工具。以十字路口检测行人通过目标检测算法为例。

1. 人体图像数据要求

> 数据场景——各类十字路口行人通过时的图像
> 目标类型——各类人群,无人过路(负样本),路口人流量大和人流稀疏时都需要
> 数据环境——晴天、雨天、白天、夜晚
> 图片格式——JPG、PNG
> 数据量级——10 000(正负样本比例 19∶1)

2. 数据集分类

　　(1) 参与标注——训练集:8000 张(均为正样本)。
　　(2) 不参与标注——测试集:1000 张(正负样本比例 1∶1)。

3. 具体标注流程

　　1) 预定义标签名称说明
　　(1) 头部:上至头顶,下沿为肩膀圆弧处,要包含肩膀圆弧处。
　　(2) 上半身:上至脖子末端与肩膀交接处,下沿为上衣末端(如遇连体衣则预估到臀部位置),需要把手全部包含进上半身。
　　(3) 下半身:上至臀部位置,基本框入臀部,下沿为脚底。
　　(4) 人体框:上至头顶,下沿脚底,左至人体最左侧,右至人体最右侧。
　　2) 标注要求及注意事项
　　(1) 先进行标注框处理,画出框后再选择标签,并重复以上动作。
　　(2) 标注采用从上往下的顺序进行,依次为:头部、上半身、下半身,最后为人体全身,标注完一个人后再标注另一个人。
　　(3) 距离较远或是模糊的人,只需要标注人体全身框,不需要标注头部、上半身和下半身。
　　(4) 除了全身框,头部、上半身和下半身看见多少就标注多少,看不见的不标注,框与

框允许重叠。

（5）在标注人体全身框时，人体不可见部分能够默认为在人体全身框内。

（6）头部、上半身和下半身框需要在人体全身框内。

（7）人体全身框必须要贴合里面头部、上半身和下半身的框，不可过大或是压线，不可见区域除外。

（8）人物穿着的服装和鞋帽需要框选在内，手拎物品和背包不需要框选。

3）标注流程

（1）打开 LabelImg 标注工具，单击 Open Dir 按钮，如图 5-32 所示打开需标注的文件夹。

图 5-32　用 LabelImg 标注工具打开行人图像

（2）对图片中的行人进行画框标注，单击 Create RectBox 按钮，如图 5-33 所示标注矩形框。需要标注 4 个框。

图 5-33　对头部进行标框标注（见彩插）

（3）依次框选完毕，如图 5-34 所示添加标签，分别为头部、上半身、下半身和人体全身。

图 5-34 对行人上半身进行标框标注

（4）检查标框的头部、上半身、下半身以及全身框的标签名称是否正确，如图 5-35 所示与目标边缘吻合，全身框是否压线，对不可见部分的处理是否合理。

图 5-35 对行人下半身进行标框标注（见彩插）

（5）图片中所有目标标注完毕之后，单击 Save 按钮保存，如图 5-36 所示，单击 Next Image 按钮标注数据集的下一张图片，直至数据集标注完毕。

5.4.2 车辆轮廓抠图——图像分割

如今车辆智能驾驶或者智慧停车都已经深入人们的生活，并且越来越便捷。从之前的车辆检测到现在的自动驾驶，人工智能算法有了质的飞跃，这无疑是数据更加繁多更加

微课视频

图 5-36　对行人全身进行标框标注

精细的结果,因此较为简单的矩形框标注已经无法满足高质量高精准的算法模型了。更为精细的多边形分割技术,逐渐被广大算法训练师所接受。对于车辆分割标注方面的数据项目,具体流程如下。

1. 车辆图像数据要求

> 数据场景：各类道路上的车辆图片(城市道路、高速公路等)
>
> 数据环境：晴天、雨天,日间、黑夜
>
> 拍摄角度：路边监控摄像头、行车记录仪、驾驶室内从外拍摄
>
> 数据质量：车辆轮廓清晰、车速过快导致车辆轮廓模糊(负样本)
>
> 图像格式——JPG、PNG
>
> 数据量级——5000(正负样本比例：9∶1)

2. 数据集分类

(1) 参与标注——训练集：4500 张(均为正样本)。

(2) 不参与标注——测试集：500 张(正负样本比例 1∶1)。

3. 具体标注流程

1) 标注要求及注意事项

(1) 分割点描绘需要尽量贴近目标,间距控制在 1 像素以内。

(2) 尽量多拐点,保证标注范围内不存在其他特征信息。

(3) 如图 5-37 所示有一些车辆在其本体上安装或镶嵌了一些设施,在分割标注时,应将其框选在内。

（4）如果是放置或捆绑在车辆本体上的物品，如图 5-38 所示则不应该在分割时框选在内。

图 5-37　镶嵌设施分割标注示例（见彩插）

图 5-38　捆绑物体分割标注示例（见彩插）

（5）当需要分割标注被物体遮挡隔断的车辆时，如图 5-39 所示被隔断的部分也应框选出来，并与车整体轮廓相连接。

（6）当有人员站立或者遮挡住车辆时，应不选取人员图像，如图 5-40 所示直接预判出遮挡的车辆图像，框选出车辆轮廓。

图 5-39　隔断物体分割标注示例（见彩插）

图 5-40　遮挡物体分割标注示例（见彩插）

2）标注流程

（1）打开编译好的 labelme 多边形车辆标注工具，如图 5-41 所示双击图片路径和 XML 数据路径，确定数据集及标签文件存储位置。

（2）如图 5-42 所示在右侧视觉姿态选取栏内选择车辆停放姿态，例图中停放姿态为 LR。

（3）如图 5-43 所示选择目标车辆颜色和遮挡及困难属性，例图中为白色无遮挡。

（4）如图 5-44 所示选择车辆类型，例图中为轿车车型。

（5）选取车辆目标类型，如图 5-45 所示为整车标注。

（6）车辆属性选取完毕之后，按住鼠标左键，如图 5-46 所示将目标框选在内，需贴边框选。

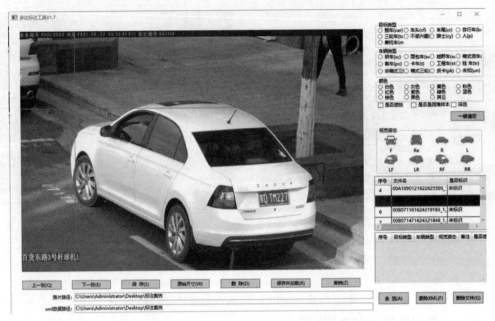

图 5-41　车辆分割标注工具界面（见彩插）

图 5-42　车辆视觉姿态选择（见彩插）

图 5-43 颜色、遮挡及困难属性选择(见彩插)

图 5-44 车辆类型选取(见彩插)

图 5-45　车辆目标类型选取（见彩插）

图 5-46　车辆分割目标框选（见彩插）

（7）框选完毕之后，单击"开始"按钮，在目标框内开始勾勒车辆轮廓。

（8）勾勒完毕车辆目标后，在最后线条闭环处单击鼠标右键，如图 5-47 所示，然后单击"结束"按钮，完成车辆分割标注。

（9）标注完毕之后，如图 5-48 所示，单击"保存"按钮，进行下一张标注，直至数据集标注完毕。

图 5-47　车辆目标分割标注结果（见彩插）

图 5-48　车辆分割标注完毕结果（见彩插）

5.4.3　手势特征点——点位标注

现如今各类交通指挥终端，或者场景动作识别系统，都会运用到人物手势识别，去分析手势动作，从而达到指挥机器设备运作的功能。因此这类型数据标注为特殊数据标注，具有特定的标注规则。

1. 数据要求

手势类型——手势展示数字样式（一到十）、常用手势语，如"ok"、剪刀手、大拇指等

数据类型——手势无遮挡、手势存在遮挡（负样本）

图像格式——JPG、BMP、PNG

数据量级——5000（正负样本比例 9∶1）

2. 数据集分类

(1) 参与标注——训练集：4500 张（正负样本比例：8∶1）；

(2) 不参与标注——测试集：500 张（均为正样本）。

3. 具体标注流程

1) 手势标注规则和注意事项

(1) 需要标注的手部关键点有 21 个，具体位置和说明如图 5-49 所示。且每张图都是21 个点，从 0 到 21。

辅助理解图		
0	手腕点	豌豆骨骨底
1	大拇指第一节	大多角骨骨底
2	大拇指第二节	拇指掌骨头
3	大拇指第三节	拇指指骨底
4	大拇指尖	拇指指骨头
5	食指第一节	食指近节指骨底
6	食指第二节	食指中节指骨底
7	食指第三节	食指远节指骨底
8	食指指尖	食指远节指骨头
9	中指第一节	中指近节指骨底
10	中指第二节	中指中节指骨底
11	中指第三节	中指远节指骨底
12	中指指尖	中指远节指骨头
13	无名指第一节	无名指近节指骨底
14	无名指第二节	无名指中节指骨底
15	无名指第三节	无名指远节指骨底
16	无名指尖	无名指远节指骨头
17	小指第一节	小指近节指骨底
18	小指第二节	小指中节指骨底
19	小指第三节	小指远节指骨底
20	小指指尖	小指远节指骨头

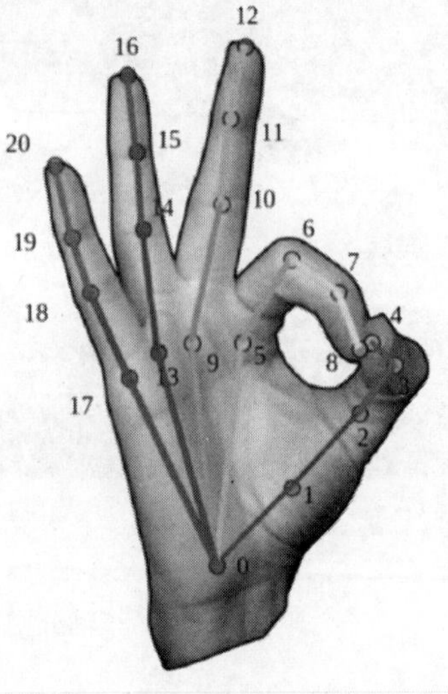

图 5-49　手势点位图（见彩插）

（2）手部的整体矩形框要贴合手,边缘要紧贴手指尖和手腕,但不能露出来。

（3）需从大拇指开始标注,按照手指头关节从下往上的顺序进行标注,第 21 个点的位置在手腕末端关节处。

（4）每个关键点的标记位置应为关节中心处,如果遇到关节被遮挡或图片残缺无法判断出关键点特征的情况,则需要自行合理推测关节所在的位置,然后进行标注。

2）具体标注流程

（1）打开 labelme 图像标注工具,单击 Open Dir 按钮,打开文件夹里的数据。

（2）首先需对手部的整体进行框选。单击主菜单中的 Edit 按钮,并在下拉菜单中选择 Create Rectangle 选项,框选完毕之后定义标签名称为"hand"。

（3）接下来再进行 21 个指关节标注。单击主菜单中的 Edit 按钮,在下拉菜单中选择 Create Point 选项。找到手部的手腕处,标注为 0 号点,由此开始,依次进行连续标注。每根手指 4 个点,包括手指的 3 个指节和指尖。

（4）在每一个关键点标注时,都要选择此关键点是可见或不可见,遇到有遮挡的手势时,要预估出关键点位的所在位置,被遮挡的手指如果为握拳形态,一律默认为握的最紧。

（5）按照顺序标注号 21 个指关节,并标记号相应的序号标签。

（6）21 个指关节标注完成后,单击左侧的 Save 按钮,保存完成后。如图 5-50 所示,单击 Next Image 按钮,继续进行下一张手势图像标注,直至标注完成数据集所有手势。

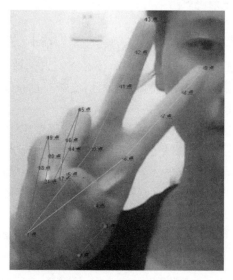

图 5-50　手势 21 节点标注完成结果(见彩插)

思考题

1. 图像标注的定义是什么?
2. 影响图像数据标注质量的因素来源于哪几方面?
3. 说出几种常见的图像文件格式。

第 **6** 章

语音数据标注

6.1 语音数据特征和分析

聊天软件通常会有一个语音转文本的功能,这种功能的实现大多数人都会知道是由智能算法实现的。但是很少有人会想,算法为什么能够识别这些语音呢?算法是如何变得如此智能的?其实智能算法和我们的大脑一样,它需要进行学习,通过学习后它才能对特定的数据进行处理和反馈。

近年来,随着人工智能理论与技术的迅猛发展,在深度学习神经网络的帮助下,机器语音识别准确率第一次达到人类水平。语音识别、语音合成技术在不断突破,意味着智能语音技术落地已经到来,语音将成为下一个重要的技术平台。虽然理论技术取得了长足进步,但是在实际应用过程中仍绕不开数据标注这一话题,训练数据的准确性很大程度上影响了算法模型的表现。随着语音应答交互技术对基础数据服务精准度以及场景度的要求越来越高,语音标注的难度也在逐渐提升,这对于语音数据标注员是一个比较大的考验。其运用流程如图 6-1 所示。

音频数据 —数据采集→ 语音标注 —转换编码→ 智能语音

图 6-1 音频数据运用流程

6.1.1 音频标注的定义

语音数据标注就是对语音数据进行语义、语法、音素等多种层次的标示,让机器从中学习规律,以便实现人机语音交互技术。主要工作内容是将语音中包含的文字信息、各种声音"提取"出来,进行转写或合成。标注后的数据主要用于人工智能机器学习,应用在语音识别、对话机器人等领域。相当于给计算机系统安装上"耳朵",使其具备"能听"的功能,使计算机实现精准的语音识别能力。

语音标注与我们生活的许多方面都是息息相关的。例如,在使用微信时,语音可以将人们叙述的话语转换成文字,在各种其他终端中用语音转写。智能算法最初无法直接识别语音,而是人工对语音进行文本转录,将算法无法识别的语音转换成容易识别的文本内容。

也许会有人问,每个人说话的语速和环境不同,是怎么分辨的? 这就需要进行人工转换,从而实现最终的效果。因此就需要大量的数据标注师来完成这些工作。

6.1.2　音频标注的应用领域

语音标注在人工智能领域的应用还是很广的,主要包括语音语言采集、语音内容加工处理、情感判断、语音文字等转换。我们常用到的小爱同学、天猫精灵、手机语音输入,甚至包括有时候接到的营销电话都有着智能语音的身影。下面就具体从几方面来说明。

1. 车载语音助手

车载场景最重要的特点是减少用户的注意力被占用,因而屏幕操作系统就会非常不便。在此情景下,车载语音助手变得尤为重要。语音导航、语音控制、车载信息娱乐系统等车载交互系统,在解放车主双手的同时,也为车主带来了便捷出行与娱乐享受的驾驶体验。

实现这些成熟的应用,需要大量的车载数据来对模型进行训练,其中,汽车引擎、空调、音乐等声音,以及车外的风声、雨声、鸣笛声等这些噪声不仅大,而且噪声源多样,都是影响车载交互系统识别准确率的因素。车辆内部结构和装饰呈现的复杂空间环境也会改变车载环境的声场,并且使用车载语音交互系统的人群分布广泛,行车场景中会有多人同时与其互动造成影响,这些都是算法模型需要解决的问题。

2. 消费级机器人

消费级机器人在人工智能技术的赋能下变得越来越智能,设备间的配合也越来越和谐连贯,也使此行业获得了蓬勃发展。用户正在习惯使用消费级机器人来辅助日常事务,如清洁、教育、娱乐、陪伴等。实现这些成熟的功能,便需要大量优质的数据对模型进行训练,来解决家庭装修和家装材料对空间结构和环境声场的改变,远距离互动里语音识别的难度,说话人的年龄、口音影响等相关问题。

3. 语音商务

智能语音技术正在改变乏味的商品搜索过程以及冗长的客服拨号过程。用户通过语音就可以快捷地找到心仪的商品,并获得较好的服务体验。语音技术使得客户服务系统可以更准确地定位用户的问题,并给出有价值的反馈。

实现这些功能,智能语音系统必须要了解人类的语言,这就需要大量优质的训练数据。例如，现在一些银行的客服电话，或者电信、联通、移动的客服，很多给你打电话的或者说接电话的人，根本不是真人，也是属于人工智能。跟你对话，然后了解你所描述的一个内容，根据所获取到的语言信息，进行相关业务匹配来达到处理的目的。

4. 智能家居控制

现如今人们越来越习惯用声音去操作复杂的家居设备，如电视、空调、家用摄像头等。耳熟能详的"小爱同学"，就能帮助人们操控很多智能家电，开关客厅灯、调节空调温度，都能够通过语音控制实现。智能家居生态系统正在快速成熟，构建高效、安全、便捷的家居环境成为现实。

5. 语音审核

用户创造的内容正在成为互联网内容生态的重要组成，丰富了人们的互联网生活。直播、音频资讯等新的内容传播方式的兴起，为内容平台的审核提出了新的要求。高效准确地净化平台内容、降低平台风险、提升用户体验成为重要方向。

6. 智慧医疗

智能导诊设备、语音电子病历、智能病房的发展促进了医疗行业的智能化改革。这些释放双手的设备，节省了人员精力，带来便捷高效的医疗体验。

6.1.3 语音的质量和标注标准

语音标注在进行质量的检验时，一般需要在相对安静且独立的环境下进行，还需要做到眼睛看耳朵听同时进行，时刻关注语音数据发音的时间轴与标注区域的音标是否一致。通常语音标注结果的允许误差是标注与发音时间轴误差在 1 个语音帧以内。

在日常对话中，字的发音间隔会很短，尤其是在语速比较快的情况下，如果语音标注的误差超过 1 个语音帧，很容易会标注到下一个发音中，使语音数据集中存在更多的噪声，最终影响机器学习的效果。除此之外，还有一些较为常用且十分重要的音频通用标注标准。

1. 有效语音

（1）单人发音，且为清晰普通话。
（2）发音不标准的普通话以及由于发音习惯导致个别发音改变的普通话。
（3）背景存在噪声，但不影响说话内容辨识的语音。

2. 一些典型的无效语音

（1）音频中无人说话，只有一些背景噪声和音乐等。
（2）音频中有人说话，但背景噪声过大影响内容辨识。
（3）语言不是普通话，例如武汉话、歌唱、其他语言（普通话中存在少量英语除外）等。
（4）发音声音较小或者发音模糊，无法确定其内容。

（5）语音中只有啊嗯额等语气词，无意义。

3．时间标注规范

对于每个有效的音频标注，都需要标注语言的起始和终止时间点，语音转写的文本标注内容需要与语音起止时间段内的数据一一对应。默认情况下，会把整个语音的起止点作为有效语音的起止点。但遇到下列情况时，需要进行修改：

（1）有效语音的开头或结尾处出现了较长时间的空档静音（超过 0.5s），便需要手动调整语音的起止时间，将标注的时间前移或后移，跳过静音部分。

（2）遇到音频中听不懂的情况，需要直接放弃，将能够听懂的时间段标注出来，这时也需要标注时间点，并在文本标注中给出对应的文本信息。

（3）对于音频中从始至终都伴随有噪声的情况，需要人工确定有效语音的起止位置，并在音频属性中备注出背景带噪，有效语音开始前和结束后的背景噪声都要被排除在语音起止时间之外。

4．文本转写规范

（1）文本转写结果通常以汉字表示，对于常用的词语要保证汉字正确，对于不确定的字（如人名）可以采用常见的同音字表示，如李珊可以转写成李山。

（2）转写内容需要与实际发音完全一致，不允许出现修改和删减，即使发音中出现了话语重复和明显的不通顺，也要根据发音内容给出准确的对应文本。如发音为"语语音标注"，"语"出现了重复，也要转写为"语语音标注"。但是对于个人口音造成或者个人习惯改变某些汉字的发音，则还是需要按照上下文理解标注。如因为口音原因，把"声音"读成了 shēng yíng，则仍然要标注成"声音"，不能标注成"声赢"。

（3）碰到网络用语时，如实际发音为"灰机、妹纸、同鞋"，则就应根据其发音来标注为"灰机、妹纸、同鞋"，不能标注为"飞机、妹子、同学"。

（4）转写时遇到音频中的正常停顿可以标注常规的标点符号（如逗号），也需结合实际的项目标注情况去判定。

（5）当有数字出现时，根据数字具体的读音标注出汉字形式，不能出现阿拉伯形式的数字标注。

（6）带有儿化音的，根据音频中说话人的实际发音情况进行标注。

（7）对于一些语气词，如果是清晰讲出的，如"哦、啊、嗯、额"等，便需要根据其真实的发音转写出来。

（8）对于语音中夹杂着英文的情况，如果出现的是英文单独字母的拼读发音，则以大写字母的形式转写出每一个字母，字母之间加空格，如 A A，C S。如果音频中出现的是英文单词和短语，对于常用的专有词汇，在能够确定准确的英文内容情况下，可以使用小写字母的形式标注出每个单词，单词之间用空格进行分隔。其他非拼读字母或者常用词汇直接抛弃。

5. 关于噪声数据处理规范

很多标注语音中都会出现或多或少的噪声数据，如果很嘈杂，影响正常标注，则可直接跳过。但许多情况下，一些噪声数据是短暂而清晰的，但是对主要目标有没有实用价值，也应该标记出来给予区分。每个算法模型不同，工程师给予的标签名称也会有出入，但大致的噪声分类是一样的。具体类型如下。

（1）非人类产生的噪声，如背景音乐、手机铃声、键盘敲击声、汽车鸣笛声、猫狗叫声等。

（2）非说话人本人产生的噪声，如其他人说话、咳嗽、笑声等。

（3）说话人的咳嗽声、清嗓声。

（4）说话人的打喷嚏声。

（5）说话人的笑声。

（6）说话人的咂嘴声。

（7）说话人强烈的呼吸声。

（8）发音人因重复或说错话导致的重复音。

（9）句子中间有两个字以上听不懂的部分。

（10）音频中有大于 1s 的静音。

6.1.4 语音标注运用类型

语音标注是数据标注的一种类型，包括语音转写 Text-to-Speech（TTS），即"从文本到语音"是将长段音频转换成文本文字，在语音场景里主要指长句的语音对话，或单人大段的讲述。

语音识别（Automatic Speech Recognition，ASR）是将声音转换为文字，在语音场景里主要指短句的语音对话，偏向口语化，例如智能音响。

两者都是将声音转成文字，都可以通过上传热词或语音模型，提升识别效果。区别在于语音识别为实时获取文字结果，不会存在太多的文本逻辑概念；语音转写分为实时和非实时获取文字结果，可以联系上下文，调整文字结果，语音越长效果越好，并且在处理文字结果时，还会考虑断句、顺滑、标点、语气词、重复词等。

1. 语音识别

语音识别技术，也称为自动语音识别（Automatic Speech Recognition，ASR），其目的是把人类语音中的词汇内容转换为计算机能够认识的输入，例如按键、二进制编码或者字符序列。与说话人识别及说话人确认不同，后者推测识别或确认发出语音的说话人而非其中所包含的词汇内容。如今语音识别技术的应用包括语音拨号、语音导航、室内设备控制、语音文档检索、简单的听写数据录入等。语音识别技术与其他自然语言处理技术如机器翻译及语音合成技术相结合，可以构建出更加复杂的应用，例如，语言到语言的翻译。

目前，常用的说话人识别方法有模板匹配法、统计建模法、连接主义法（即人工神经网络实现）。考虑到数据量、实时性以及识别率的问题，笔者采用基于矢量量化和隐马尔可夫模型(HMM)相结合的方法。

1) 语音识别系统的分类

语音识别系统可以根据对输入语音的限制加以分类。

(1) 从发音者与语音识别系统的相关性对比,可以将识别系统分为以下3类。

① 特定人语音识别系统：仅针对某人的话语进行识别。

② 非特定人语音系统：识别的语音与人无关,一般用使用大量各类人的语音数据库对识别系统进行学习。

③ 多人识别系统：通常能识别一组人的语音,或者开发成特定人组语音识别系统,该系统仅要求对要识别的那组人的语音进行训练。

(2) 从说话的方式考虑,也可以将识别类型分为3类。

① 孤立词语音识别：此识别系统要求输入每个词后都要留有一定停顿时间。

② 连接词语音识别：连接词输入要求对每个词都清楚发音,一些连音现象开始出现。

③ 连续语音识别：连续语音输入是自然流利的连续语音输入,大量连音和变音会出现。

(3) 从识别系统的词汇量大小考虑,也可以将识别系统分为以下3类。

① 小词汇量语音识别系统,通常为几十个词的语音识别系统。

② 中等词汇量的语音识别系统,通常为几百个词到上千个词的识别系统。

③ 大词汇量语音识别系统,通常包括几千到几万个词的语音识别系统。

随着计算机与数字信号处理器运算能力以及识别系统精度的提高,识别系统根据词汇量大小进行分类也不断进行变化。目前是中等词汇量的识别系统,未来可能就是小词汇量的语音识别系统。这些不同的限制也确定了语音识别系统的困难度。

2) 语音识别的几种基本方式

通常来说,语音识别的方式有三种：采用声道模型和语音概念的方法、模板匹配的方法以及利用人工神经网络的方法。

(1) 基于语音学和声学的方法。

此方式出现较早,在语音识别技术想法的诞生初期,就有了这方面的研究,但因为声道模型及语音相关知识过于复杂,现如今没有达到实用的阶段。一般人们认为常用语言中存在有限个不同的语音基元,并且能够运用其语音信号的频域或时域属性来分别。这样该方法通过以下两步来实现。

① 分段和标记。

把音频信号按时间点拆分成离散的段,每段对应一个或几个语音基元的声学特征。然后根据相应声学特性对每个时间段给出相近的语音标记。

② 得到词序列。

根据第一步所得语音标记序列得到一个语音基元构架,从词典得到有效的词序列,也能够结合句子的语法或语义同时进行。

(2) 模板匹配的方法。

模板匹配方法的发展较为顺利成熟,目前已达到了实用阶段。在模板匹配方法中,要经过四个步骤：特征提取、模板训练、模板分类、判断分类。常用的技术有三种：矢量量化（VQ）技术、动态时间规整（DTW）、隐马尔可夫（HMM）理论。

① 矢量量化（VQ）。

矢量量化是一种常用的信号压缩方法，一般用于小词汇量、孤立词的语音识别中。其过程是：将音频信号波形 k 个样点的每一帧，或有 k 个参数的每一参数帧，构成 k 维空间中的一个矢量，然后对矢量进行量化。量化时，将 k 维无限空间划分为 M 个区域边界，然后将输入矢量与这些边界进行比较，并被量化为"距离"最小的区域边界的中心矢量值。矢量量化器的设计就是从大量信号样本中训练出好的码书，从实际效果出发寻找到好的失真测度定义公式，设计出最佳的矢量量化系统，用最少的搜索和计算失真的运算量，实现最大可能的平均信噪比。

核心思想可以这样理解：如果一个码书是为某一特定的信源而优化设计的，那么由这一信息源产生的信号与该码书的平均量化失真就应小于其他信息的信号与该码书的平均量化失真，也就是说，编码器本身存在区分能力。

在实际的应用过程中，人们还研究出了多种降低复杂度的方法，这些方法大致可划分为两大类：无记忆的矢量量化和有记忆的矢量量化。其中，无记忆的矢量量化包括树形搜索矢量量化和多级矢量量化。

② 动态时间规整（DTW）。

语音信号的节点检测是进行语音识别的一个基本步骤，它是模板特性训练和识别的基础。所谓节点检测就是在语音信号中的各种分段（如音素、音节、词素）的始点和终点的位置，然后将语音信号中的无声段进行排除。在初期，采用节点检测的主要依据是能量、振幅和过零率。但实际效果较差。20 世纪 60 年代，日本学者首次提出了动态时间规整算法。其核心思想就是把未知参数稳步地伸长或缩短，直到与参考模板的长度一致。在这一过程中，未知词语的时间轴要不均匀地弯曲或扭折，让其特征与模型特征相对应。

③ 隐马尔可夫法（HMM）。

隐马尔可夫法是 20 世纪 70 年代加入语音识别理论内的，它的问世使得自然语音识别系统获得了实质性的突破。HMM 方法现已成为语音识别的主流技术，目前大多数大词汇量、连续语音的非特定人语音识别系统都是基于 HMM 模型生成的。HMM 是把语音信号的时间序列网格建立统计模型，使之当作一个数学上的双重随机过程：一个是用具有有限状态数的马尔可夫链来模拟语音信号统计特性变化的隐含的随机过程，另一个是与马尔可夫链的每一个状态相关联的观测序列的随机过程。前者通过后者表现出来，但前者的具体参数是不可测的。人的话语过程实际上就是一个双重随机过程，语音信号本身是一个可观测的时变序列，是由大脑根据语法知识和言语需要（不可观测的状态）发出的音素的参数流。可见，HMM 合理地模仿了这一过程，很好地描绘了语音信号的整体非平稳性和局部平稳性，是一种较为理想的语音模型。

（3）神经网络（ANN）的方法。

运用人工神经网络的方法是 20 世纪 80 年代末期提出的一种新型语音识别方法。人工神经网络本质上模拟了人类神经活动的原理，是一个自适应非线性动力学系统，具有自适应性、并行性、鲁棒性、容错性和学习特性，拥有很强的分类能力和输入输出映射能力，因此在语音识别中都很有吸引力。但由于存在训练、识别时间太长的缺点,目前仍处于实验探索阶段。

由于 ANN 不能很好地描述语音信号的时间动态特性,所以在实际项目中常把 ANN 与传统识别方法结合,分别运用各自的优点来综合提升进行语音识别。

3) 语音识别系统的结构

(1) 音频信息预处理与属性获取。

选取识别目标单元是语音识别研究的第一步。语音识别单元有词语(句)、音节和音素三种,具体目标为哪种由研究主体任务来决定。

词语(句)单元目标广泛应用于中小词汇语音识别系统,不适合大词汇系统,原因在于此单元目标数据模型库太庞大,会造成训练模型任务繁重,模型匹配算法复杂程度较高,难以满足实时性要求。

音节单元一般出现于汉语语音识别系统中,是由于汉语是单音节结构的语言,而英语则存在多音节构造。汉语虽然有大约 1300 个音节,但若不考虑声调,约有 408 个无调音节,数量相对英语较少。因此,对于中、大词汇量汉语语音识别系统来说,以音节为识别单元是可行的。

音素单元起初多见于英语语音识别系统的研究中,但现今中、大词汇量汉语语音识别系统也在越来越多地采用此目标单元系统。这是由于汉语音节仅由声母(包括零声母有 22 个)和韵母(共有 28 个)组成,且声韵母的特性相差很大。实际运用中常把声母依后续韵母的不同而构成细化声母,虽然这样会增加模型数目使工作量增加,但易混淆音节区分的能力却会提升不少。此单元的缺点在于协同发音的影响,会造成音素单元不稳定,所以如何获得稳定的音素单元,还有待研究。

语音数据的预处理有个根本的原则是合理地选用特征。特征参数提取的目的是将音频信息进行分析处理,剔除与语音识别无关的冗余信息,获得提升语音识别效果的重要信息,同时还能对语音数据进行压缩。在实际运用中,语音数据的压缩率介于 10~100。音频信号包含大量各类不同的信息,提取哪些信息,用哪种方式获取,需要结合各方面的因素来做出决定,如成本、性能、响应时间、计算量等。不指定人物语音识别系统一般侧重于提取反映语义的特征参数,尽量剔除说话人的个人信息;而指定人语音识别系统则会在提取反映语义的特征参数的同时,尽量包含说话人的个人信息。

(2) 声学模型与模式匹配。

声学模型通常是把获取到的音频特征使用算法进行训练后产生。在进行识别时将输入的音频特征与声学模型来匹配和比较,得到最佳的识别结果。声学模型是识别系统的最底层模型,也是语音识别系统中最关键的一部分。其目的是提供一种计算语音特征矢量序列的有效方法和各个发音模板之间的间距。声学模型的构架开发和语言发音特征密切相关。声学模型的单元大小(字发音模型、半音节模型或音素模型)对语音训练数据量大小、音频识别率以及灵活性有很大的影响。必须分析不同语言的特点、识别系统词汇的量级来判断识别单元的大小。

以汉语为例。汉语按音素的发音特征分类分为辅音、单元音、复元音、复鼻尾音四种。按照音节结构可分为声母和韵母,并由音素组成声母或韵母,含有声调的韵母也可称为调母，由单个调母或由声母与调母拼音便成为音节。汉语的一个音节就是汉语一个字的音，即音节字。由音节字构成词，最后再由词构成句子。

基于统计的语音识别模型常用的就是 HMM 模型 $\lambda(N,M,\pi,A,B)$，涉及 HMM 模型的相关理论包括模型的结构选取、模型的初始化、模型参数的重估以及相应的识别算法等。

（3）语言模型与语言处理。

语言模型是由识别语音命令组成的语法网格或者根据统计方法形成的语言模型。语言处理的目的则是为了进行语法、语义分析。

语言模型对中、大词汇量的语音识别系统尤为重要。当音频分类出现错误时便可根据语言学模型、语法结构、语义学进行判断修正，同音字则必须通过上下文结构才能确定词义。语言学理论包括语义结构、语法规则、语言的数学构造模型等相关方面。目前运用较为广泛的语言模型通常是采用统计语法的语言模型与基于规则语法结构命令语言模型。语法结构可以限定不同词之间的相互连接关系，减少了识别系统的搜索空间，这有利于提高系统的识别率。

4）语音识别所面临的问题

（1）自适应方面。

现今很多语音识别引擎在使用前，都需要用户进行几百句话语的训练，以让计算机适应声音特征。这一条件必然限制了语音识别技术的进一步应用，大量的程序适应性训练不仅让用户体验感下降，而且加大了系统的负担，以后的消费电子应用产品还很难针对单个消费者进行训练。因此，必须在自适应方面有进一步提高，做到不受特定人、口音或者方言的影响，事实上，这也就意味着对语言模型的进一步改进。现实世界中的使用者需求是多种多样的，就人物声音特征来讲便有男音、女音和童音的区别，并且许多人的发音离标准发音差距甚远，这就涉及对口音或方言的处理。如果一个语音识别系统能做到自动适应多数人群的声线特征，这会比提高识别率产生的效果更加明显。事实上，一般的语音识别引擎应用前景也因为这一点打了折扣，只有标准的普通话才可以在中文版连续语音识别方面取得相对较好的成绩

（2）强健性方面。

目前，语音识别技术需要能排除各种环境因素的影响。其中，对语音识别影响效果最大的就是环境杂音或噪音。在嘈杂的公共场合，几乎不可能指望计算机能听懂你的话，来自四面八方的声源让它茫然而不知所措，很显然这会极大地限制语音识别技术的使用场景。目前，要在嘈杂环境中使用语音识别技术必须有特殊的抗噪麦克风才能进行，这对多数用户以及项目场景来说是不好实现的。在公共场合中，人们的思维可以有意识地摒弃环境噪音并从中获取自己所需要的特定声音，那如何让语音识别系统也能达成这项艰巨的任务，也是需要去解决的。

（3）算法模型方面。

目前能找出语言模型的一些明显不足，尤其在中文语音识别方面，还有待完善，因为语言模型和声学模型正是听写识别的基础，这方面没有突破，语音识别的进展就会止步不前。目前使用的语言模型为概率模型，还无法上升到以语言学为基础的文法模型，而要使

计算机真正地理解人类的语言,就必须在这一点上取得突破,这是一个相当困难的工作。此外,随着硬件资源的不断升级,一些核心算法如特征提取、搜索算法或者自适应算法将有可能会进一步改进。可以相信,未来半导体和软件技术的共同进步将为语音识别技术的基础性工作带来福音。

(4) 网络带宽方面。

在传输速率低于 1000b/s 的极低比特率下,语音编码的研究将大大有别于正常情况,如果要在某些带宽很窄的信道上传输音频数据,以及水声通信、地下通信、战略及保密话音通信等,要在这些情况下进行有效的语音识别,就必须对声音信号的特殊特征进行处理,解决因为带宽而延迟或减损等。

(5) 无限词汇及多语言混合识别方面。

简单地说,目前识别系统运用的声学模型和语音模型均较为单一,导致适用范围只能是特定语音进行特定词汇的识别。如果被识别语音突然从中文转为英文,或者法文、俄文,计算机就不知该做如何回应,而识别出一堆稀里糊涂的句子。又或者话术中偶尔带有了某个专门领域的专业术语,如"自信度"等,可能也无法得到正确的反应。这是由于模型的局限和受限的硬件资源导致的。随着两方面的技术进步,将来的语音和声学模型可能会做到将多种语言混合纳入,用户因此在使用识别系统时就可以不必在不同语种之间来回切换。此外,对于声学模型的进一步改进,以及以语义学为基础的语言模型的改进,也能帮助用户尽可能少或不受词汇的影响,从而可实现无限词汇识别。

5) 语音识别技术的前景和应用

在电话与通信系统中,智能语音技术正在把电话机从一个单纯的通信工具变成为一个"服务伙伴"。使用电话与通信网络,人们可以通过语音命令方式快捷地从远端的数据库系统中查询或提取有关的信息数据。如今随着计算机的便携化,键盘已经成为移动设备的一个很大障碍,可以想象如果手机只有一个手表那么大,再用键盘进行输入操作已经是不可能的。因此语音识别正逐步成为信息技术中人机传传输接口的关键技术,语音识别技术与语音合成技术结合使人们能够甩掉键盘,通过语音命令进行操作。语音技术的应用已经成为一个具有竞争性的新兴高技术产业。

语音识别技术发展到今天,特别是中小词汇量非特定人语音识别系统识别精度已经大于 98%,对指定人语音识别系统的识别精度就更高。这些技术已经能够满足通常应用的要求。响应一些大规模集成电路技术的发展,这些复杂的语音识别系统也完全可以制成专用芯片,大量生产。在西方经济发达国家,大量的语音识别产品已经进入市场和生活服务领域。一些电话机、手机已经包含语音识别拨号功能,还有语音记事本、语音智能玩具等产品也包括语音识别与语音合成功能。人们可以通过电话网络用语音识别口语对话系统查询有关的机票、旅游、银行信息,并且取得很好的结果。调查统计表明,多达 85%以上的人对语音识别的信息查询服务系统的性能表示满意。

最终,语音识别是要进一步拓展人们的交流空间,让人们能更加自由地面对这个世界。可以想象,如果语音识别技术在上述几个方面确实取得了突破性进展,那么多语种多目标交流系统的出现就是顺理成章的事情,这将是语音识别技术、机器翻译技术以及语音合成技术的完美结合,并且如果硬件技术的发展能将这些算法进而缩小到更为细小的芯片,如手持移动设备上,那么个人就能携带着这种设备周游世界再无须担心任何交流的问题,你使用你习惯的语言进行交流,手持设备会将其识别并将它翻译成对方所知的语言,然后合成并发送出去,同时接听对方的语言,识别并翻译成己方的语言,合成后朗读给你听,所有这一切几乎都是同时进行的,只是机器充当着主角。

可以预测在近五到十年内,语音识别系统的应用将更加广泛。各式各样的语音识别系统产品将陆续出现在市场上。人们也将调整自己的沟通方式来适应各种各样的识别系统。在短期内还不可能创造出具有和人相比拟的语音识别系统,要建成这样一个系统仍然是人类面临的一个大的挑战,我们只能一步步朝着改进语音识别系统的方向前进。至于什么时候可以建立一个像人一样完善的语音识别系统则是很难预测的。就像在20世纪60年代,谁又能预测今天大量的人工智能技术会对我们的社会产生这么大的影响。任何技术的进步都是为了更进一步拓展我们人类的生存和交流空间,以使我们获得更大的自由。就服务于人类而言,这一点显然也是语音识别技术的发展方向,而为了达成这一点,它还需要在上述几个方面取得突破性进展,最终,多语种自由交流系统将带给我们全新的生活空间。

2. 语音转写

语音转写又可称为语音合成,是基于自然语言处理技术,把自然语言转换为文本输出。转写是把一种字母表中的字符转换为另一种字母表中的字符的过程。从原则上说,转写应该是字符之间相互对应的转换,即被转换字母表中的每一个字符,只能相应地转换为另一个字母表中的字符,从而保证两个字母表之间能够进行完全的、无歧义的、可逆的转换。因此,转写是针对拼音文字系统之间的转换而言的。随着大数据时代的到来,音频、视频、文字日益成为文化信息传播的主流方式,其中文字这种载体表现形式最为直观。无论是政企会议、公检法办案,还是教学培训、记者采访、个人录音等场合均需要形成完整的文字记录材料,音视频文件也需要形成字幕。为解决各类场景下的音频转文字的需求,语音转写功能应运而生。

1) 语音转写的方式

语音转写简单的表达方式就是:把音频数据转换成文本数据。按照音频转写的方式可以分为以下两种。

① 录制音频转写:将已经录制好的完整音频文件传输至转写工具或平台中,转写完毕之后输出音频对应的完整文字结果。

② 实时流音频转写:在采集音频的同时,将音频上传至转写系统中,能够实时返回文字结果,可以实现是文字和声音同步呈现。

2) 语音转写的应用领域

随着语音转写技术的日渐成熟,语音转写技术被应用在客户服务、翻译、会议、采访、演讲等领域。语音转写技术已在金融、电信、能源、交通、教育、司法、公安、互联网等众多领域得到了广泛应用。

(1) 呼叫中心。

在某些大型金融行业的呼叫中心,语音转写技术能够同时将上千位人工座席的通话实时转写为文字并提供出实时话术建议,大幅提高了人工座席的电销成单率。

(2) 智能客服。

语音识别技术的快速进步,给企业创新发展、提高效率带来了新机遇。在客服中心、呼叫中心等领域,语音识别技术将客服与用户的电话实时转写为文字,提高解答效率,提升客户满意度,降低呼叫中心人工成本,并给人工客服提供实时话术建议或对客服人员的服务质量进行质检评价。利用个性化人声定制"克隆"座席客服的声音,使智能客服与真人保持同一音色。

(3) 法庭庭审。

在法庭庭审中,语音识别系统能将庭审对话准确转写为文字,不仅比人工手写记录成本低、效率高,而且公平性和公正性得到了更有力的保障。同样,在各类会议的文字直播中,语音合成能实时、高效地将会议情况进行文字转播,大幅减轻了速记员等文字工作者的工作量,提升了信息的传播效率。

(4) 视频字幕。

将视频中的音频进行语音转写,自动切分无语音部分,对每句话标记时间戳,通过时间戳生成对应字幕,提升配置字幕效率。

目前,不管是语音识别还是语音合成,其背后都依赖于大量的高质量的语音标注数据。高质量的语音标注(包括但不限于对初步识别获得的对应于语音文件的文字内容的标注、文字段的起始和终止的标注以及语音识别质量的标注)可以在很大程度上有助于获得正确的语音识别结果。尤其是对于语音识别而言,必须事先获得大量应用场景下的原始语音数据,然后经过严格的语音标注确保原始语音数据的标注准确率达到95%以上,才能投入声学模型训练,从而获得较高的语音识别准确率。

然而,原始语音数据,是应用场景下用户的真实语音数据,由一系列语音文件组成,没有任何文本信息,在进行标注前,需要经过严格的清洗,才能供标注工程师使用,因此数据采集的规范和音频的清洗便显得尤为重要。

6.1.5 语音标注相关基础知识

音频标注的工作是在特定要求及环境下,运用各类机器能够学习的方式,将听到的音频进行转写,并适当合理地添加上标签名称。其性质与语言翻译有些类似,在准确、优美、通顺的基础上,把一种语言信息转变成另一种语言信息的行为,即将相对陌生的语言表达方式转变成相对熟悉的表达方式过程。所以刚入门语音标注的标注员需要了解一些音频获取和声音学的相关基础知识,这样才能在标注数据时,更好地理解业务需求,减少返工修改的工作。

1. 与音频采集相关的基础知识

1) 采样

因为声音是模拟连续信号,但计算机只能处理数字离散信号,因此运用计算机来分析和处理声音,就需要使用模数转换过程,即把模拟连续信号转换为数字离散信号。音频数据的采样就是按照一定时间间隔在模拟连续信号中提取一定数量的样本来,其样本值用二进制码 0 和 1 来表达，这些 0 和 1 构成了数字音频文件，其过程实际上是将模拟音频信号转换成数字离散信号。

2）采样率

采样率是每秒对原始信号采样的次数。在一秒内采样的点越多，获取的信息就越丰富。波形后期为了复原，一次音频振动里最少要有两个采样点，要想使采集到的信号不失真，采样频率规定至少为语音频率的 2 倍，因此要得到一个频率为 5000Hz 的声音，则其采样率至少要大于 10 000Hz。采样率越高，数字信号的保真度越高，但同时音频文件的存储空间越大。如果采样率低于语音频率的两倍，便会出现低频失真、信号混淆现象。

3）采样精度

采样精度就是存放一个采样值所使用的比特数目。当用 8b（采样精度为 8 位）存放一个采样值时，对声音振幅的分辨等级理论上为 256 个，即 0～255；当用 16b（采样精度为 16 位）存放一个采样值时，对声音振幅的分辨等级理论上为 65 536 个，即 0～65 536。如果将采样精度设置为 16 位，计算机记录的采样值范围则为 −32 768 到 32 767 中的整数。如果采样率和采样精度越大，那么记录的波形更接近原始信号，但同时占用的内存空间也越大。

4）声道

声道指的是输入或输出信号的通道。通常用多声道来输入或输出不同的信号。如果只需录制一个位置的一种信号时，只要使用单声道就可以了。如果需要录制两个不同的信号源，则使用立体声，否则都使用单声道。

5）信噪比

信噪比定义为信号与噪声之间的能量比。音频录制时信噪比越高越好。16 位采样率的信噪比大约是 96dB，8 位采样率的信噪比大约是 48dB。在录音时，估量噪声大小的简单方法是：当没有语音信号输入的时候，如果麦克风输入的信号振幅值超过 200，则噪声就比较大，需要调整环境，例如，在比较安静的环境下录音，关闭窗户、空调、电扇等噪声源，远离计算机等噪声源等，选用比较好的带有屏蔽的麦克风，优质的声卡等。噪声的振幅值越低越好，录音室里的录音一般可以控制在 10 以下。采样率和采样精度的设置越高越好，采样率和采样精度越高则代表声音的质量越高，同时存储空间也会越大，语音信号也会越强，综合各种测试及实际环境一般可以设置为 16 000Hz 的采样率和 16 位的采样精度为最佳。

2. 关于音频标注需要了解的声音学知识

当物质发生振动时，会造成周围空气的波动，进而导致空气粒子间的距离发生疏密变化，从而便引发空气压强的改变，这时再传到人的耳膜处，然后将信息传入大脑，从而形成声音。物理上讲，声音具有 4 个基本特征：音色、音强、音高和音长。

1）声波

声波是由物体振动产生的，物体振动使周围的介质（如空气）产生波动，这就是声波，人可以听到的声音频率范围是 20Hz～20kHz。声波的最简单形状是正弦波，由正弦波得到的声音为纯音。在日常生活中，人们听到的大部分声音都不是纯音，而是复合音，这是由多个不同频率和振幅的正弦波叠加而成的。

2）声速

声波每秒在介质中传播的距离,叫作"声速",用 c 表示,单位为 m/s。声速与传播声音的介质和温度有关。在常温常压的空气中,声速(c)和温度($t℃$)的关系可简写为:$c \approx 331.4+0.607t$(m/s)。常温常压下的空气中,声速为 345m/s。

3）波长

沿着声波传播方向,声波震动一周所传播的距离,或在波形上相位相同的相邻两点的距离,叫作"波长",用 λ 表示,单位为 m。波长与发生物体的震动频率成反比:频率越高,波长越短。日常所说的长波指频率低的声音,短波指频率高的声音。波长、声速和频率三者之间的关系为 $\lambda = c/f$。

4）振幅

振动物体离开平衡位置的最大距离,叫作振动的"振幅",通常用符号 A 表示。简谐振动的振幅是不变的。强迫振动的稳定阶段振幅也是一个常数。阻尼振动的振幅逐渐减小,振幅是可变化的。振幅是用来衡量振动强弱的物理量,振幅大,则振动强度大;振幅小,则振动强度小。

5）分贝

分贝是增益或衰减单位,用来描述两个相同物理量之间的相对关系。声信号和电信号的相对强弱,例如,声压和电压、声功率和电功率放大(增益)和减小(衰减)的量都可用分贝数来表示。分贝的计算很简单,对于振幅类物理量,如声压、电压、电流强度等,将被测量与基准量相比后求常用对数再乘以 20;对于它们的平方项的物理量如电功率、声功率和声强,取对数后乘以 10 就行了。如果需要表示的量小于与相比的量时(即比值小于1 时),则分贝数前要加一个负号。

6.2 语音数据采集和整理

上文提到了音频数据采集的相关知识规范和数据清洗的重要性,本节便从采集和数据整理两大领域,具体讲解音频原始数据获取方面的知识。

6.2.1 音频采集的方法渠道

音频技术用于实现计算机对声音的处理,其技术包括音频采集(模拟音转换为计算机识别的数字信号)、语音解码/编码、文字-语音的转换、音乐合成、语音识别与理解、音频数据传输、音频视频同步、音频效果与编辑等。通常实现计算机语音输出有两种方法,分别是录音/重放和文字-声音转换。音频数据的采集,常见方法有 3 种:直接获取已有音频、利用音频处理软件捕获截取声音、用麦克风录制声音。

1. 直接获取生成好的音频文件

如从网上下载,网上有许多声音素材网站,声音文件下载方法和其他文件下载方法相同,还有从多媒体光盘中查找的。常见的声音素材网站如下。

1）笔秀网

笔秀网是一个大型综合的素材下载网站，并非只有声音素材。笔秀网收集了国内外大量精美音效、声音素材等免费素材，非常方便。当用鼠标指向一个声音时，就会播放这个声音的效果；如果想下载素材，单击"单击下载素材"按钮，按提示即可下载选中的声音素材。

2）音笑网

音笑网诞生于 2008 年，是国内较早提供音效、配乐和声音材料搜索服务和上传分享的专业平台，可以根据自己的需要查找声音素材。

3）声音网

网站内的音效素材和配乐素材部分分别提供海量音效素材和配乐素材，并且免费下载。

2. 利用音频处理软件捕获、截取

如将视频中的声音抽离出来，或从音频文件中截取一段声音。

1）CD 抓轨

利用音频处理软件捕获、截取 CD 光盘音频数据的操作，通常称为 CD 抓轨，"轨"指的是音轨。抓轨是多媒体术语，是抓取 CD 音轨并转换成 MP3、WAV 等音频格式的过程。和普通音频编辑转换功能不同的是，常见的 CD 光盘，在计算机上查看时，其包括的文件后缀为 CDA，仔细观察会发现，这些 CDA 的大小全部是 44.1KB，是因为文件包含的其实不是音频信息，而是 CD 音频的轨道信息，这类文件也是无法直接保存到计算机上的，而 CD 抓轨正是将 CD 轨道信息转换成普通音频，保存到计算机里并尽量不改变 CD 音质的多媒体技术。

2）剥离视频中的声音

可以用"千千静听"这款软件，这款软件可以方便直接地转换音频格式，也可以用于剥离视频中的声音。具体操作是打开要转换格式的视频文件，在播放列表中用鼠标右键单击需要转换为 MP3 格式的视频，单击"转换格式"，在打开的"转换格式"对话框中，选择"编码格式"及保存位置，单击"立即转换"即可。如果需要转换功能更全面一些，还可以选用"格式工厂"，这是一套由我国陈俊豪开发的，并免费使用任意传播的万能的多媒体格式转换软件。"格式工厂"可以实现大多数视频、音频以及图像不同格式之间的相互转换。转换可以具有设置文件输出配置、增添数字水印等功能。

3）利用麦克风等录制工具进行采集

麦克风接到计算机上，就可以利用录音软件直接录制声音。常用的录音软件如下。

（1）Windows 自带的录音机。

使用 Windows 自带的"录音机"采集声音的具体步骤如下。

① 将麦克风插入计算机声卡上标有 MIC 的接口上。

② 设置录音属性。双击"控制面板"中"声音和音频设备"图标，切换到"声音和音频设备属性"对话框中的"音频"选项卡，在"录音"选项区域中选择相应的录音设备。

③ 决定录音的通道。声卡提供了多路声音输入通道，录音前必须正确选择。方法是

双击桌面右下角状态栏中的喇叭图标,打开"主音量"对话框,选择"选项"→"属性"命令,在"调节音量"列表框内选择"录音"单选按钮,选中要使用的录音设备——麦克风。

④ 从"开始"菜单中运行录音机程序,单击红色的"录音"按钮,就能录音了。录音完成后,单击"停止"按钮,并选择"文件"菜单中的"保存"命令,将文件命名保存。

⑤ 在"另存为"对话框中单击"更改"按钮,出现选择声音格式的对话框,可从中选择合适的声音品质,其中,"格式"下拉列表框是选择不同的编码方法。

此工具的优点为 Windows 自带,使用界面非常简单,可以很方便地录制声音。缺点是 Windows 自带的"录音机"录音的最长时间只有 60s,并且对声音的编辑功能也很有限,因此在声音的制作过程中不能发挥太大的作用。

(2) Sound Forge 单音轨录音软件。

Sound Forge 单音轨录音软件的功能不只是录音,还能非常方便、直观地实现对音频文件(WAV 文件)以及视频文件(AVI 文件)中的声音部分进行各种处理,满足从最普通用户到开发人员的音频处理。

6.2.2 语音数据采集案例

人工智能系统需要从大量的数据中学习如何高效地完成特定任务,因此数据采集工作必不可少。在音频数据采集过程中,首要保证的是数据符合项目要求。下面便结合实际项目介绍几个音频数据采集案例。

1. 方言采集

(1)音频数据对象:方言语言。

(2)采集人数:总人数 100 人,10 人为一组。

(3)方言地域分布:北方(北京、天津、黑龙江、吉林、辽宁、内蒙古、山东),南方(浙江、上海、江苏、福建、贵州、重庆、广西、广东),中部(河南、安徽、山西、湖北、湖南、江西)。

(4)各地域人员年龄性别分布。

北方,总人数 40 人,其中 15~20 岁(男性 6,女性 4),21~25 岁(男性 6,女性 4),41~45 岁(男性 6,女性 4),46~50 岁(男性 6,女性 4)。南方,总人数 30 人,其中 26~30 岁(男性 12,女性 8),31~35 岁(男性 6,女性 4)。中部,总人数 30 人,其中,31~35 岁(男性 6,女性 4),36~40 岁(男性 12,女性 8);

(5)采集环境:录音棚。

(6)音频内容:让各地域采集对象用本地方言朗读一篇给定的相同文稿,分别朗读三次,语速保持平缓。

(7)音频格式:WAV。

(8)适用领域:语音识别。

2. 武汉话采集

(1)采集语种:武汉话。

(2)采集环境:室内。

（3）音频时长：500h。

（4）录音语句：日常口语句子。

（5）文件格式：WAV、TXT。

（6）语音参数：16kHz/16b。

（7）录音设备：手机。

（8）适用领域：语音识别。

（9）数据敏感项：无。

3. 通用普通话采集

（1）录制设备：手机。

（2）采集环境：一部安卓或苹果系统手机，使用手机自带录音软件。手机距采集人约 30cm。

（3）操作流程：

① 登记信息，拍照。

② 准备好文本，注意每个人互不重复。

③ 开启手机录音软件。

④ 读编号，开始读内容。

⑤ 按顺序读全部文本。关闭手机录音软件。

⑥ 复制数据并提交。手机录制结果在手机中。录制结果以文本编号命名，如 F00001。

（4）验收标准。

① 每个录音人须清晰通顺朗读，不能声音过小，不能喊叫。有阅读障碍、口吃者，不能参加录音。

② 每个录音人须登记姓名、性别、年龄、籍贯信息，拍摄一张录制时的侧面/背影照片。每个录音须记录录制手机型号及录音日期、时间，以电子表格记录提交。

③ 每个录音人，第一次和第二次录音日期需间隔 3 天，第二次和第三次录音日期需间隔 8 天，且录音时间要相差 4h 以上，比如 1 号早晨 8 点录的第一次，那么 5 号中午十二点才可以录第二次，14 号下午四点才可以录第三次，以此类推。

④ 朗读须使用中文普通话，不能使用方言。正常语速，正常音量。

⑤ 每个句子间隔需大于 2s。

⑥ 录音环境需保持安静。不能有嘈杂人声、道声、杂音等干扰。不能在空旷环境下录制，避免明显的回声。

⑦ 注意手机需与嘴保持 30cm 距离，放在嘴侧边。距离可以稍稍加大，不能减少。距离过小会导致录制结果无效。

6.2.3 音频处理工具

常用的语音处理工具主要包括能实现混音、剪切、录音等功能的软件。Protools 就是一款较为实用的语音处理工具之一，其最大的特点是经过处理后的音频文件不会损失质量,同时,Protools 拥有强大的音频修改功能和人性化的设计,可以加载很多插件,这些特点使得该软件成为专业级音频处理软件。另外还有一些常用工具,例如德国 STEINBERG 公司推出的一款音频处理软件 Nuendo,它更加侧重后期音频处理。Logic 是一款基于 macOS 系统的强大音频处理软件。Adobe Audition 是一款入门级的音频处理软件,它极易上手而且成本很低。GoldWave 是一款音乐编辑软件,体积小巧,操作简单。还有关于语音标注转录的辅助工具(如迅捷文字语音转换器),它能够轻松实现语音转文字、文字转语音及多国语言文本翻译,也可以实现将文本文档一键合成多音色语音。此外,语音转录的辅助工具还有配音文字转语音工具及语音转文字的辅助工具等。利用这些工具,可以辅助语音标注项目,提高语音标注的效率。下面以 GoldWave 为例讲解语音处理工具的基本功能。

1. GoldWave 介绍

GoldWave 是一个拥有强大功能的数字音乐编辑器,它可以对音频进行播放、录制、编辑及格式转换等操作,能够支持 WAV、OGG、VOC、IFF、AIFF 等几十种格式的音频文件,还能从 CD、VCD、DVD 或者其他视频文件中提取声音,GoldWave 有丰富的音频处理特效,从一般特效如多普勒、回声、混响、降噪到高级的公式计算,并能实现各种不同音频格式的相互转换。

2. 音频播放功能

在主界面菜单,单击"文件"→"打开"命令,或单击工具栏中的"打开"按钮,在打开的对话框中选择要播放的音频文件,单击"打开"按钮,声音波形将出现在窗口中,若是立体声文件,则分为左、右两个声道的波形,绿色部分代表左声道,红色部分代表右声道,可以分别或统一对它们进行操作,拖动鼠标可以绘制一个选区。GoldWave 的工具栏可以设置音频播放的方式、创建文件录音及在选区内录音等;工具栏上各个按钮对应的快捷键及功能如表 6-1 所示。

表 6-1　GoldWave 快捷键

快捷键	功　　能
F2	从头播放
F3	只播放选区内音频
F4	从当前位置开始播放
F5	向后播放
F6	向前快速播放
F7	暂停
F8	停止
F9	重新创建一个文件开始录音
F11	设置控制器属性
Ctrl+F9	在当前选区内开始录音
Shift+↑	放大

续表

快捷键	功　能
Shift+↓	缩小
Ctrl+↑	垂直方向放大
Ctrl+↓	垂直方向缩小
Ctrl+W	选择显示部分

3. 音频录制功能

在进行音频文件录制之前,应确保音频输入设备(麦克风)已经正确连接到计算机上。流程为按 F9 键创建一个音频文件并开始录音,录音完毕后,单击"停止录音"按钮,然后单击工具栏上的"保存"按钮,打开"保存声音为"对话框,选择文件类型、文件名及保存位置,单击"保存"按钮。

4. 时间标尺进度条和显示缩放

打开一个音频文件之后,在波形显示区域的下面会有一个提示音频文件时间进度的标尺,是以秒为单位表示的,其能够清晰地显示音频任何位置的时间情况。若音频文件太长或者想要观察细微波形的微小变化,则可以改变显示的比例来进行查看,单击"查看"菜单下的"放大"或"缩小"命令即可完成,或按 Shift+↑组合键进行放大操作,按 Shift+↓组合键进行缩小操作。详细观测波形的振幅变化,则可以将显示比例的纵向加大,单击"查看"菜单下的"垂直方向放大"与"垂直方向缩小"按钮,或按 Ctrl+↑组合键或 Ctrl+↓组合键,这时便会出现纵向滚动条,拖动它便可详细观测波形振幅的变化。

5. 音频事件选取

音频事件的含义为,对文件进行音频处理之前,必须先从中选择一段音频波形。GoldWave 刚打开文件时,音频事件默认的开始标记在最左侧,结束标记在最右侧。有以下三种方法可供选择。

(1) 依次单击"编辑"→"标记"→"设置"命令,选择"基于时间位置"或"基于采样位置",设置完开始值和结束值后,单击"确定"按钮即可精确选择想要截取的音频事件。

(2) 用鼠标直接拉动"开始标记"或"结束标记"到适当位置,也可以在目标位置处单击鼠标右键,在弹出的快捷菜单中选择"设置开始标记"或"设置结束标记"来分别设定"开始标记"或"结束标记"完成音频事件的选取。

(3) 直接按下鼠标左键在波形区域拖动来选择要操作的音频事件。

(4) 如果选择位置有误或者需要更换选择区域,则可以使用"编辑"→"选择显示部分"命令,重新进行音频事件的选取。

6. 音频文件截取

首先需要打开要截取的音频文件,选择音频事件截取,依次单击"文件"→"选定部分另存为"命令,在弹出的"保存选定部分为"对话框中,根据需要设置文件名、音频格式及音质,最后单击"保存"按钮,完成截取。

7. 音频文件的相关编辑功能

1）复制音频波形

选择需要复制的音频波形,依次单击"编辑"→"复制"命令按钮或单击工具栏上的"复制"按钮,也可以按 Ctrl+C 组合键。然后用鼠标选择需要粘贴音频波形的位置,单击"编辑"→"粘贴"命令或单击工具栏中的"粘贴"按钮,也可以使用 Ctrl+V 组合键。

2）移动音频波形

选择需要移动的音频波形,依次单击"编辑"→"剪切"命令或单击工具栏上的"剪切"按钮或按 Ctrl+X 组合键。然后用鼠标选择要进行粘贴音频波形的位置,单击"编辑"→"粘贴"命令或工具栏上的"粘贴"按钮或按 Ctrl+V 组合键。

3）删除音频波形

选中音频波形,单击工具栏上的"删除"按钮或者按 Delete 键,音频波形消失,后面的波形与前面的波形便会自动衔接。

4）剪切音频波形

选中音频波形,单击工具栏上的"剪切"按钮或按 Ctrl+T 组合键,剪切音频波形是把未选中的音频波形给剔除。删除是"删除选定"音频波形,剪切则是"删除为选定"音频波形,剪切音频波形以后,GoldWave 便会自动把剩下的波形放大显示。

5）声道选择

立体声音频文件在 GoldWave 中是采用双声道方式显示的,如果只想对其中一个声道的波形进行处理,不对另外一个声道有何改变,那么就需要单独选择声道,依次单击"编辑"→"声道"→"左声道"命令或指向上方声道的波形时单击鼠标右键,在快捷菜单中选择"声道",那么所有的操作只对上方声道的波形起作用,下方的声道波形是深色的表示并不受到任何影响。若相对两个声道都起上作用,可依次单击"编辑"→"声道"→"双声道"命令。

6）开启静音

对于 GoldWave 中的音频文件可以使部分时间段处于静音,方法有两种：选择部分波形,依次单击"编辑"→"静音"命令,则波形消失,选部分则会静音；选取插入静音的位置,单击"编辑"→"静音"→"插入静音"命令,在弹出的"静音持续时间"对话框中输入需要静音的时间长度后,单击"确定"按钮,此时后面的波形便会向后平移,在插入段内增加一段无波形的时间段。

8. 音频特效制作

1）回声效果添加

选择需要添加回声效果的波形,在工具栏中单击"效果"→"回声"命令,弹出"回声"对话框,输入或调整回声的次数、延迟时间、音量大小和反馈等,最后单击"确定"按钮即可。

2）改变音调

依次单击"效果"→"音调"命令,打开"音调"对话框,输入或调整音阶、半音等值后,也能够选择一种预置效果,进行试听,最后单击"确定"按钮即可在"歌词 MV"标签页面中,查看正在播放音频的音调。

3）调节均衡器

单击选择"效果"→"滤波器"命令,打开"均衡器"对话框,直接拖动代表不同频段的数字标记到一个指定大小的位置,也能够选择一种预置效果进行试听,调节完毕后单击"确定"按钮。

4）设置音量效果

（1）降噪处理。

依次单击"效果"→"滤波器"→"降噪"命令,弹出"降噪"对话框,进行相应的设置,选择"预置"下拉列表内提供的选择,单击"确定"按钮。

（2）压缩/扩展效果。

单击"效果"→"压缩器/扩展器"命令,如果针对波形,先选择"扩展器"或"压缩器",然后对倍增、阈值、起始和释放等项进行调整,勾选"设置"框中的相应复选框后单击"确定"按钮。

（3）更改音频文件播放速度。

单击"效果"→"回放速率"命令,弹出"回放速率"对话框,用鼠标拖动滑块到指定位置,完成操作后,单击"确定"按钮。

9. 音频文件合并

在工具栏中单击"工具"→"文件合并器"命令,跳出"文件合并器"对话框,单击左下角"添加文件"按钮,选择需要合并的文件,设置首选采样速率等。设置完毕后,单击"合并"按钮,弹出"保存声音为"对话框,选择"保存路径"及"保存类型",然后输入"文件名",最后选择一种"音质",单击"确定"按钮,所选的音频文件便会按照所选的前后次序合并成一个音频文件。

10. 格式转换

1）单个文件转换

单击"文件"→"打开"命令,选择要转换的音频或视频文件,单击"打开"按钮。单击"文件"→"另存为"命令,在弹出的"保存声音为"对话框中,设置文件名、音频格式及音质,单击"保存"按钮。

2）批量文件转换

单击"文件"→"批处理"命令,单击"添加文件"按钮选择要转换的文件,勾选"转换文件格式为"复选框,在"另存类型"中选择要转换的文件格式并设置音质,还能对"处理""文件夹""信息"三个选项卡进行设置,设置完毕后单击"开始"按钮进行转换。

11. 铃声制作

使用 GoldWave 可以简单轻松地制作手机铃声,并保存在手机上。操作步骤是：首先要打开转换或收集的铃声文件,经过音频解压过程后,就能够看到该文件的波形,单击

"文件"→"另存为"命令,选择"保存类型",输入"文件名",最后单击"保存"按钮即可。

12. 抓取 CD 音频文件

如果需要将 CD 中的音频文件进行编辑,可以不适用其他软件在各种格式之间切换,直接使用 GoldWave 将 CD 音频复制成一个 MP3 格式的音频文件即可。运行 GoldWave 工具,单击"工具"→"CD 读取器"命令,或单击工具栏"CD 读取器"按钮,弹出"CD 读取器"对话框,勾选 CD 上的曲目,然后单击"保存"按钮,弹出"保存 CD 曲目"对话框,选择保存的目标文件夹、另存类型和音质,单击"确定"按钮后进行 CD 音频的抓取及保存操作。

6.3 语音数据标注工具和方法

微课视频

音频文件在数据标注工作中所在分量很大,但类型并不多,这是由于项目的需求多数在于音频数据的音色音韵音调上,即语音的种类。工作分量大的原因在于其标注过程较为烦琐,因此好的音频标注工具,很大程度上决定了标注工作的速率。下面便介绍一种最常见功能强大的音频标注工具。

Praat 是一款语音标注软件,原名 Praat：doing phonetics by computer,通常简称Praat,是一款跨平台的多功能语音标注专业软件,主要用于对数字化的语音信号进行分析、标注、处理及合成等实验,同时生成各种语图和文字报表。

Praat 最早发布于 1993 年,起初用户还无法自由地下载使用,到后来作者开放了全部源代码,使 Praat 成为采用 GNU 通用公共许可证授权的开源软件。Praat 目前支持在多种计算机平台上运行,能够在图形和命令行两种用户界面下运行,但两种界面的目标文件(可执行文件)各自独立,以 Windows 版为例,即分为 praat.exe 和 praatcon.exe 两个可执行文件,其中后者只能通过命令行方式从控制台调用。

1. Praat 的安装

此工具所有代码均已开源,可在各系统平台如 Windows、Linux、Ubantu、macOS 等系统上安装使用,并已开发出汉化版,方便我们进行操作,各大浏览器以及程序商城均可下载。

2. Praat 具有的功能

Praat 的主要功能是对自然语言的语音信号进行采集、分析和标注,并执行包括变换和滤波等在内的多种处理任务。作为分析结果的文字报表和语图,不但可以输出到个人计算机的磁盘文件中和终端的显示器上,更能够输出为精致的矢量图或位图,供写作和印刷学术论文与专著使用。此外,Praat 还可用于合成语音或声音、统计分析语言学数据、辅助语音教学测试,等等。随着新版本的发布,Praat 的功能和用途仍在不断扩展,但实际上多数用户只需要用到其中的一小部分功能。

对语音信号的分析与标注是 Praat 的基本功能。在 Praat 中录音或读取音频文件后,可以按用户要求显示以下多种语音图形：三维语图、频谱切片、音高曲线、共振峰曲线、音强曲线。所有的语图都可以绘制成精致的矢量图，也可以将相应的对象数据保存为磁盘文件。除直观的语图外，Praat 也能通过对信号数据的计算获得各种文字情报，如音高、时长、第一或第二共振峰频率的数值等，也同样可以根据需要输出为适当的形式。Praat 允许用户对语音数据进行标注，包括音段切分和文字注释，标注的结果还可以独立保存和交换。然而，Praat 本身缺乏自动标注功能，只能对有声段和静默段进行简单的识别，而不能对音节、节拍群等语流单位加以切分。

3. Praat 的构成界面

Praat 由面板与核心两大板块构成。面板主要包括操作窗口 Praat objects、画板窗口 Praat picture、脚本编辑器 ScriptEditor、按钮编辑器 ButtonEditor、数据编辑器、情报窗口 Info window 和手册 Manual 等不负责具体的信号处理任务的辅助性组件。Praat 每次启动时，自动打开对象窗口和画板窗口。对象窗口也是 Praat 的主控窗口，在 Praat 程序的会话进程中始终打开，大部分功能也需要由此展开。脚本是 Praat 中执行各种操作的宏命令，能够简化日常操作，减少出错，并实现大量复杂操作的自动化。

Praat 的核心部分即具体负责语音信号处理任务的程序，包括所有的对象类型、动作命令和相应的编辑器。对象是由 Praat 程序所构建的数据存储载体，有很多种类型，如声音、文本表格、音高、变换等，通过执行编辑器或动态选单（Dynamic menu）中的动作命令完成对数据的查询（数字化测量）和处理（生成新对象）任务。声音编辑器和文本表格编辑器是 Praat 中最常用的两种编辑器，多用于涉及语音分析和标注的科学研究与课堂教学。

4. Praat 音频标注的操作方法

（1）打开音频文件，如图 6-2 所示单击"标注"（Annotate）按钮，转换为 TextGrid 文件。

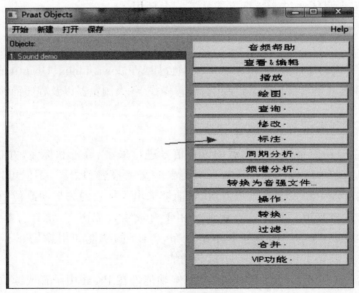

图 6-2　Praat 的主界面

（2）如图 6-3 所示选取"分层功能"，这里举例分为文本、性别、身份、噪音四层。

图 6-3　Praat 分层功能界面

（3）按住 Ctrl 键，将音频文件和 TextGrid 文件都选上，如图 6-4 所示单击"查看 & 编辑"（View & Edit）按钮，开始进行标注。

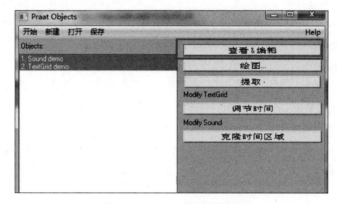

图 6-4　Praat 文件选取界面

（4）开始标注音频文件，如图 6-5 所示标注完毕后单击菜单栏中的"保存"按钮。

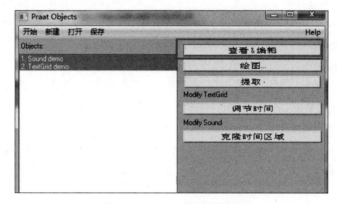

图 6-5　Praat 音频标注完成界面

6.4　语音数据标注案例

由于大多数音频在进行标注时，会用到很多辅助工具，例如去除噪音、添加时间点、切分语音、格式转换等，在进行标注时，便会需要时常进行切换和导入，较为复杂烦琐，也增加了工作量和更多的出错率。因此很多大型的音频标注项目,都是使用标注平台进行处理,镶嵌了各类辅助工具的标注平台极大地提升了数据标注员的工作效率。

微课视频

6.4.1　标注任务流程及规则

1. 第一步:将长语音切分成若干小分段

其规则明细如下。

1) 以说话的时长作为切分依据

一般按照语义或者明显停顿进行切分,切分点一般要落在说话停顿处,找音频波形有明显静音段的地方切分,禁止切音现象。

2) 切分时常要求

每个小分段(也叫分句)要求时长为 1.5~6s,不需要考虑语义是否完整,极特殊情况下(说话人语速非常快且无停顿),最长一个小分句不能超过 10s。对话形式(一问一答、语音没有重叠)的音频分段,不同人的声音需要单独切分,则不需考虑 1.5s 的最短时间限制,再短也要切分出来。除以上两种情况之外,不要把正常语音内容切的太碎,如切分后有多段不足 1.5s 的音频。

3) 特例(遇到就切,不论时长)

以下情况,只要遇到,就需要单独切分成一段,不论切分后有多少时长。

(1) 多人重叠说话且相互有干扰分段:如果有多人说话,并且多人语音有重叠的那一部分音频。

(2) 听不懂、听不清分段:确定有语音内容但超过 70% 以上文字听不懂或听不清,无法转写的那一段音频。

(3) 系统提示音分段如"幺零零零八号座席为您服务"内容的那一段音频(用户/客服发出的语音,可能与系统提示音发生重叠。如有,直接忽略用户/客服声音,整段仍属于系统提示音)。

4) 特例(超过 1s 再切)

纯静音/纯噪音分段:只存在较长的静音(排除掉正常的说话换气或语义停顿的短暂静音情况)、音乐声、唱歌声、鼓掌声、咳嗽声、清嗓声、笑声、哭声和其他纯噪音(如汽车鸣笛)的那一段音频。

说明:整条语音的开头或者结尾,如果单独切分出不足 1s 的纯静音/纯噪音段,不算错。

2. 第二步:转写每个小分段的内容

1) 正常语音转写规则

(1) 总原则。

① 转写语音内容必须和听到的语音完全一致,不能多字、少字、错字。

② 文字只能含有中文、英文,不能包含其他语言或者中国方言。

③ 标点符号,只允许存在以下几种。

- 逗号(，中文半角形式书写)。
- 句号(。中文半角形式书写)。
- 双引号(""中文半角形式书写)。
- 英文缩写符号(如 I'll，we're 中的撇，英文半角形式书写)。
- 禁止使用"·""'""\""?""!""＋""－"等其他符号或单引号,如"'"或"''")。

④ 数学符号、特殊符号、被读出的标点符号:按发音人所读的内容,转写成对应的汉字或英文单词。

- 常见的如"％",可能读成"百分之＊""＊个百分点""＊percent"等,需根据说话人实际的读法进行标注。
- "@"读"at"时要写为"at",".com"读成"点 com"时要写成"点 com",按英文读则写成"dot com"。

⑤ 一字或多字听不清,均只能用一个＊号代替即可。＊和文字之间不需要空格隔开。

注:不能只要有一点听不清就标＊号,根据上下文可判断的尽量写出文本,＊号的使用不能高于 5％。

(2) 中文字符。

① 语气词。

- 音频中说话人清楚地讲出的语气词或者因停顿或者犹豫而发出的语气词,常见的如"呃、啊、嗯、哦、唉、呐、哎、嘛、吗"等,要按照正确发音进行转写。网络用语"额、昂",需要使用"呃""嗯"代替。
- 不要出现错别字。语气词除了"了、不、诶(二声)"没有口字旁,其他基本上都有口字旁。

② 阿拉伯数字。

- 要写成汉字形式,如"一二三",而不是"123"。
- 注意区分"一"和"幺"。"二"和"两""俩","三"和"仨"。

③ 普通词语、人名等。

易发生同音不同字情况,可以选择含义正确的同音字代替。例如:"权力"/"权利","李鸣"/"李明"。

④ 专有名词、某个专业领域词汇。

不接受同音字,需网络搜索确认并使用唯一标准写法转写。例如:"权力的游戏"不能写成"权利的游戏";

⑤ 特殊情况处理。

- 话说人有口吃或发生磕巴。如发音为:我是北　北京人。"北"字有重复,重复的字需要写,要转写成:我是北北京人。
- 说话人有口误,且说错的词清晰可辨。如发音为:我想打个比如　不对　比方。说错的词也需要转写,要转写成:我想打个比如,不对,比方。
- 说话人有口误倾向,口误内容发音还不全、就改口成正确的了。如发音为:我想打个比("方"的 f 音有拖长音但没发全)方。错词不写,要转写成:我想打个比方。如发音为:he is Ameri American,错词用星号(＊)代替,要转写成:he is ＊

American。

· 带地域口音普通话和口语化表达普通话的要按照正确的文字来标注。

第一种情况——带地域口音的发音，部分地区有 f/h 不分，n/l 不分现象，比如"fu(2声调) lan(2 声调)"，要转写成"湖南"；"li(3 声调)"，要转写成"你"。

第二种情况——口语化表发音，说话不标准，如"ji(1 声调)jie(4 声调)chang(3 声调)"，要转写成"机械厂"，而不能写成"机戒厂"；"zhei(4 声调)ge(4 声调)"，要转写成"这个"；"nei(4 声调)ge(4 声调)"，要转写成"那个"，而不是"内个"。

· 儿化音。不写儿化音。如发音为：在哪儿，要转写成"在哪"。

(3) 英文部分。

① 普通英文单词，整个单词按小写形式/习惯写法(what/MelGAN)进行转写。

特例："I"表示"我"的意义时独立成词，但无论何时何地出现，必须使用大写形式，如"i love you"应标注为"I love you"。

② 拼读字母，即逐个字母拼读的单词或缩写，用大写字母转写，大写字母之间使用空格隔开。

③ 汉字与英文单词/拼读字母之间、每个拼读字母之间、每个英文单词之间，拼读字母与英文单词之间，都需要用一个空格隔开。示例如下。

中国加入 wto，应转写为"中国加入 W T O"

oppo R9S 手机，应转写为"oppo R 九 S 手机"

我喜欢 tfboys 的歌，应转写为"我喜欢 T F boys 的歌"

查一下"pen"这个词，应转写为"查一下 pen 这个词"

---

④ 特殊情况处理。

· "a"表示"一(个)"的意义时独立成词，标注为单词，用小写字母，如"I have a book"；拼读时用大写字母标注，如"A B C D E F G"。

· OK 的两种写法：可以按照拼读字母规则，转写成"O K"；也可以按照单词，转写成"okay"。

· "ipad""iphone""ipod"等词已经被权威英文词典收录为单词。因此在标注时，除非发音人按字母逐个拼读，否则请按单词标注成小写。

· 一些带单个英文字母的单词，暂时统一以单词形式处理，都用小写字母标注，如email 等。

综上：英文内容，首先看英文是不是按照单词来读出的(如是，则整体小写如 what 或遵照习惯写法如 MelGAN)，再看单词是否是按字母拼读出来的(如首字母缩略组合词，如 API/CBD 等，按"大写＋空格"处理)。

2) 正常语音内容，按照第三部分转写规则进行转写

下面是有效语音正常语音的特殊案例。

(1) 多人重叠说话，但其他人说话声音较小、不干扰主要说话人的声音识别时，主要说话人的声音属于正常语音。

(2) 如果音频中只有一个人说话，但与纯噪音发生重叠，则此分段为正常语音，需按

下述规则转写。

（3）如果音频中有多个人说话，但多个人的语音没有任何重叠，且能听清，则必须按要求切分开之后，正常转写。

3）以下情况，使用标签标记，为无效语音

相邻的两分段，如果是同类标签，则必须合并成一个分段。

（1）多人重叠说话且相互有干扰的音频分段，整个分段使用< sil >标注。说明：多人重叠说话，但其他人说话声音较小、不干扰主要说话人的声音识别时，则需要转写出主要说话人。

（2）听不懂、听不清分段，整个分段使用< sil >标注。

（3）系统提示音分段，整个分段使用< sys >标注。说明：与系统提示音非常相似的"小度设备声音、公交车自动报站声音、电视机或广播等设备"里的声音，单独切分出来成一段之后，使用< sil >处理。

（4）纯静音/纯噪音分段，整个分段使用< overlap >标注。

3．第三步：计算标注正确率

按照语音分段计算，正确率95％以上。

4．第四步：检查标注容易出错的地方

1）文字类

（1）多字、少字（磕巴/结巴没有按照实际发音次数转写）。

（2）有听错的字、写错的字；可以写出来但使用了标签的字。

（3）英语没写（尤其是4级能力可以写或者表格已总结的英文词汇）。

（4）含阿拉伯数字。

2）标点类

（1）分段结尾少标点。

（2）使用了额外的标点符号（能用的只能是逗号、句号、双引号）。

3）切分类

（1）有切音现象/转写与音频不匹配。

（2）存在超过6s的音频段。

4）格式类

（1）星号（＊）必须和文字一起使用；一个星号可代表多字。

（2）英文格式问题。

（3）中、英文，都只能在半角（禁止全角）格式下输入。

（4）中英之间、拼读字母之间、英文单词之间少空格。

5）特殊场景错误

中英之间、拼读字母之间、英文单词之间少空格。

6）标签类

（1）无效标签使用错误（sil、overlap、sys）。

（2）存在超过 1s 但未切分为 overlap 的音频段。

6.4.2　标注平台系统操作

1. 操作界面

操作界面包含文本区域、快捷键区域和内容转写区域，如图 6-6 所示。

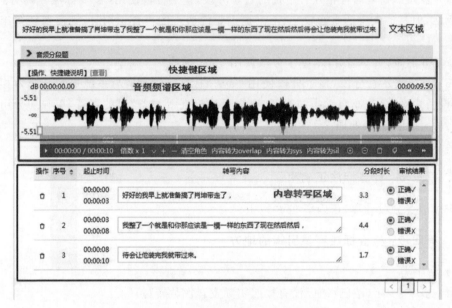

图 6-6　音频标注平台操作示例

2. 快捷键简介

常用操作快捷键如表 6-2 所示。

表 6-2　GoldWave 快捷键

快捷键	功　　能
F2	播放/暂停音频
Alt+W	频谱放大：注意频谱放大后，只有可见频谱部分可以播放
Alt+Q	频谱缩小
Esc	切分音频：放大频谱，鼠标选中想要切分的位置，按 Esc 键，则将划分出一个分段，并显示在转写区域
Alt+Del	删除分段：鼠标选中某分段，使用快捷键，则此分段将被删除，对应文字内容合并到上一分段
Alt+=	加速播放
Alt+−	减速播放
Alt+O	内容转为 overlap：选中某分段，使用快捷键，则转写内容自动变成此标签
Alt+A	内容转为 sys：选中某分段，使用快捷键，则转写内容自动变成此标签
Alt+S	内容转为 sil：选中某分段；使用快捷键，则转写内容自动变成此标签

3．切分位置调整操作方法

1）选中该音频分段

在转写区域选中具体分段即可。选中后，系统将高亮对应转写分段和音频频谱分段，如图 6-7 所示。

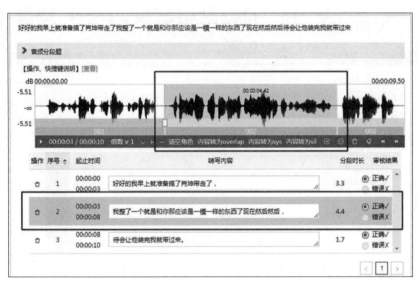

图 6-7　音频分段选择

2）调整选中分段前后的小白柱至正确位置

（1）浮动鼠标指针至白方块下方的小白柱上（红圈位置），如图 6-8 所示当鼠标指针变为十字形标志时，移动小白柱到正确位置。

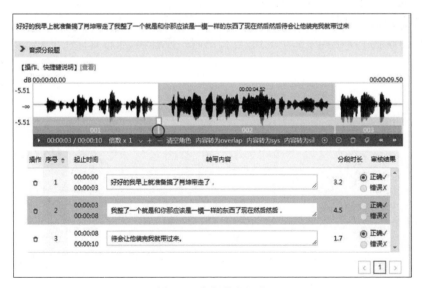

图 6-8　音频分段调整

（2）如图 6-9 所示单击小白柱任意一侧的分段编号显示区域（如阴影区域），确认挪动发生。

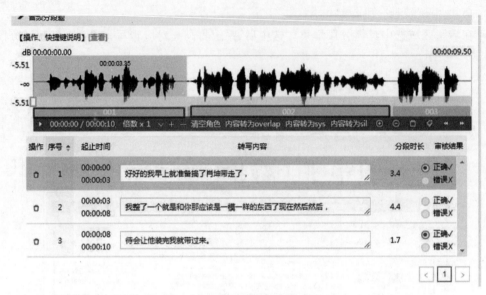

图 6-9　音频分段确定

单独播放切分位置调整后的前后两个音频分段，确认音频分段与转写内容匹配。如有问题继续调整。

思考题

1. 简述语音标注的运用类型。
2. 什么是采样率？
3. 学习掌握 Praat 音频标注工具，自行录制一段音频，并将其标注出来。

第**7**章

视频数据标注

随着多媒体应用及社交网络的风靡,数字照相机、带拍照功能的手机等的普及,视频数据呈现指数级别的爆炸式增长,如何高效检索视频内容并标注,已成为大数据、机器视觉及多媒体应用领域的研究热点。特别是互联网技术和大容量存储技术的迅猛发展和应用,提供给人们的数字图像和视频内容急剧增加,这使得图像和视频内容的表示、分析、标注、检索变得越来越重要。

7.1 视频标注特征和分析

7.1.1 视频标注的定义

视频数据标注与图像数据标注类似,视频标注是教计算机识别视频对象的过程。该过程是对视频进行剪辑,然后进行标注,并且将标注后的视频数据作为训练数据集用于训练深度学习和机器学习模型。这些预先训练的神经网络之后会被用于计算机视觉领域。两种数据标注方法都是更广泛的人工智能领域——计算机视觉(CV)的一部分,该领域旨在训练计算机模仿人眼的感知质量。

在视频数据标注项目中,人工标注员和自动化工具被结合起来用于标记视频素材中的目标对象。然后这种经过标记的数据通过一台由 AI 支持的计算机进行处理,理想情况下会通过机器学习技术发现如何识别未标记的新视频中的目标对象。视频标签越准确,AI 模型的表现就越好。借助自动化工具进行精确视频标注可使得算法模型自信地部署并快速扩展。

7.1.2 视频标注与图像标注的差异

视频标注与图像标注有很多相似之处,图像标注中许多技术都与将标签应用于视频有关。但是这两个过程之间又存在显著差异，如果模型要在这两种数据类型之间做出选择，这种差异可以帮助做出决定。

1. 数据差异

视频的数据结构比图像更复杂，但是就每个数据单位的信息而言，视频的洞察力更强。利用视频模型不仅可以识别对象的位置，还可以识别该对象是否在移动以及在向哪个方向移动。例如，图像无法表明一个人正在坐下去还是站起来，但一段视频就可以。

视频还可以利用前一帧中的信息来识别可能被部分遮挡的对象，而图像却不具备这个功能。考虑到这些因素，每个数据单位的视频可以提供比图像更多的动态和上下文信息。

2. 标注过程差异

与图像标注相比，视频标注的难度又高了一层。标注员必须同步和跟踪在各帧之间不断变换状态的对象。为了提高效率，许多团队使用自动化的流程组件。当今的计算机可以在无须人工干预的情况下跨帧跟踪对象，因此可以用较少的人工来标注整个视频片段，视频标注过程通常比图像标注快得多。

3. 准确性差异

使用自动化工具标注视频时，帧与帧之间有更好的连续性，发生错误的概率更低。标注多张图像时，必须对同一对象使用相同的标签，但可能会出现一致性错误。标注视频时，计算机可以自动跨帧跟踪一个对象，并在整个视频中通过背景来记住该对象。与图像标注相比，这种方式具有更高的一致性和准确性，从而提高 AI 模型预测的准确性。

考虑到上述因素，现如今大多数算法工程师都会倾向于视频标注而不是图像标注。视频所需的人力标注成本远远少于图像标注，从而大幅缩短了标注时间，但具有更高的准确度和更大规模的标注量。进行标注后的视频数据将作为训练数据集用于训练深度学习和机器学习模型。这些预先训练的神经网络之后会被广泛应用于计算机视觉。计算机视觉是使用机器学习和深度学习模型处理视觉数据的工具、被大量应用于人脸识别、图像分类和自动视频标注平台等场景中。

7.1.3　视频标注的应用领域

1. 医疗健康领域

几年前，人工智能是医学影像领域促进产业升级的动力，其通过模仿人脑神经元网络构建数字模型，需用海量数据作为训练素材，曾因算法复杂、运算要求高而难以广泛使用。

近几年，随着深度学习算法的逐渐普及，工程师们通过建立深度学习神经元数学模型，从海量医疗影像诊断数据中挖掘规律，学习和模仿医生的诊断技术，可有效辅助医生的日常诊疗工作。以医疗影像数据为核心，采用规范、先进的大数据标注方法和医疗数据管理模式，对医学影像进行标注，标注准确率高达 99%＋，辅助职业医师更快更准确地进行疾病诊断。

2. 自动驾驶领域

视频标注的各类方法在自动驾驶领域都有涉及,例如,跟踪标注视频中行驶的车辆、行人、自行车、摩托车、路障等多种道路目标,是将视觉数据按照图片帧抓取进行标框标注,标注后的图片帧按照顺序重新组合成视频数据训练自动驾驶。再者,行进方向标注是一种对标注物前进方向的预判性标注,需进行标框标注及方向预判标注,应用于训练自动驾驶判断行人或车辆前进方向,规避行人及车辆。还能通过交通影响相关对象的类型列表,以及所需 RGB 颜色对照表对视频中每一帧各个类型进行区分,也可以对行人、车辆、交通指示牌、红绿灯、车道线等元素进行语义视频标注。

3. 智能安防领域

全球城市道路监控建设都在快速发展,各国街道、十字路口随处可见各种摄影机监控设备,为城市公共安全及治安侦察工作提供了影像的方便性和立即性。但随着监控设备数量的大量倍增,影像解析度的不断提高,公共安全搜集到的影像数据量呈现等比几何量的增长。面对这样的挑战,安防监控使用者如何能在大量增加的数据中,利用既有的人工智能技术快速获取有价值的资料,便成为当前最重要的课题。此外,如何在海量的视频资源中,快速获取有效数据,并加以标注处理,是如今十分热门的智能领域,各大企业以及研究学者,均涉足研发城市道路、室内外场景等监控数据标注,为安防提供全面、高效、精准的服务。

7.1.4 视频标注基础知识

视频是由图像连续播放形成的,要是按照数据标注的工作内容来分类,视频标注其实可以归类为图像标注。视频标注主要集中在视频帧图像层,对整段视频进行粗略的标注,标注的关键字仅包含类型信息。然而这种标注结果显然不能满足视频检索的需求,还应对视频内部的各小段内容进行更加精细的标注。视频帧图像层标注通过相关工具按照时间轴把视频切分成连续的小段,再用关键帧提取算法从每段画面中提取一帧图像作为关键帧。最后基于提取出的关键帧,标注一些关键字作为对此镜头画面内容的描述。

视频标注在进行前,首先要对源视频进行结构化处理,如镜头检测、视频分割、关键帧提取等来得到关键帧,然后与图像标注的流程相似。视频是由连续的画面,即称为帧序列组成的。这些画面以一定的速率(单位 fps,表示每秒显示帧的数目)连续地显示在屏幕上,使观察者有图像连续运动的感觉。所以视频标注是在图像标注的基础上再结合视频的时间连续性、运动性、无结构性这些特征进行标注。下面来了解一些视频标注相关基础知识。

1. 视频数字化

计算机只能处理数字化的信号,普通的 NTSC 和 PAL 制式的视频是模拟出来的,必须进行模拟信号与数字信号的转换,以及彩色空间变换等过程。视频的数字化表示在一段时间采用一定的速率对视频信号进行捕获并加以采样后形成数字化数据的处理过程。

视频数字化的方法有复合数字化和分量数字化。复合数字化首先用一个高速的模/数转换器对全彩色电视信号进行数字化，然后在数字域中分离亮度和色度，以获得 YUV（PAL 制式）分量或 TIQ（NTSC 制式）分量，最后转换成 RGB 分量。分量数字化是先把复合视频信号中的亮度和色度分离，得到 YUV 分量或 YIQ 分量，然后用 3 个模/数转换器对 3 个分量分别进行数字化，最后转换成 RGB 空间。模拟视频一般采用分量数字化方式。

数字视频的数据量是非常大的。例如，一段时长为 1min，分辨率为 640×480 的视频，30 帧/分，真彩色，未经过压缩的数据量是 1.54GB。两小时的电影未经压缩的数据量超过 66GB。

在视频信号中一般包含音频信号，音频信号同样需要数字化。如此大的数据量，无论是存储、传输还是处理都有很大的困难，随意未经过压缩的数字视频数据量对于目前的计算机和网络来说无论是存储或传输都是不现实的。

因此，在多媒体中应用数字视频的关键问题是视频的压缩技术。

2. 视频的压缩

数字视频的文件很大，而且视频的捕捉和回放要求很高的数字传输率，在采用视频工具编辑文件时自动适用某种压缩算法来压缩文件大小，在回放视频时，通过解压缩尽可能重现原来的视频。视频压缩的目标是尽可能在保证视觉效果的前提下减少视频数据量。由于视频为展示连续的静态图像，因此其压缩编码算法与静态图像的压缩编码算法有某些共同之处，但是运动的视频还有其自身的特性，所以在视频压缩时还应考虑其运动特性才能达到高压缩的目标。鉴于视频中图像内容有很强的信息相关性，相邻帧的内容又有高度的连贯性，再加上人眼的视觉特性，所以数字视频的数据可进行几百倍的压缩。

3. 常用视频术语

1）帧

帧（Frame）是视频中的基本信息单元。标准剪辑以每秒 30 帧的速度播放。

2）帧速率

帧速率也是描述视频信号的一个重要概念，帧速率是指每秒扫描的帧数。对于 PAL 制式电视系统，帧速率为 25 帧；而对于 NTSC 制式电视系统，帧速率为 30 帧。虽然这些帧速率足以提供平滑的运动，但还没有高到足以使视频显示避免闪烁的程度。根据实验，人的眼睛可以察觉到以低于 1/50s 速度刷新图像中的闪烁。然而，要求帧速率提高到这种程度，要求显著增加系统的频带宽度，这是相当困难的。为了避免这样的情况，全部电视系统都采用了隔行扫描法。

3）时基

时基为每秒 30 帧，因此，一个一秒长的视频包括 30 帧。

4）代码标准

以时；分；秒；帧来描述剪辑持续时间的代码标准，若时基设定为每秒 30 帧，则持续时间为 0；00；06；51；15 的剪辑表示它将播放 6 分 51.5 秒。

5）剪辑

视频的原始素材可以是一段视频、一张静止图像或者一个声音文件。在 Adobe Premiere 中，一个剪辑是一个指向硬盘文件的指针。

6）获取

获取是指将模拟原始素材（影像或声音）数字化并通过使用 Adobe Premier Movie Capture 或 Audio Capture 命令直接把图像或声音录入计算机的过程。

7）透明度

透明度是指素材在另一个素材上叠加时不会产生其他的附加效果。

8）滤镜

滤镜主要用于提升图像的质量，音频的处理也经常用到滤镜。通过定义一个平均的算法将图像中线条和阴影区域的邻近像素进行平均，从而产生连续画面间平滑过渡的效果。

4. 视频制作的过程

通常来说，计算机进行的视频制作包括把原始素材镜头编织成视频所必需的全部工作过程，主要分以下 6 步。

1）素材整理

素材是指用户通过各种手段得到的未经过编辑的视频文件，这些文件都是数字化的文件。制作视频时，需要将拍摄到的胶片中包含声音和画面图像输入计算机内，转换成数字化文件后再进行加工处理。

2）确定编辑点（切入点和切出点）和镜头切换的方式

在进行视频编辑时，选择所要编辑的视频文件，对它设置合适的编辑点，就可以达到改变素材的时间长度和删除不必要素材的目的。镜头切换是指把两个镜头衔接在一起，实现一个镜头突然结束，下一个镜头立即开始。在制作视频时，这既可以实现视频的实际物理接合（也称为接片），又可以人为创作银幕效果。

3）制作编辑点记录

视频编辑离不开对磁带或胶片上的镜头进行搜索和挑选。编辑点是指磁带上和某一特定的帧画面相对应的显示数字。寻找帧画面时，数码计数器上都会显示出一个相应变化的数字，一旦把该数字确定下来，它所对应的帧画面也就确定了，就可以认为确定了一个编辑点（一般称为帧画面的编码），编辑点分为切入点和切出点。

4）把素材编辑成视频

剪辑师按照指定的播放次序将不同的素材组接成整个片段，精确到帧的操作可以实现素材的精准衔接。

5）在视频中叠加标题和字幕

视频制作工具中的标题视窗工具为制作者提供展示自己艺术创作与想象能力的空间。利用这些工具，用户能为视频创建和增加各种有特色的标题（仅限于两维）和字幕，还能实现各种效果，如滚动、产生阴影和产生渐变等。

6）添加音频效果

该步骤是制作编辑点记录表的后续工作。在制作视频的过程中，不仅要对视频进行编辑，也要对音频进行编辑。一般来说，先把视频编辑好，最后才进行音频的编辑。添加声音效果是视频制作不可缺少的步骤。

7.1.5　常见视频数据格式

1. AVI

AVI 英文全称为 Audio Video Interleaved，即音频视频交错格式，是微软公司发布的视频格式，在视频领域可以说是最悠久的格式之一。AVI 文件将音频（语音）和视频（影像）数据包含在一个文件容器中，允许音视频同步回放。类似 DVD 视频格式，并支持多个音视频流。AVI 信息主要应用在多媒体光盘上，用来保存电视、电影等各种影像信息。AVI 格式调用方便、图像质量好，压缩标准可任意选择，是应用最广泛，也是应用时间最长的格式之一。

2. MOV

MOV 即 QuickTime 影片格式，它是 Apple 公司开发的一种音频、视频文件格式，用于存储常用数字媒体类型。用于保存音频和视频信息，Windows 在内的所有主流平台均支持该格式。

3. RMVB

RMVB 是一种视频文件格式，其中的 VB 指 Variable Bit Rate（可变比特率）。较上一代 RM 格式画面要清晰很多，原因是降低了静态画面下的比特率。

4. FLV

FLV 是 Flash Video 的简称，是一种新的视频格式。由于它形成的文件极小、加载速度极快，使得网络观看视频文件成为可能。它的出现有效地解决了视频文件导入 Flash 后，使导出的 SWF 文件体积庞大，不能在网络上很好地使用等缺点。

5. 3GP

3GP 是第三代合作伙伴项目计划，为 3G UMTS 多媒体服务定义的一种多媒体容器格式。主要应用于 3G 移动电话，配合 3G 网络的高传输速度而开发，但也能在一些 2G 和 4G 手机上播放，也是目前手机中最为常见的一种视频格式。其核心由包括高级音频编码、自适应多速率和 MPEG-4 和 H.263 视频编码解码器等组成，目前大部分支持视频拍摄的手机都支持 3GP 格式的视频播放。Real Video（RA、RAM）格式一开始就是在视频流应用方面的，也是视频流技术的始创者。它可以在用 56K Modem 拨号上网的条件下实现不间断的视频播放，当然，其图像质量不能和 MPEG-2、DIVX 等相比较，毕竟要实现在网上传输不间断的视频是需要很大的频宽的，在这方面它是 ASF 的有力竞争者。

6. MPEG 格式

MPEG 的英文全称为 Moving Picture Experts Group，即运动图像专家组格式，家里常看的 VCD、SVCD、DVD 就是这种格式。MPEG 文件格式是运动图像压缩算法的国际标准，它采用了有损压缩方法，从而减少运动图像中的冗余信息。MPEG 的压缩方法说得更加深入一点就是保留相邻两幅画面绝大多数相同的部分，而把后续图像中和前面图像有冗余的部分去除，从而达到压缩的目的。目前 MPEG 主要压缩标准有 MPEG-1、MPEG-2、MPEG-4、MPEG-7 与 MPEG-21。其中，MPEG-4 使用最为频繁，也就是人们俗称的 MP4 格式。

7. ASF 格式

ASF（Advanced Streaming Format，高级流格式）是 Microsoft 为了和现在的 Real Player 竞争而发展出来的一种可以直接在网上观看视频节目的文件压缩格式。用户可以直接使用 Windows 自带的 Windows Media Player 对其进行播放。它使用了 MPEG-4 的压缩算法，其压缩率和图像质量都很不错。因为 ASF 是以一种可以在网上即时观赏的视频流格式存在的，所以它的图像质量比 VCD 差一点，但比同是视频流格式的 RAM 格式要好。

7.2　视频数据采集和整理

视频数据采集是一类特殊的数据采集方式，主要是将各类图像传感器、摄像机、录像机、电视机等视频设备输出的视频信号进行采样、量化等操作，从而转换成数字数据。其技术本质上是指利用电子技术通过传感设备和其他待测设备，对数据的自动采集过程。在计算机广泛应用的今天，数据采集的重要性是十分显著的，它是计算机与外部物理世界连接的桥梁。各种类型信号采集的难易程度差别很大。数据采集时，有一些基本原理要注意，还有更多的实际问题要解决。视频数据采集技术是一类特殊的数据采集技术。其主要构成的设备包括数据收集设备、数据传输设备、数据收集整理设备等。其主要工作原理是将采集来的视频信号转换为数字信号。视频数据采集的方法很多，主要分为两大类：自动图像采集和基于处理器的图像采集。在实际工作中，这两项技术根据使用情况的具体要求，被应用于不同的领域。

7.2.1　视频采集的工作流程

1. 数据收集阶段

本阶段是通过数据收集设备（如光源、镜头、摄像、电视设备、云台等）将视频数据进行采集。在收集过程中，摄像设施将需要收集的数据通过光信号的形式进行收集，通过光电传感的方式，对收集来的光信号转换为电信号，完成视频数据采集的转换。

在此阶段，一个重要的工具是图像传感器。视频数据采集系统通过收集设备将视频信号进行收集,同时通过传感系统的图像传感器将光源信号转换为电信号。现在经常采用的图像传感技术主要是CCD和CMOS两种技术系统。

这种将光源信号转换为电子信号的过程是这一阶段的主要工作。在摄像技术中,另一个重要的器材是摄像镜头,摄像镜头是由透镜和光组成的光学设备。它是摄像设备光信号的采集来源,所以在数据收集阶段的初步采集工作中,镜头的好坏直接影响到采集到的视频数据是否清晰、完整。同时在数据收集工作中云台的作用也很重要。云台主要是指在摄像过程中安装、固定摄像设备,为摄像设备提供推来、挪移等运动的机械设备。它的主要作用是扩大摄像设备的监控范围。

2. 数据传输阶段

在数据收集完成后,转换为电信号的数据为数据传输阶段。数据传输设备决定了视频数据采集系统的组网方式和范围。在传统的数据传输工作中,多采用同轴电缆传输基带信号技术和光纤传输技术为主的有线传输技术。但随着无线网络、流媒体技术等新技术的出现,无线连接的数据传输技术,流媒体的使用越来越广泛起来。

流媒体技术包括流媒体编解码技术、流媒体服务器技术、端到端流媒体技术和流媒体系统技术。简单地说,就是利用视频编码器,它可以把视频信号压缩编码为IP流。在另一端有一个叫视频解码器的设备,可以还原视频信号。通过无线网络的发展,视频数据传输范围越来越广泛。这种传输技术的出现对于视频数据采集技术的发展是很有帮助的。它加大了传输数据的传输距离,减少了传输成本。

3. 数据收集整理阶段

视频数据经过传输进入收集整理阶段。在这个阶段,视频数据经过处理并进行保存。因为视频数据的特殊性,所以收集到的视频数据在进入收集系统后,还要经过再次的整理。同时因为采集的数据有时还需要有一定的保存时间,所以数据还要有一定的保存手段。

在传统的视频采集系统中,往往采用的是录像设备存储、录像带保存的方式。随着计算机技术的发展,视频处理和自动保存技术越来越先进,数据采集工作中采集来的电子模拟信号经过二次处理,转换为电子信号,去除噪声等干扰信号。同时利用数字技术进行保存,保存时间更长,也不会出现失真等现象。另外,在某些采集系统中,采用的是实时监控系统,就是不用存储数据的收集系统。

7.2.2　视频数据采集应用和发展

1. 视频采集的应用

在人们的传统意识中,视频数据采集的作用只停留在安全监控方面。但是随着视频数据采集技术的发展,其应用的领域也越来越广泛。特别是在安防、体育、医务等领域的广泛应用,使得视频数据采集系统越来越受到人们的重视。

1）安防领域的运用

在视频数据采集工作中,安防领域一直是数据采集工作的重中之重。随着采集技术的发展,对这门技术的应用也更加广泛。在实际工作中,视频数据采集系统对银行、火车站、机场、道路等重点部位进行全方位的监控,同时对一些细节进行微观监控。这样不仅可以做好全面的安全监管工作,同时还可以就安全的细节进行检查。如现在的道路交通安全工作主要使用的摄像头就是这样的技术。

一方面可以对道路的全面情况进行了解,同时还可以对个别的违章车辆进行记录。再比如反恐工作中,如遇到可疑人员,警察等安全人员可以通过视频采集技术对嫌疑人进行采集,通过网络数据库进行数据对比,查找嫌疑人员真实身份。

2）体育、医务等方面的应用

在视频数据采集系统使用的领域中,很多新的采集技术出现在实际工作中,如体育、医务领域的使用越来越重要。在体育领域的使用中,视频数据采集技术的应用正得到大家的重视。2014年世界杯中采用的"球门线技术"就是视频数据采集技术在体育领域的最新应用。在医务领域,如视频手术等新技术的使用正在推广使用。

3）其他方面的应用

视频数据采集系统在除了以上领域外,还经常出现在其他领域,如视频会议、视频聊天等领域。这些应用的发展从侧面促进了视频数据采集系统应用的发展。

2. 数据采集的发展方向

随着计算机、无线网络、数字技术等新技术的出现,视频数据采集系统的发展趋势表现为高容量、远距离、低成本、高清晰。高容量是由于高清视频技术的出现,采集到的视频数据容量大,这就要求处理、传输、存储的数据容量更大。无线网络的出现使得视频数据采集技术可以摆脱以往的电缆线连接。这使得采集到的视频数据的传输距离更远,同时使得连接的成本大大降低。在视频数据采集中,数字化高清技术引起优良的抗干扰性、失真小等优点,使得数据采集的视频信号的清晰度大大提高。

正是这些新技术的出现带动了视频数据采集系统的技术发展,为该技术提供了发展的空间。

7.2.3 常用视频处理工具

随着抖音、快手等各类短视频社交软件的流行,以及百家号、快头条、大鱼号和企鹅号等自媒体的兴起,越来越多人做起了视频编辑,很多人把自己生活的趣事拍成短视频,发布到网上。然而,一般情况下拍出来的视频都是要经过编辑才发布到网上。并且在视频标注领域,对于获取到的源数据,也都要经过一定的数据清洗和编辑才能运用。下面介绍一些常用的视频编辑软件。

1. 爱剪辑

爱剪辑是国内首款免费视频剪辑软件,该软件简单易学,不需要掌握专业的视频剪辑知识也可以轻易上手。爱剪辑支持大多数的视频格式,自带字幕特效、素材特效、转场特效及画面风格,如果对于软件自带的特效不满意,官网还提供其他特效下载。

爱剪辑的优势是运行时占用资源少,所以对计算机的配置要求不高,目前市面上的计算机一般都可以完美运行。爱剪辑最大的缺点是在视频导出时,会强制添加爱剪辑的片头和片尾。

2. 快剪辑

快剪辑是 360 公司推出的免费视频剪辑软件,该软件和爱剪辑差不多,也非常简单易学且带有一定的特效,只是该软件没有爱剪辑自带的特效多,也没有爱剪辑功能齐全。

快剪辑最大的亮点是在使用 360 浏览器播放视频时,可以边播边录制视频,这样在制作视频时如果需要用到某个视频片段,可以使用该软件直接录制下来,不需要把整个视频下载下来。

快剪辑的优势是在导出视频时,不会强制添加片头和片尾。快剪辑的缺点是只适合用于制作简单的视频拼接剪辑,不适合做复杂的视频编辑,而且在导出视频时,无法修改视频的宽高尺寸,使用于普通的视频处理任务。

3. 会声会影

会声会影是加拿大 Corel 公司制作的收费视频编辑软件,该软件功能比较齐全,有多摄像头视频编辑器、视频运动轨迹等功能,支持制作 360°全景视频,可导出多种常见的视频格式,甚至可以直接制作成 DVD 和 VCD 光盘。

会声会影自带视频模板和视频特效,官网也提供很多视频模板和特效下载。会声会影的缺点是对于计算机有一定的配置要求,而且对于会声会影的使用要有一定的剪辑知识,不然前期上手可能会有点难度。

4. Adobe Premiere

Adobe Premiere 是美国 Adobe 公司推出的一款功能强大的视频编辑软件。该软件功能齐全,用户可以自定义界面按钮的摆放,只要计算机配置足够强大就可以无限添加视频轨道。

Adobe Premier 的优势是具备上面三个软件不具备的"关键帧"功能。使用"关键帧"功能,可以轻易制作出动感十足的视频,包括移动片段、片段的旋转、放大、延迟和变形,以及一些其他特技和运动效果结合起来的技术。Adobe Premiere 的缺点是对计算机配置要求较高。而且,Adobe Premiere 要求使用者有一定的视频编辑知识。

5. Adobe After Effects

Adobe After Effects 也是美国 Adobe 公司推出的一款功能强大的视频特效制作软件,主要用于视频的后期特效制作。该软件功能齐全,可以制作各种震撼的视觉效果。

该软件的优势是同一版本的 Adobe After Effects 和 Adobe Premiere 还可以配合使用。Adobe After Effects 的缺点是对计算机配置要求较高,即使计算机满足 Adobe

Premiere 的配置要求,也未必满足 Adobe After Effects 的配置要求,而且 Adobe After Effects 在渲染视频时非常消耗计算机内存。

7.2.4 快剪辑平台技术

微课视频

上文介绍了各类常用视频处理工具,下面以最为实用且方便快捷的快剪辑视频编辑软件,来具体介绍一下其操作流程。

快剪辑支持添加本地视频、本地图片、网络视频、网络图片、在线剪辑。

使用浏览器观看在线视频时,当鼠标移动到视频时,在视频窗口右上角会出现"录制小视频"按钮。进入录制窗口,单击圆形按钮后便开始录制视频,然后按钮变为方形,右侧时间开始计时并且显示视频大小,再单击方形按钮则停止录制。录制完成后自动弹出快剪辑,进入编辑界面。界面分别为基础设置、剪裁、贴图、标记、二维码、马赛克等选项,右侧是选项的子菜单栏,其主窗口如图 7-1 所示。

图 7-1 快剪辑主窗口

在快剪辑主窗口可以进行添加视频、图片、音乐、音效、字母及特效功能的操作,也可以进行调节倍速、编辑、剪裁、静音、删除、音轨分离、复制、美颜等操作。完成相关操作后,单击"保存导出"按钮,进入如图 7-2 所示的编辑窗口。

快剪辑编辑窗口的左侧为视频名称、码率等选项,其他选项无特殊情况下可全部依照默认设定,右侧为是否添加片头或水印选项。设置完成后,单击"开始导出"按钮,进入最后的编辑页面,该页面主要进行视频的信息编辑。完成后单击"下一步"按钮,进入导出等待界面,100%导出完成后可选择打开文件夹位置进行查看。视频完全剪辑完成后,若想直接分享,可再单击"下一步"按钮进行分享。

图 7-2　快剪辑编辑窗口

7.3　视频数据标注工具和方法

7.3.1　视频帧跟踪标注工具

VoTT 是微软发布的用于图像目标检测的标注工具，它是基于 JavaScript 开发的，因此可以跨 Windows 和 Linux 平台运行，并且支持从图片和视频读取。此外，其还提供了基于 CNTK 训练的 faster-rcnn 模型进行自动标注然后人工矫正的方式，这样大大减轻了标注所需的工作量。它最主要的三大特性，第一能够标注图像，也能支持从单独视频中标识；第二，使用 Camshift 跟踪算法对视频中的对象进行计算机辅助标记和跟踪，不用每一帧每一帧地标注；第三，能够导出 CNTK、tesnorflow（VOC）和 YOLO 等各种格式的标注数据用于训练。

1. VOTT 的安装

VOTT 能够在 Github 官网上进行下载安装，在 releases 中提供了 Windows/Linux/macOS 下编译好的可执行文件，下载完毕后单击运行即可，极为方便。Github 下载地址：https://github.com/Microsoft/VoTT/releases。

2. VOTT 的常用功能

1）自动跟踪标注

（1）实现的功能：对图像/视频帧结果进行画框。

（2）快捷键：Ctrl＋D。

（3）如图 7-3 所示在左侧菜单栏中，有自动标注的选项，包括如下功能。

① Model Provider：默认有 COCO SSD 模型可以使用，也可以自己导入本地模型或 URL 模型地址。

② Predict Tag：使用自动标注时，需不需要标注目标框的类别。如果没有选中，则只标框，不标结果。

③ Auto Detect：在转换图像/视频帧时，是否自动执行自动标注。

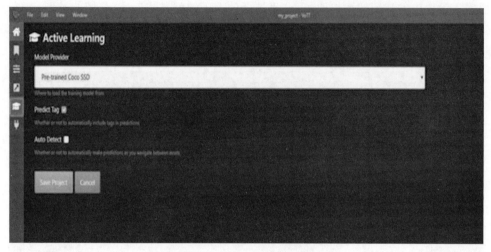

图 7-3 自动标定配置界面

2）视频帧转换及相关

（1）在 VoTT 中，视频会自动根据输入帧率成帧。

（2）视频帧类别如图 7-4 所示分为以下三类。

① 包含目标框的视频帧（深色的竖线）。

② 单独浏览过但没有标注结果的视频帧（浅色的竖线）。

③ 没有单独浏览过的视频帧（没有竖线位置的视频帧）。

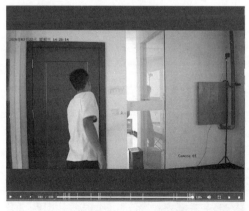

图 7-4 第二类视频帧

（3）所谓单独浏览，指的是单独停下来到某一帧，在播放视频时，可能浏览了所有帧但不会都标浅色竖线。

（4）视频帧的选择。

① 鼠标直接在进度条中选择，选中"没有单独浏览过的视频帧"后会将当前帧转换为"单独浏览过但没有标注结果的视频帧"。

② 上一帧/下一帧（Previous/Next Frame）：选择上一帧或下一帧，快捷键为 A/D。按照输入设置中的视频帧率提取帧，这里选择的上下帧就是临近帧，与帧的类别无关。

③ Previous Tag Frame/Next Tag Frame：快捷键为 Q/E。如图 7-5 所示这里选择的是第一类帧，即包含目标框的视频帧。

图 7-5　第一类视频帧（见彩插）

3）tag 设置

（1）VoTT 中选中目标框的一些表现形式（如果目标框为实线表示选中，虚线表示未选中），如图 7-6 所示。

图 7-6　目标框的表现形式（见彩插）

（2）对于如图 7-7 所示选中的目标框设置 tag 有以下两种方式。

① 鼠标选择左侧的 TAGS 列表。

② TAGS 列表中的线前 10 类可通过快捷键设置(快捷键就是 TAGS 右边[x]中的信息)。

图 7-7　VoTT 线类别快捷键(见彩插)

（3）在标同一张图片中的多个目标框时，如果使用快捷键选择 tag，每个目标框默认标了一个 tag 后就会选择后一个目标框；当选择到最后一个目标框时，不会跳转到第一个目标框从头开始，而是会在最后一个目标框上重复进行标记。

（4）TAGS 工具栏中还包括一些其他功能，如 reording/lock。reording 就是改变 tag 的顺序，通过如图 7-8 所示的上下箭头实现。

（5）有以下几种方式来快速设置 tag。

① VoTT 支持的方式就是在创建项目或项目设置中的 TAGS 选项中一个个输入，这种方式非常不方便；

② 可编程的修改方式：主要通过修改 VoTT 项目文件 my_project.vott 实现。在一个 JSON 的配置文件中包含参数 tag 列表，每个 tag 包含两个属性 name/color。"name"就是字符串，"color"是 RGB 字符串，其示例如" tags"：[{ " name"： " name1"，"color"："♯595959" }，…]。

③ 有两种方式可以打开已有 VoTT 项目，其一是手动打开.vott 文件；其二是直接在右侧选中最近打开的项目。

④ 当使用修改.vott 的方法新建 tag 后，第一次打开项目时，只能用方式一打开，如果用方式二会导致新增的 tags 消失。

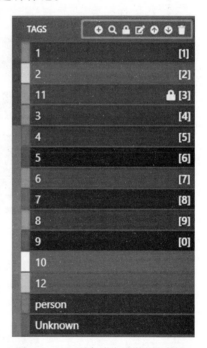

图 7-8　tag 顺序改变功能(见彩插)

4）标注结果导出

（1）基本定义。

① 视频帧分为三类：第一类对应 Tagged，第二类对应 Visited，第三类就是没有标签。

② 视频/图片的 Visited/Tagged 属性，如图 7-9 所示（看过没标过的是 Visited，标过的是 Tagged）。

图 7-9　视频帧属性标签（见彩插）

（2）导出功能有如图 7-10 所示单独菜单栏。

图 7-10　结果导出功能菜单栏

（3）导出数据形式如图 7-11 所示。

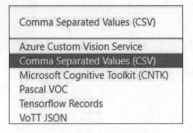

图 7-11　结果导出数据类型

（4）导出数据相关功能键。

① All Asserts：所有数据。

② Only Visited Assets：仅 Visited 相关数据。

③ Only Tagged Assets：仅 Tagged 相关数据。

④ IncludeImages：导出数据中是否需要包含图片。

示例：导出为 Pascal VOC 形式时，数据如图 7-12 所示。

图 7-12 导出结果示例

5）标框方式

（1）标框（目标框）的方法主要有三种，本节主要介绍第三种方式。

① 自己直接画。

② 先用 Active Learning 标再调整。

③ 复制其他图片/视频帧的目标框到当前帧。这种方式适合视频中连续帧的标注。

（2）在标注页面上，有如下两关于 regions（就是目标框）的操作；

① regions 复制/剪切/粘贴/全选操作对应的快捷键是 Ctrl＋C/X/V/B；

② 如图 7-13 所示可以在当前帧进行标注，然后全选＋复制＋选择下一帧＋粘贴，然后调整目标框。

图 7-13 目标框操作按钮

3. VoTT 的使用方法

1）准备工作

（1）将所有待标注的视频或图像放到一个文件夹中。注意，后续只处理该文件夹中的视频与图像,不会处理子文件夹中的数据。

（2）新建一个目录,用于保存 VoTT 项目信息以及项目结果输出。

（3）准备好标注类别(tag)。

2）新建标注项

（1）在打开 VoTT 后,如图 7-14 所示就能看到新建项目选项。

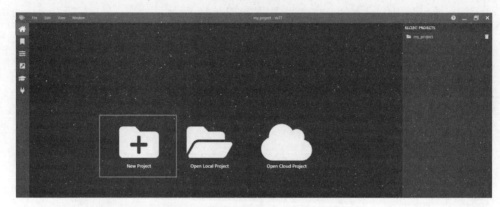

图 7-14 VoTT 新建项目目录界面

（2）在新建项目目录中,主要填写的内容如下。

① Display Name：项目名称。

② Security Token：用来加密一些敏感信息,一般就选默认。

③ Source Connection：原始数据路径。

④ Target Connection：目标数据存放路径,保存标签以及项目信息。

⑤ Description：项目描述。

⑥ Frame Extraction Rate(frames per a videosecond)：视频帧率。

⑦ Tags：待标注的标签列表,如图 7-15 所示。

图 7-15 项目目录填写界面

（3）Connection 介绍。

① 所谓 Connection，其实就是数据路径。

② 分类：VoTT 中提供了三种，分别是 Azure Blob Storge，Bing Image Search，Local File System。

③ 一般默认使用的就是 Local File System，需要设置的参数就是 Display Name，Description，Folder Path（本地文件夹路径如图 7-16 所示）。

图 7-16 Connection 参数配置界面

④ 设置完成后，如图 7-17 所示在新建项目的 Source/Target Connection 下拉菜单中就能找到对应的选项。

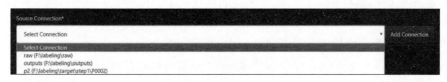

图 7-17 Connection 下拉菜单界面

⑤ 如图 7-18 所示 Connection 在左边菜单栏中有单独一个选项。

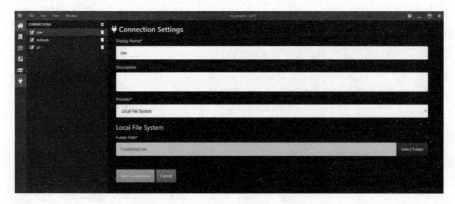

图 7-18 Connection 数据路径配置界面

3）标注流程

（1）基本流程分为下面几个步骤。

① 选择视频帧/图像。

② 画框。

③ 设置标签（tag），同一个目标框可对应多个 tag。

（2）上述基本步骤示意图如图 7-19 所示。

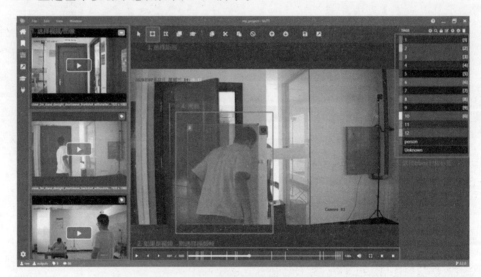

图 7-19　VoTT 标注流程介绍（见彩插）

注意，图中目标框对应了三个类别的 tag（对应 3/6/8 的标签）。

（3）画框时如图 7-20 所示可使用内置 SSD 模型自动获取目标框。

① 目标框的准确性可能不是特别高，但也能省一些力气。

② 示意图如图 7-20 所示（先单击博士帽按钮，就可以自动获取标定框）。

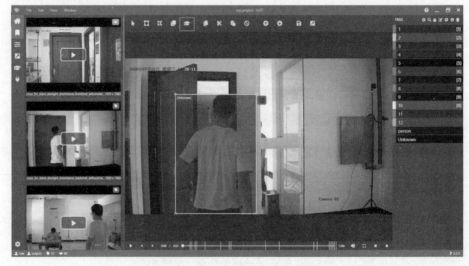

图 7-20　自动获取标定框（见彩插）

（4）其他功能，在画/删框、设置/删除 tag 后，会自动保存标注结果，无须手动设置；

4）标注结果导出

在标注页面中，可快速将结果导出，如图 7-21 和图 7-22 所示。

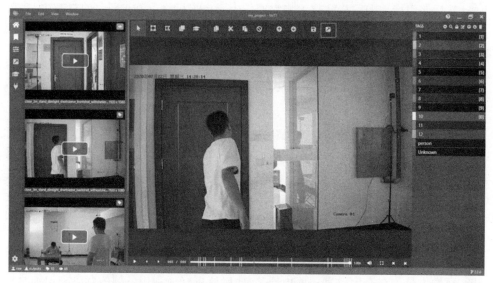

图 7-21 标注结果导出功能（见彩插）

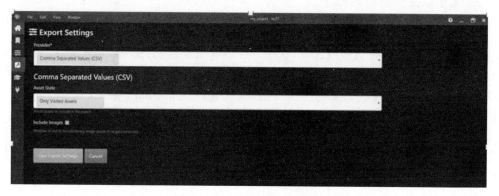

图 7-22 标注结果导出路径设置

7.3.2 视频标注的方法和类型

早期，视频标注大多采用人工方法，费时费力，尤其面对海量视频，处理更是十分困难。对此，国内外诸多学者将图像处理、机器学习以及自然语言处理等技术结合起来，采用有监督学习方法进行视频自动标注研究。例如，尝试贝叶斯分类器对医疗教育视频中的语义概念进行分类；提出经典主动学习方法，按照最小化期望分类误差准则选择样本，进而进行视频内容的预测；使用自适应支持向量机进行跨域视频概念检测，使得分类器具备不同测试域间的自适应能力。下面介绍两种常见和一种较为新颖的视频标注方法。

1. 视频帧化图像标注法

在自动化标注工具开发之前，视频标注效率很低。各公司将视频中的所有帧全部提取出来，然后使用标准图像标注技术将它们作为图像来标注。在 60fps 的视频中，每分钟有 3600 帧，即 3600 张图片。这个过程没有利用视频标注的优势，并且与标注大量图像一样既费时又昂贵。一个对象可能会在上一帧被归入一个类别，在下一帧又被归入另一个类别，错误率就会增加。此方法已经陆陆续续被淘汰。

2. 连续帧法

如今，我们可以使用自动化标注工具，通过连续帧法简化视频标注过程。计算机可以逐帧自动跟踪对象及其位置，从而保持所捕获信息的连续性和流畅性。计算机依靠诸如光学流之类的连续帧技术来分析前一帧和后一帧中的像素，并预测当前帧中像素的运动。通过这种背景级别，计算机可以准确地识别在视频开头出现，在几帧中消失，然后再次出现的对象。如果团队改用单一图像法，则会在该对象后来再次出现时将它错误地识别为另一个对象。

但这种方法存在一系列的弊端，如捕获的视频可能分辨率很低，远处或者模糊目标无法判断，研发人员也在奋力改良一些内插工具，以便更好地利用各帧的背景来识别对象。

3. 基于语义分析视频标注

上述方法在数据量不大、实时性要求不高的情况下，能取得不错的效果。但对于海量视频，有限资源无法支持大规模运算，这些方法的应用受到制约。近年来，新兴大数据技术为海量视频标注提供了一条有效途径，不但解决了大容量视频数据的存储问题，而且分布式计算也有利于视频语义的快速分析，其代表性工具 Spark 是 UC Berkeley AMP lab 开源的并行计算框架，在机器学习处理方面具有独特优势，特别适合解决多次迭代的视频分析问题。

因此，有一项基于 Spark 的视频标注方法，利用其强计算能力，通过颜色、纹理、分形三重特征表征一类实体，进而采用元学习策略进行训练及预测。相对于传统视频帧式方法，该方法在标注效能方面有较大提升。

1）分类画面切分计算

视频一般是根据一系列镜头画面构成，镜头又由连续拍摄且时间上连续的若干视频帧组成。标注视频时，要将视频分割成多组镜头的集合，提取出能够代表镜头内容信息的关键帧。因此，准确、快速地检测出镜头边界对视频语义表达具有重要影响。

在 Spark 分布式计算框架下，采用分形差分盒法进行视频分割。首先把视频数据格式进行转换，将 Hadoop 分布式文件系统上二进制的视频数据通过输出流转换为 Spark 可读取的数据，即通过函数 SparkContext 将视频数据读取为 String 类型 RDD。利用并行函数 Parallelize 把视频切分为以帧为单位的帧 RDD，并调用帧处理程序，将帧 RDD 数据并行分配到若干计算节点，通过 SparkContext 实现各个计算节点间镜头分割参数共享，从而使整个视频的帧数据实现并行处理。

在每个计算节点上,对视频帧采用差分盒法计算分形维度 D_i,定义第 i 帧的分形维度为 D_i,则第 i 帧与第 $i+1$ 帧的分形维度差可表示为 $f_{di} = |D_{i+1} - D_i|$。在同一个镜头内,分形维度的帧差变化应在很小范围内,镜头边界帧差应远大于帧前镜头的帧差平均值和帧后镜头的帧差平均值。对于切变镜头,迭代求解出最大帧差 fdmax,帧前镜头的帧差平均值 fdb_avg,帧后镜头的帧差平均值 fda_avg;如果 fdmax > 2×fdb_avg 且 fdmax > 2×fda_avg,则判定该帧是切变镜头边界帧。对于渐变镜头,当渐变未被标记时,若 fdmax > 2×fdb_avg 且 fdmax < 2×fda_avg,则判定为渐变镜头边界的开始帧;如果渐变已被标记,若 fdmax > 2×fda_avg,则判定为渐变镜头边界的结束帧,依此可将视频按照时间序列切分为若干镜头。

当视频处理完成后,视频每一帧均转换为帧、序号、分形维度弹性分布式数据集数据,返回 Spark 主节点的结果是一组时间序列临界帧(即关键帧)的帧号和其帧 RDD 数据。将该 RDD 数据存储为关键帧文件,该文件包含视频关键帧的属性信息,具体过程如图 7-23 所示。

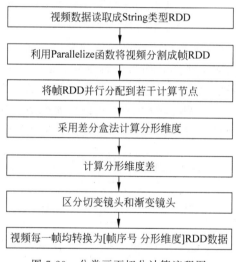

图 7-23　分类画面切分计算流程图

2) 视觉词组与视觉单词

视频标注的本质是对视频数据进行处理、分析,并在理解内容的基础上,进行标记注释的过程。Spark 在集群上提取视频对象的颜色、纹理及分形特征,通过元学习策略训练,形成视觉词组;并依据视觉词组对关键帧进行预测,产生能表征该镜头的视觉单词。

(1) 视频帧特征提取。

选取实体对象的大量各异图片,提取其底层特征,包括 9 维颜色特征、8 维纹理特征、1 维分形维度特征,组成 18 维特征向量。其中,9 维颜色特征包括 3 个颜色分量,每个分量上 3 个低阶矩;8 维纹理特征依照 Gabor 滤波器方向参数,由于分形维度能更好地表示图像特征,赋予 32% 的较大权重,其他各维均匀赋予 4% 的权重,组成属性均衡的特征向量,表征该对象的视觉特征。将原始样本图片通过 pipe 函数分配到若干计算节点进行特征提取,并将特征向量 RDD 数据存储到样本特征文件中,该文件包含实体对象的特征信息。

（2）构建视觉词组。

元学习法是在学习结果的基础上，再进行学习或多次学习得到最终结果的方法。在元学习法中，使用不同的特征描述集合，能够有效减少基分类器输出结果的相关性，并使基分类器的错误相互独立。同时，利用元学习法实现算法自由参数的自动调整，即通过学习过程中获得的经验对这些参数进行修正和优化，从而提高学习算法的性能。

利用视频特征帧中提取的样本特征，通过 SparkContext 函数将样本特征文件读取为 RDD 数据，并分配到若干计算节点。以支持向量机、条件随机域和作为基分类器，基于元学习方法对样本特征向量进行训练。通过上述 3 种基分类器训练，分别获得基分类模型 Msvm，Mrcf 和 Mme。将 3 种算法的预测结果 $P_{svm}(x_i)$，$P_{rcf}(x_i)$，$P_{me}(x_i)$ 和 $Vec(x_i)$，$I(x_i)$ 作为元分类器样本 T，以 SVM 为元分类器进行二次训练，可得元分类模型 Mmeta。不同于基分类器的是，将原始样本集作为输入，元分类器的样本 T 增加了基分类器的分类结果。

样本集合 T 中存在 3 类样本：所有基分类器皆分类正确、所有基分类器皆分类错误、基分类器结果存在矛盾。元分类器并不是从各个基学习器中挑选最佳学习器，而是对基学习器的结果进行"再学习"，对基学习器错误的分类进行纠正，而对正确的分类加以巩固，因此分类结果优于所有基分类器。如图 7-24 所示，训练得到元分类模型 Mmeta 的表征 XML 文件，内含一个多维向量，该向量表示该类特征向量的视觉单词，将每个视觉单词与文字语义关联，使得每一个视觉单词（XML 文件）都与其文字符号相对应，录入视觉单词库。以此类推，对多种实体样本进行训练，进而累积形成视觉词组。

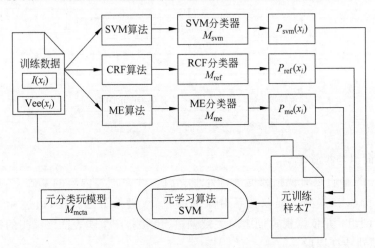

图 7-24　基于 Spark 的元学习训练过程

（3）视觉单词的预测。

依据视觉词组，采用元学习策略对实体对象进行预测。对照视觉词组中单词遍历预测是否包含该单词内容，如图 7-25 所示，一个关键帧中可能包含一个或多个视觉单词，程序返回 Spark 主机的结果是帧号、视觉单词、对应文字符号组成的 RDD 数据，将该数据存储为单词预测文件。

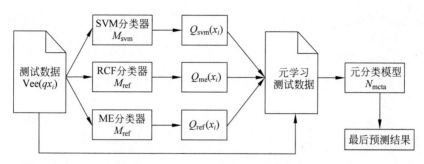

图 7-25 基于 Spark 的元学习预测过程

（4）视频标注的组成。

将视频中各关键帧对应的视觉单词进行汇总，根据重要程度，通过马尔可夫模型，对关键帧内容进行评估，实现基于视觉单词的线性表达，从而形成视频标注。通过读取单词预测文件，利用 RDD 中键值统计函数 ReduceByKey，对每一关键帧所属视觉单词进行统计。

思考题

1. 视频标注与图像标注之间存在哪些差异？
2. 说出几种常见的视频数据格式。
3. 视频采集的工作流程是怎样的？

第3部分

数据标注工厂

第 8 章

数据标注工厂理论基础

8.1 生产管理理论

在人类漫长的文明史中,中国早于欧洲数千年就形成了统一的大范围国家,因而从大规模的工程建设和全国性的资源协调中取得了不少生产管理的经验,例如,中国四大发明之一的活字印刷就是现代生产中零件互换性设计和模块化设计的先驱。而后随着产业革命的到来,形成了真正的现代生产管理理论。

1. 产业革命

1776 年,亚当·斯密在他的《国富论》中指出了分工与专业化的优越性有如下三点。

(1) 缩小每个人的工作范围,可以使工人对工作更加熟练,效率更高。

(2) 专业化可以减少工作转换所需要的更换工具和原材料等。

(3) 专业化后工作动作趋于简单化,更易于开发适当机械来提高生产率。

因此,18 世纪的产业革命,带来了分工、专业化和零件标准化,提高了生产对管理和协调的要求,使生产管理作为一门科学开始受到重视。

2. 科学管理时代

随着专业化分工生产的发展,生产规模化的问题显现,因此,1886 年美国提出了车间管理的概念。同时,1906 年泰罗发表论文提出了《科学管理原理》的最初关于生产管理的四方面责任的观点。

(1) 发展一种管理的科学,来替代根据经验进行管理的方法。

(2) 选择每项工作都做得好的工人,总结他们的工作方法,并用他们的工作方法训练其他工人。

（3）发展工人和管理人员之间的协作关系。

（4）经理和工人之间合理分工，各司其职。

同一时期，甘特发明了用长条图安排工作进度，吉尔伯特等人进行了动作研究，同时福特创造了装配流水线的生产组织，在实际上解决了对象处理连续性和生产资源连续利用在大量生产中的统一。

3. 人际关系时代

前面介绍的科学管理先驱们已认识到管理中对人的工作效率的提升问题，1927—1932年，梅约教授从心理学和人类学的角度对生产管理中人的因素进一步进行了研究，提出人际关系学说，探讨了工人的工作态度和对工作意义的了解与工作效率的关系，同时将该学说在美国西部电气公司的霍桑工厂进行实验。

4. 管理科学时代

管理科学起始于第二次世界大战期间的运筹学，是数学和统计理论在企业管理中的应用。它包括用数学模型来描述和解释企业管理中的问题，并求出解决方案。其目标通常是求最优解。因此，管理科学不是要改变管理的内容，而是提供了解决管理问题的新工具。

5. 信息时代

信息技术和通信技术的进步，对经营方式与管理过程都产生了巨大的影响。计算机应用既改变了经营运作方式，也改变了生产过程控制的方式。计算机在会计核算、生产计划、订单执行情况的跟踪和人事资料的保存等方面的应用，使生产管理有可能在更广泛的范围上应用管理科学的方法。

在过程自动化方面，计算机的应用使制造业中的设备柔性和通用性持续提高，比如物料搬运系统，可以根据从计算机中收到的信号把物料移到任何一个需要的地方；计算机控制的机器人，已经可以完全代替人工完成工件和工具在工作母机上的更换；加工中心和生产机械已经可以在没有人工监视和辅助的情况下作业；自动化的物料搬运系统和自动化的生产机械结合起来，在计算机的控制下使工厂可以在短时间内无人运行。

这些计算机技术的应用，对从产业革命以来形成的制造业的企业文化以及生产组织正在发生巨大的影响。

8.2 流水线理论

微课视频

8.2.1 流水线起源

1. 英国人韦奇伍德的陶瓷厂

《物种起源》作者达尔文的外公韦奇伍德绝对是个集艺术、商业、管理于一身的人才，大不列颠百科全书对其评价："对陶瓷制造的卓越研究，对原料的深入探讨，对劳动力的合理安排,以及对商业组织的远见卓识,使他成为工业革命的伟大领袖之一。"

如图 8-1 所示韦奇伍德在 1759 年创办 Wedgwood 品牌,至今已有 260 年历史。他在工厂内实行精细的劳动分工,把原来由一个人从头到尾完成的制陶流程分成几十道专门工序,分别由专人完成。原来意义上的"制陶工"分解为挖泥工、运泥工、扮土工、制坯工等。韦奇伍德的这种工作方法其实就是工业流水线最早的雏形。

图 8-1　"英国传统陶瓷之父"韦奇伍德(Josiah Wedgwood,1730—1795)

2. 福特的汽车生产流水线

如图 8-2 所示,福特汽车公司创始人亨利·福特于 1903 年创立了福特汽车公司,1908 年生产出世界上第一辆 T 形车,1913 年,该公司又开发出了世界上第一条流水线,缔造了一个至今仍未被打破的世界纪录。

图 8-2　福特汽车公司

虽然生产流水线起源于英国工业革命,但是福特汽车生产流水线才是大众公认的真正意义上的大规模工业化流水线。流水线刚出现时,民众对这种剥夺个人创造力和个性的巨大生产机器非常厌恶,时值美国经济大萧条,好莱坞笑星卓别林的《摩登时代》里,就对生产流水线对工人的压榨极尽批判。但流水线极大地提高了生产效率和降低了生产成本的巨大优越性是显而易见的,此后其他行业纷纷效仿推广。

8.2.2 流水线的基础概念

人们经常能听到流水线这个概念,也感受到了流水线的强大生命力,到底什么是流水线呢? 流水线又可以给我们带来什么呢?

1. 各自搬家

大家一定有过搬家经历,我们搬家时可能往往会叫上朋友一起帮忙。假设如图 8-3 所示把行李卸货到 A 点,然后两人就开始忙活起来,一件一件地将行李搬到 B 地,往返不断。假如有 20 件行李,从 A 点到 B 点 1000 米,需用时 10min。那么两人搬完行李回到 A 点,共需用时 200min,每人需行走 20 000m,这就是我们常说的同步等停方式。

图 8-3　单程搬家图

这种搬家方式简单易行,但是我们也发现每个人每次都会在返程时浪费大量时间,有没有办法减少返程距离呢? 这就是我们常考虑的同步模式下,如何增加传递链的吞吐量? 答案似乎只有一个:降低传递链的总时延。如何降低呢? 要么提高每个人的处理速度,要么转变人们的协作方式。人们自然地会想到,能否让源头源源不断地将物品传递给第一个人,第一个人也源源不断地传递给第二个人,以此类推。于是有了异步方式。

2. 协同搬家

此时我们就自然会想到如图 8-4 所示的协作式搬家方法。搬东西时其中一人在 A 点,另一人在 AB 之间的 C 点。此时一人将行李从 A 点搬到 C 点,然后另一人从 C 点将物品搬到 B 点同时在 C 点的人返回 A 点。仍然假如有 20 件行李,从 A 点到 B 点 1000m,需用时 10min。那么两人搬完行李回到 A 点,只需用时 100min,每人只需行走 10 000m。可见通过这种协作搬家方式将时间和成本都缩小到第一种方式的一半,当人员更多时可以节省的时间和成本都将减少得更多,这就是流水线的魅力。这就是我们常说的异步流水方式。

如果这两个人的速度能保持完全一样,那么配合会非常完美,我刚把东西送到 C 点,去 B 点送东西的人就回来了,然后继续左手传右手。在这个基础上,想进一步提升流水线的效率,还有其余方法吗? 还是先来看一个示例。

想象一下,有 10 个人在某条传递路径上,一样物品从第一个人传递到最后一个人所经历的时间,被称为这条传递链的时延。假设每个人从拿到物品到传递给下一个人,需要 1ms 的时间,那么由 10 个人组成的传递链,整个传递链从头到尾传递一次就需要 10ms

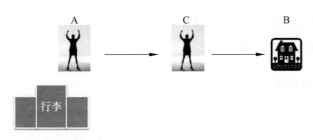

图 8-4 协作搬家图

的时间(该传递链条的时延＝10ms)。那么这条传递链每秒可以传递多少物品呢?

3. 流水线原理

第一样物品从源头传递到目的当然需要 10ms,但是第二样物品在第一样物品到达之后的 1ms(最后一个人从左手传到右手的时间)也到达了,同理后续所有的物品都是相隔 1ms 间距,一个接一个地到达了。那么就可以算出来在 1000ms 内,前 10ms 传递了一样物品,后 990ms 每 1ms 可以传递一样物品,这就是该传递链的吞吐量。这样的话,吞吐量就变为 990＋1＝991 物品/秒。下面有三种方法来优化这种吞吐量。

(1) 降低每个人从左手传递到右手的时间,如降低到 0.5ms,则吞吐量将为 1＋(1000－5)/0.5＝1991 物品/秒,这种方法看来非常有效。

(2) 减少传递链上人的数量,这样可以将第一个物品所需的 10ms 降低。例如,降低到 2 个人,那么吞吐量将为 1(1000－2)/1＝998 物品/秒,这种方法似乎提升并不是很大。

(3) 再增加一条或者多条传递链,多条一起传递,性能将翻对应的倍数。

其实这里的关键点在于,同一时刻内,有多个物品在同时并行向前传递,传递链中有几个人在接力,传递持续稳定之后,同一时刻就有几样物品在传递。所以,上述例子中,并发度为 10,忽略第一个物品传递时一段时间内并行度没有达到 10,所以最终吞吐量的确是 100×10＝1000 物品/秒。准确来讲应该是:吞吐量＝并行度×1000ms/节点时延。并行度就是流水线效率提升的最大秘密。

那么问题又来了,回到最初搬家的例子,如果突然去 B 点的人路上摔了一跤,回到 C 点慢了,此时 A 点送货的人就需要在 B 点暂停,等他回来了再继续。正如流水线的名称一样,一切要道路通畅,中间一旦有阻挡流水就会停滞。

可以明显看到,只要传递链中有处理比较慢的节点,其他节点的处理速度再快也是没用的,处理完了也只能原地等待。那么换一种方式,将 40s 时延的这个人的位置上原地替换为 4 个 10ms 时延的人,吞吐量一下提升了 40/10＝4 倍。这有点神奇了,人多了,吞吐量反而上来了。可以看到,只要将某个物品的全部处理流程细分为若干个小流程,让每一步小流程很快地完成,特别是时延较长的节点特别要进行细化,这样就可以组成一条拥有极高吞吐量的传递链了。

综上所述,流水线生产就是上述传递过程。只不过传递链上的每个角色需要对物品做对应的处理而不是单纯的传递。如第一个人负责把物品做某种装饰,第二个人负责对物品进行盖章,第三个人负责用一张大包装纸对物品进行包装。这就是一条产品加工流水线,整个流水线中工序数量被称为流水线的级数。

8.2.3 流水线生产的特点

1. 专业化程度提高

正如亚当·斯密在《国富论》中对生产扣针的描述那样,一个工人每天至多生产 20 枚扣针,但是严格的劳动分工可以显著地增进劳动生产力。我们以扣针制造为例:抽线、拉直、切截、削尖线的一端、磨另一端、装上圆头、包装等,共分为 18 种操作,都是专门的职业。在有些工厂中,这 18 种操作,分由 18 个专门的工人承担。这样一个由 10 人或者十几个人组成的小组,只需要具备最基本的技能,就能够在一天之内制成 48 000 枚扣针。

亚当·斯密指出,有了分工,同样数量的劳动者就能完成比过去多得多的工作量,其原因有以下三个。

（1）劳动者的技巧因专业而日进。

（2）由一种工作转到另一种工作,通常会损失不少时间,有了分工,就可以免除这种损失。

（3）许多简化和缩减劳动的机械的发明,使一个人能够做许多人的工作。

同时,亚当·斯密还认为,很多专业的机械设备之所以能够被创造出来,全是因为人类把注意力集中在单一的事物之上的缘故,而且反复进行某一项简单的操作,会让工人发明某些对自身更加有利的操作工具。

总之,在一条流水线上一般只固定生产一种或少数几种产品或零部件,每道工序都有固定的工作进行加工,每个工作地只负担 1～2 道工序,重复地进行加工,这就极大地提高了工作人员的专业性水平。

2. 工作连续性加强

在一条流水线上的每个工作地按照劳动对象工艺过程的顺序排列,劳动对象在工序间作流水般的单向移动,生产过程只有良好的连续性,且工艺过程是封闭的,产品的所有工序在流水线内全部完成,所有这一切就保证了产品在加工过程中的移动路线短,时间省。

3. 组间协调性提升

在一条流水线上,各道工序的工作地数目同各道工序单件工序时间的比,以及产品出产的时间间隔相协调,从而保证了流水线上各工序之间生产能力的平衡。

4. 节奏控制力加深

流水线上前后相邻两件同样制品投入或生产的时间间隔作为节奏的节拍。比如某条流水线节拍规定为 6min,则该流水线必须每个 6min 投入或出产一件制品;这条流水线上的各个工作地也都要保证每隔 6min 下道工序提供一件制品。因此,流水线上各道工序的单件工序时间必须等于流水线的节拍和节拍的倍数。

综上所述,流水线的四个特点,将流水线定义为一种物质技术,这些技术运转起来形成一种新型生产模式的必要前提。这些因素使得福特工厂的生产效率实现了质的飞跃,并且在接下来的时间内继续大幅增长。

思考题

1. 流水线生产的特点有哪些?
2. 常规数据标注工厂构架包含哪些区域?
3. 数据标注管理构架在业务上分为几个序列?

第 **9** 章

数据标注工厂的管理

微课视频

9.1 工厂模式管理

9.1.1 数据标注发展的难题

1. 数据标注工作常见问题

数据是机器学习方法的魂,是算法性能的上限,有效的训练数据是模型准确性保证的关键。当前标注数据主要有以下三个方面的问题。

1)杂

标注数据分类体系特别多,图片数据、语音数据和各类网站数据类目有将近上万个分类,覆盖多种不同形式,从汽车图片到网络文章信息都有涉及,很难从标注方法上找到共性。

2)乱

各类标注数据在不同类目上分布极度不合理,先验分布比例差异巨大,比例可能达到1000∶1。

3)差

众多数据类型质量差,尤其是视频类图片或录音类语音数据,文本文字少,很难标识出有价值的语义信息。

2. 数据标注规模的制约因素

1)业务模式

一个好的业务模式能不断拔高一个平台的业务上限,上面介绍的几种常见的业务模式都有各自的优缺点。使用外包模式会带来项目质量难以把控、风险高的问题,因此外包模式只适合承接比较短期和简单的需求。使用众包模式则会造成对数据标注团队的过度依赖,降低整个平台的活力,造成平台现有人力资源的浪费。所以要根据特定业务场景来选择合适的业务模式或根据数据标注发展进行模式创新,比如数据标注工厂,才能更好地完成更多复杂性更高的工作。

2)数据标注团队

再好的模式也都依赖于优秀的标注团队,一个数据标注平台必须要足够的数据标注团队才能承接更多的需求,每个标注团队往往都有擅长的业务类型,我们也需要根据不同团队的特点发放给他们不同的任务。因此平台和标注团队的合适融合,才能形成标注团队和标注任务的良性互动,数据工厂中团队之间的契合度是制约数据标注工厂发展的一个重要制约因素。

综上所述,数据工厂模式和合适的标注团队可以有效保障数据标注工厂规模化、品牌化的发展。

3. 数据标注行业的困境

据业内人士估计,中国全职的"数据标注者"已达到 10 万人,兼职人群的规模则接近100 万。他们中有职高学生,有尝试过 40 份工作的聋哑人,有从工地辗转而来的新生代农民工,等等,正是这些学历不高,每天对着计算机工作 8~10 小时的人们源源不断地为人工智能的发展供应最重要的"数据燃料"。他们这些"人工智能背后的人工",接过父辈手里的铁铲转变成了自己手中的鼠标,推动了标注这个劳动密集型工种的发展,然而这些人员仍然无法满足数据标注行业的高速发展,给数据标注行业带来了各种困境。

1)数据标注花费在人工智能中的占比速度增快

近年来,人工智能应用场景不断落地,数据标注任务量急剧增加,数据标注的成本与需求都在节节攀升,导致人工智能项目中数据标注的占比越来越多。在图片中一秒钟标注一辆汽车,就需要花费一元。标注一段几十秒视频中的汽车,就需要花费几十元。

据市场研究预测,到 2023 年,数据标注市场将达到近百亿级别的规模。随着数据标注成本的增加,人工智能项目将花费越来越多的资金到数据标注行业中,极大地限制了人工智能的发展,同时也给数据标注的健康发展埋下隐患。

2)数据标注团队低素质和非稳定的要求。

数据标注公司会在人工成本较低的地区招人,培训他们进行各类数据标注或改正机器标注中出现的错误。例如,总部在硅谷的公司会在比较偏远的州建立分部进行数据标注;中国会在贵州建立大量数据标注工厂来接收数据标注的外包工作;还有一些公司在非洲国家、印度或者其他人工成本较低的国家设立数据标注工厂,来满足较大的数据标注需求。

这种数据标注人员的收入都较低,造成人员工作普遍具有临时性特征,这种小作坊式的模式很难满足即将到来的大规模集中化标注生产,因此当前数据标注团队的较低素质和非稳定状态将会困扰着数据标注行业的发展。

3)人工标注的效率难以跟上人工智能的开发节奏

人工数据标注的难点主要来源于两个方面:速度与质量。速度慢了就满足不了模型训练的需求，而太快就会影响质量，质量低了就会影响模型的准确性。在资源有限的情况下，速度与质量往往鱼和熊掌不可兼得。数据标注不仅消耗资金，也是训练模型中最耗时的环节，从数据采集到最终标识，很可能要等待一个月的时间，严重影响了开发进度。因此，很多公司开始研究自动或半自动的数据标注，希望尽量减少人力工作，人工标注的效率也制约着数据标注行业的发展。

综上所述，本书作者建议通过两种手段来逐步解决当前困境：机器学习技术和合理的流程。

从技术方面来看，近年来，AutoML(Automated Machine Learning)的概念越来越火，自主调参，自主评估模型，从而缩短模型训练的周期。但是在未来几年里，我们都无法摆脱对人工数据标识的依赖。我们需要找到一种人机共生的方式，将人类对机器的帮助最大化。比如利用机器学习技术进行视觉探测，虽然成本低、速度快，但是往往有一定的错误率。这时，就需要人类介入，告诉机器错在了哪里。机器会记住这些人类提供的回馈信息，进一步训练自己的模型，避免下次在类似场景中犯同样的错误，从而形成了一个循环。

此外，数据标识速度慢和质量低，其实很多时候不是技术的问题，而是流程的问题。数据从采集到产出，首先要被"筛选"，分发到数据标识人员的手上，然后被标识，标识的结果再被传回来，最后需要抽检，保证质量，这些步骤中很多地方都可以存在改进空间。同时大量的数据标注任务集中化后，形成数据标注工厂式的大规模生产，可以充分利用流水线方法来圆满解决标注工厂的效率问题。

9.1.2 数据工厂内部结构

数据标注行业是一个因为人工智能崛起而新兴的行业，该行业从产业链的打造、商业模式、企业管理到团队运营都是需要研究的问题。最基础的标注团队架构应该具备以下四种人。

1. 标注员

这是组成标注公司数量最庞大和最重要的一群人。一批优秀的标注员一定可以事半功倍。那么怎么样的标注员才能算是优秀呢？这里有几个衡量标准。

1）做事细心认真

数据标注的终端是 AI、是人工智能。数据标注的最终数据是为计算机服务的，所以越精细的标注对计算机的训练越高效，这就要求标注员一定要是一个细心认真的人。越细心、越认真，标注数据的精细度就越有保证。

2）较强的观察能力

因为需要标注的数据的场景是千变万化的，会有各种各样复杂的场景出现，这就要求标注员要有较强的观察能力。观察能力越强的人，标注出的物体轮廓也就离物品的真实轮廓越相近，越准确。

3）耐心的能力

因为数据标注在单一的场景中需要重复一个或者几个动作，除去判断，这种重复的劳动是相对比较枯燥的，这就要求标注员有耐心坐得住。越有耐心，能坐得住，标注数据的稳定性就越有保证。

2. 审核员

因为数据标注是一个类似于熟能生巧的行业,一个标注员接触过的标注对象越多,场景越复杂,那么他也就越有可能更快、更准确地判断出复杂场景中的被标注元素,这些都是靠时间和经验堆积出来的。审核员一般都是从优秀的标注员中挑选出来的。作为一个优秀的标注员,这种标注员在审核时会同样把自身对标注的要求传达给其他标注员,这对于提升标注数据的整体质量有很好的帮助带动作用。

3. 项目经理

项目经理主要就是对于项目组的各个成员(包括标注员和审核员)的管理,项目经理最好是能够有一定的 AI 基础。有 AI 基础的项目经理,在和上游需求公司对接的时候能够轻松地进入项目本身,能够更快更准确地了解上游公司标注的具体需求,减少沟通时间的同时,避免因为沟通规则上的误差导致下游标注员重复返工的情况。

4. 运营总监

运营总监严格意义上也就是公司的创始人,运营总监基本上就是奔波于各类 AI 企业和各种 AI 实验室寻找需求方,AI 成为未来的趋势,已经是大势所趋,不论国外还是国内的互联网科技巨头都在布局 AI 产业,从谷歌、亚马逊、Facebook 到阿里巴巴、腾讯、百度、京东都在积极地布局自己的 AI 体系。因此运营总监就需要跟这些 AI 大佬去沟通,从而为团队带来稳定的项目来源,以维持团队的健康发展。

9.1.3 数据工厂外部结构

数据标注行业犹如雨后春笋般蓬勃地发展起来,数据标注行业也由零星的利用闲散时间进行工作的散工形式向着稳定的数据标注团队形式进行转变,以便满足上游客户千变万化的需求,保证在发放任务的时候总是有充足的数据标注员完成工作。数据标注市场目前有下面几种结构。

1. 众包结构

通过众包公司联系到需求数据标注的客户,和客户建立合作关系后,将客户需求传达给合作的大众志愿者,从而形成一个"需求公司——数据标注众包公司——多个大众志愿者"这样一个众包结构。

这种众包结构的优点就是可以组织起社会上的大众志愿者进行数据标注,而大众志愿者不用占用太多的公司资源,劳动力成本相对较低。对于数据标注众包公司费用支出的核心——人工来说,无疑是可以极大地减少公司的运营成本,从而使公司自身在面对需求数据标注的客户时的报价更具有竞争力。当然,众包结构的缺点和优点一样显而易见。

1) 人员不稳定

众包公司需要拥有大量的志愿者基数,由于上游客户的需求可能千变万化,同时客户的需求很大概率都是阶段性的，这就要求众包公司合作的大众志愿者首先自身是稳定的。但是由于大众志愿者就是利用闲散时间进行工作的这种特性，长期稳定的大众志愿者几乎不太可能，这就要求数据标注众包公司必须拥有庞大的大众志愿者团队，形成一个体系，才能保证在发放任务的时候总是有充足的大众志愿者进行合作。

2）沟通成本高昂

而当大众志愿者的数量能够满足任务要求时，我们又不得不面对另一个事实，数据标注众包公司在与需求公司洽谈合作时只能有针对性地进行数据标注类型的选择。如果在选择数据标注项目上普遍撒网，就会面对公司自身需要投入巨大的精力去培训那些不断更迭的大众志愿者。而很多时候公司在大众志愿者合作方面节约下来的成本，其实已经全部转嫁到了公司培训、纠错等诸如此类的沟通环节。

3）数据保密困难

对于有标注需求的公司来说，如果被标注数据都是真金白银获取来的，那么倘若在众包环节众包公司处理不当，很有可能 AI 公司辛苦获取的数据就成了其他 AI 公司的嫁衣。

4）无法给予需求公司灵活的服务

因为大众志愿者有流动性的特点，一旦需求公司改变原有标注需求，数据标注众包公司是没有办法在较短的时间进行调整的。

5）数据标注众包公司的客户群体相对单一

由于大众志愿者的群体特点，数据标注众包公司只能把更多的精力放在需要大批量数据标注，同时标注规则相对简单的需求公司。但是 AI 的训练是一个阶段性的过程，基本上都是：小批量找特征训练——较小批量简单场景训练——较小批量复杂场景训练——大批量训练。在数据标注众包公司砍掉处在第一阶段的 AI 公司和 AI 实验室的时候，其实也就是砍掉了相当一部分潜在客户。

2. 自有架构

有了众包结构里的兼职架构，下面就着重介绍一下工厂自有团队的全职架构。这种结构相较于众包结构形式上要简单一些，省去了中间众包商这个环节，进而形成了一个"需求公司——数据工厂"这样的工厂结构。

相较于数据众包公司，数据工厂的优点就是标注人员稳定，能做到需求方和数据标注方即时沟通，沟通成本大大降低。同时，由于数据是以一对一的形式进行传递的，也大大降低了数据被泄露的可能性。

虽然工厂结构可以有效地规避众包结构中存在的种种问题，但是依旧有很多问题是没办法解决的。

（1）工厂结构公司两极分化。因为各种各样的原因，工厂结构的公司两极化很明显：较大的可以达到上千人，而较小的只有几个人。因为两极分化的原因，市场上就会出现一个很有意思的现象：大的公司很少会去对接短期且数据量较少的项目，因为承接较少的数据量对于一个较大的工厂结构的标注公司来说很有可能都不够公司日常的管理运营成本；反之，小的标注公司可以承接短期数据量较少的项目，但是在大批量数据杀到的时候,又会显得捉襟见肘,难以承接。

(2)人工成本风险较高。首先因为是全职,不论有没有任务,都涉及员工薪酬的发放问题。其次,需求方公司的需求大概率是呈周期性的,就是有可能这周公司有项目做,下周可能就没有了。这就会映射出一个工厂结构的数据标注公司非常尴尬的处境:合同期限内需要完成的大项目可能需要大量人员进行参与,可是一旦合同结束了,公司却又没有找到后续能够进行人员分配的项目,这就会给数据标注公司的运营带来挑战。

9.1.4 主流数据标注团队

1. 内需驱动型平台

内需驱动型的平台很明显,类似于百度、阿里巴巴、京东、科大讯飞等此类公司都会有自身的众包平台,主要目标是完成本公司的业务需求,此类公司主要特点是已经形成了相对完善的供应商体系,对供应商的能力以及评级更精准,流程更完善,自身也有非常实用的标注工具及项目管理系统。也就是说,对标注公司的要求相对要高,分别体现在技术能力要求和管理能力两方面。不同类型不同需要的标注需要学习适应能力以及按时交付、相关管控能力都相对高很多。

2. 业务分享型平台

1)技术驱动型平台

此类平台公司目前也分为两大类:AI技术驱动型公司和数据标注工具技术驱动的公司。AI技术驱动型的公司比较典型的是标贝和爱数两家公司,最开始都是以TTS起家并融资,但目前均下场来做大量的数据标注的生意。而第二类比较典型的就是龙猫和倍赛,主打数据标注工具研发以及半自动化标注工具研发,其核心都是为标注本身提高效率服务。当然这类公司还有好多家,但其有一个相对共同的特点,创建者基本上都是技术出身,在人工智能圈即使不做数据标注也是稍微有些名气或者背景的技术人才。

2)信息分享型平台

信息分享型平台的情况就相对比较乱了,在货币战争里面有一个观点非常适合概括这些公司的打法——“渠道为王”。数据标注行业其本质还是toB的项目服务型的,所以客户本身在发布需求出来的时候就是广撒网多捞鱼的策略,那么此类平台公司也是一样的策略。所以此部分只要是手里握着一手渠道都可以作为一个分享型的平台方来做解决方案,当然不管是个人、还是标注公司、还是平台公司都可以小试牛刀。这部分平台核心是节约了客户对于项目管理的成本的核心问题。

3. 标注公司

在本次排名中真正做标注公司的比较少,即使是第一张图片里面的标注公司,所以这里所陈述的标注公司是指自己来完成标注任务,而非分包到其他做标注的公司或团队的公司。

目前大部分关于数据标注的报道中,基本都会提到数据标注的发展模式倾向于“众包

"十工厂"的模式发展。那么目前占有更大比重的工厂部分的情况到底是什么样的,暂时还没有一个报道可以很清楚地说明情况。

所以如果是标注公司的话,可以在后台留言公司的情况,如果数量可以做分析说明了,单独会写文章介绍相关公司的情况。因为想做成唯一一个标注行业的自媒体公众号,所以会基于数据更客观的展现行业情况,可以填写调研表:数据标注公司调研——用于数据标注公司分析排名。

不管是平台还是公司,目前行业的核心还是 toB 的项目服务型,所以面对项目管理问题时是一致的。不管上层设计如何定位,作为数据标注员的你,核心还是高效高质量及时地交付数据。

微课视频

9.2　客户管理

由于数据标注业务主要应用于大量的人工智能的算法,因此数据标注业务与人工智能算法应用企业紧密相关,而这些如同百度、猿辅导、谷歌等人工智能企业规模往往比较大,业务量比较稳定。然而数据标注技术壁垒较低,相关企业较多,造成行业内部竞争激烈,同时面临着来自自动标注之类技术替代者的竞争。因此,数据标注工厂要想做大做强,持续获取到标注项目,客户就是企业在市场竞争中的重要砝码,掌握客户关系有利于企业拓展市场,增加经济效益,对于客户关系进行有效管理是提升企业核心竞争力的重要渠道。

9.2.1　客户关系管理的作用

1. 有效建立战略合作关系,提升客户稳定性

数据标注工厂转变以往营销理念中的企业与客户的交易关系,利用客户管理构建与客户的战略合作关系,可以使标注工厂从对短期性资源优化配置能力的关注,延伸到对长期性资源优化配置能力的努力上。将数据标注环节延伸到客户,将标注业务融入客户的人工智能应用之中,形成稳定的合作关系。

标注工厂可以依赖这种战略合作关系,在内外部环境发生变化时对团队各个方面进行快速调整,以适应市场需求和竞争等各种变化。数据标注工厂通过客户关系管理可以随时了解客户的构成及需求变化情况,并由此制定企业的营销方向。

2. 优化企业业务流程,提高企业运行效率

实施客户关系管理能够帮助标注工厂分析客户行为对标注收益的影响,对数据标注的业务流程进行优化,即客户关系管理能够使企业跨越系统功能和不同的业务范围,把销售、营销、客户服务活动的执行、评估、调整等与相关的客户满意度、忠诚度和客户收益等紧密联系起来,提高标注工厂的整体运行效率。

3. 掌握客户关系信息,提高客户满意度和忠诚度

通过建立客户关系管理系统,标注工厂将客户的相关信息都掌握在自己手中,这样可

以更好地防止竞争对手抢占客户资源,通过更低的成本,有效地为客户提供个性化的服务,极大地提高顾客的忠诚度。

4. 开拓标注市场,扩展价值客户

由于数据标注业务是一个大客户依赖性较强的项目,因此传统的营销在数据标注营销中无法找到有效客户,具有极大的盲目性。利用客户关系管理能够有效地采集和管理客户信息,利用这些信息,企业可以找到有价值的潜在客户,而不必因处理大量非潜在客户而耗费资源。同时利用客户关系管理分析也更有利于维系客户,提高客户对企业的终身价值,降低客户流失率,有利于牢固地建立其自身核心竞争力,并成为数据工厂发展的长期优势。

9.2.2 客户关系管理的内涵

客户关系管理包含如图 9-1 所示三个层面,即管理理念、商务模式与技术系统,三者相辅相成。其中,管理理念是客户关系管理实施应用的基础,是客户关系管理成功的关键;商务模式是检验客户关系管理成功与否、效果如何的直接因素;技术系统是客户关系管理成功实施的手段和方法。

1. 客户关系管理理念

客户关系管理的核心思想是将企业客户当作企业最重要的资源,通过深入的客户分析和完善的服务来满足客户的需求,体现客户的价值,帮助客户共同成长。其核心理念体现在四个方面,即客户价值的理念、市场经营的理念、业务运作的理念,以及技术应用的理念。

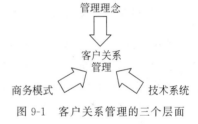

图 9-1 客户关系管理的三个层面

1) 客户价值的理念

客户关系管理是对客户进行选择和管理的经营思想和业务战略,以实现客户长期价值的最大化为最终目的。客户关系管理的理念促使数据标注工厂的商务团队树立全新的客户观念,重新认识客户关系和客户的价值,通过与客户的深入交流,对客户的需求进行全面了解,不断改进标注服务的供应水平,以满足客户不断变化的需求,完成将注意力集中到客户的商业模式的转变。客户关系管理的理念不仅要体现在数据标注工厂高层的管理中,还要体现在所有可能与客户发生关系的环节上,让他们能够更好地与客户沟通,围绕客户关系展开工作。

客户关系管理能够促使企业与客户之间展开良好的交流,同时为企业与合作伙伴共享资源、共同协作提供了基础,能够与不同的客户建立不同的联系,根据客户的特点为其提供个性化服务。

2) 市场经营的理念

客户关系管理要求企业在经营中,包括市场定位、市场细分和价值实现的各个环节,都做到以客户为中心。客户是企业最重要的一种资产,客户满意度会直接影响企业获得的利润。因此，企业要想在市场上获得更多的利润，就需要做好对现有客户的管理，以及对潜在客户的挖掘和培养。面对日益激烈的竞争，满足客户的个性化需求是企业提高资产回报率的必然选择。

3）业务运作的理念

客户关系管理要求企业做到以客户为中心，体现在具体的业务活动中就是要求企业要广泛地搜集、整理和分析每位客户的信息，针对客户的不同需求为其提供个性化的服务，比如做自动驾驶的客户与做搜题业务的客户，在对标注要求和业务流上将会有着各自的区别。此外，客户关系管理要动态地观察和分析客户行为对工厂收益产生的影响，从而优化工厂与客户的关系，以提高工厂盈利能力。

4）技术应用的理念

客户关系管理的理念要求企业在做到以客户为中心的同时，还要求商业运作过程要实现自动化，并依靠先进的技术平台支撑和改进业务流程。首先，在实践中，需要有一个技术方案来实现企业新的商业策略，让客户关系管理的理念在全企业范围内实现协调、信息传达和责任承担；其次，由于业务流程整合和满足客户期待的需求，还要在这些进程中重视企业中信息技术的支持和应用；最后，当前信息技术领域的进步最终都会汇集到改进业务流程这一焦点中，使客户关系管理的重要性和时效性不断得到加强。

2. 客户关系商务模式

商务模式作为一种以改善企业与客户之间关系为目的的新的管理机制，区别于传统的静态商业模式，使标注工厂在市场竞争、销售和客户服务等环节形成了全新的、动态协调的关系实体和持久的竞争优势，以此为客户资源实现最优化的管理。

1）市场营销

对传统市场营销行为与流程的优化和自动化是客户关系管理中市场营销的重要内容。在客户关系管理的市场营销中，实施的是个性化和一对一的营销方式，电话、网站、E-mail、QQ、微博、微信和社群等实时营销方式的运用，让客户能够以自己喜欢的方式在方便的时间获得自己想要的信息，为客户创造更好的体验。

2）客户服务

在客户关系管理模式中，客户服务是最关键的业务内容，特别是对于数据标注工厂，稳定的客户源是企业获得的利润而非成本来源。与传统帮助平台相比，企业所能提供的客户服务更加丰富和广泛，因为只有为客户提供更快速、周到的优质服务，才能吸引和保持更多的客户。所谓优质的客户服务，就是能积极、主动地处理客户提出的信息咨询、订单请求、订单执行情况反馈等问题，以及为客户提供高质量的现场服务。

3）决策分析

客户关系管理具备挖掘客户价值的分析和决策能力，通过全面分析客户数据，规范客户信息，分析客户需求，为工厂提供潜在消费的优先级定位，评估客户所带来的价值，提供管理报告以及完善各个环节业务的分析，让团队领导者全面权衡信息，做出及时、准确的商业决策。

3. 客户关系的技术系统

客户关系还需要实现电子化、自动化运营目标的过程中所创造并使用的先进的信息技术、软硬件和优化的管理方法、解决方案的总和。可以为工厂建立涉及销售、市场营销、客户服务以及支持应用等信息技术实现客户业务流程的自动化软件系统。

9.2.3 客户关系管理的实施

优秀的客户关系管理可以为工厂带来更多的业务，创造更大的价值，使工厂在市场竞争中更具优势。具体实施步骤有下面几点。

1. 确立关系管理计划

满足客户关系需求的能力取决于以下几点。

（1）目标——确定通过客户关系管理需要实现的目标及这些目标是否要求对客户关系进行管理。

（2）战略——目标转化成主要政策。

（3）政策和行动计划——战略转化成现实工作。

（4）过程和程序——员工工作的流程准则。

（5）资源——为实现不同的政策而配置资产。

（6）员工——员工对关系管理影响极大。如果错误地分配、管理或培训员工会给客户关系造成毁灭性影响。

（7）计划过程——通过具体的政策及程序的运行使计划过程与资源的配置状况相适应以达到目标。

（8）系统——将适当的资料在适当的时间提供给适当的人，能使供应商的管理过程有效运行。

（9）控制——监控各项主要运行指标的能力。

2. 组建客户关系管理团队

根据之前确定的目标来组建团队，从以下几个方面来处理。

1）关系中的准则和界限

组建团队率先要列出客户关系管理守则，该守则是关系管理中最基本的一部分内容。供应商所看到的一整套程序就应该被当作标注工厂与客户相互影响中的客户守则。如果遵循这个守则，就能有效地管理与客户的联系点，能使客户觉得与工厂的联系结果更有预见性，同时可减轻压力。

2）确定关系管理团队领导者

关系管理领导者的首要作用就是明晰对客户和组织本身的认知。同时要能向工厂管理者提交结论和关系管理费用预算的依据或是满足其他一些基本目标。还可能要论证问题的严重性或是说明竞争机会。

3）理顺客户知识

要将关系管理团队的关键重点转变为从客户方面得到信息反馈；把一个适当的过程来引导、消化信息反馈；从信息反馈中找出改进关系管理的机会；使关系管理茁壮成长。

3. 客户信息管理

在关系管理计划过程中必须考虑到客户及其需求方面的信息。制作客户资料卡，包括客户的基础资料、交易资料、经营现状等相关信息卡片。通过对客户本身的信息和资料的管理，从而达到在"传递战略"和使客户更明了的计划方面，能够快人一步。客户信息管理中的信息采集来源于多种途径，其中包括：

（1）正式的市场调研和观察。

（2）客户反响、询价、交易记录等。

（3）客户从其他供应商那里购买什么。

（4）客户的满意度和偏好。

（5）来自于直接面对客户的员工的信息反馈。

4. 分析客户信息，建立绩效指标体系

该过程要能分析客户与本公司的交易状况、客户等级、客户信用调查。同时为关系管理团队建立绩效指标体系，将财务、技术和关系管理指标有机协调，调动工厂资源。通过绩效体系来协调每组人员对关系管理的影响力，比如财务人员可能因催收账款而使客户疏远；工程技术服务人员可能因为服务质量而引起客户的不满意；销售服务人员可能对因为态度问题形成对关系管理的不利影响等。

9.2.4 客户关系管理技巧

客户关系管理中最重要的管理技巧就是沟通。

1. 沟通的基本模式

"良好的沟通能力，是以高度发展的个人自觉及差异为核心的。优秀的沟通者知道自己内在的作用和他人外在的作用。"最简单的结构中，有 5 种基本的状态，任何沟通的行为都可以归属其中。

1）传达

当你发电子邮件或者在语音信箱留言时，就是在给某人传达一条信息。这并不表示他已经读了或者听了，只是说明信息已脱离你手，目的是到达另一人手中。有了电子邮件和互联网，很容易传达信息，但无法保证有人读了它。例如，张明说："王梓，你读懂我了吗？"（张明没有收到任何回应。）

2）收到

当某人检查他的电子邮件或签收联邦快递的信件时，消息就已被收到。然而，收到并不表示消息被打开，收信者有意读取或者花时间试着了解。虽然电子邮件的阅读回执，可以告诉你邮件已被打开，但是却无法确认其他事情。例如，王梓回应："张明，你好，我读

了。"（传达的消息已被接收和认可。）

3）理解

正确消化和解读信息的消息，在结果上是从简单地接收消息到向前的大跃进。必须发生实际的认知活动，才能理解某些事（"这意味着什么？"），然而收到却并不需要有相同的活动（"嘿，我收到了一些电子邮件！"）。理解一条消息也许需要时间。通常，接收需要提出问题，来理清原始消息（这会让简单的 5 阶段结构变得很复杂，形成同步嵌套的沟通树，因为每个问题和每个回应都会开始各自的传达、收到和理解等顺序）。张明问，"王梓，打开那个门。"王梓回答，"对不起，张明，恐怕我不能那么做。"王梓明白张明的意思，但是却不同意那么做。

4）同意

一个人理解某些事并不代表他同意这些事。最终版本发布大的之前一天，我可能完全理解主管所提要求的每个方面，把我们只能在 macOS 上运行的视频编辑程序移植到 Linux 上，但这和我认为这个想法有多疯狂没有关系。两个聪明、固执己见的人之间要达成协议，是一项非常复杂而耗费时间的活动，尤其是如果没有清晰地说明反对理由的情形。尽管这很困难，同意是做出会影响团队决策的基础。张明说，"你在说什么，王梓？"王梓回答，"这个任务对我太重要了，以至于我不允许你破坏它。"张明无法和王梓达成一致意见，门仍然关闭着。

5）转换成有用的行动

尽管正确理解事情要花很多精力，也许可以对此达到某种程度的同意，但是要让某人就此做些什么，则需要花费更多精力。即使消息明确地要求接收者要采取行动，但是通常他没有严格的义务要这么做。也许他认为下周或下个月满足这项需求就可以了（但你需要在下个 10 分钟内完成这件事）。或许更糟糕的是，完全有可能采取了行动，但却是错误的行动；或者，那个行动是传送消息者所不同意的。即使张明说服王梓他应该开门，也只有到王梓做了或者同意了，事情才能如期发生，否则，张明还是会无助地处于空间中。

优秀的沟通者会考虑如果要有效，这 5 步骤模型要多深入才好，并且他们会精心沟通以使其成为可能。他们会使用对接收者有意义的语言和例子，而不是只用对他们方便的东西。另外，在消息中，他们会澄清可能有争论的观点，并明确他们希望接收者采取什么行动来回应。

2. 常见的沟通问题

这份简短的列表包含很多常见的沟通问题，其中简略地描述了问题发生的原因，并提出一些简单意见，来避开问题，或者从中恢复。

1）假设

当你走进某人的办公室，问他为什么还没发出那封重要的电子邮件时，你其实是在假设：① 他知道应该发；② 他知道什么时候发；③ 他理解其中的内容是什么；④ 他发了之后应该以某种方式通知你。对着那个人（我们叫他孙明）或者责备之前，良好的沟通包括澄清这些假设。"孙明，你把那封电子邮件发出去了吗？"孙明回答说："什么电子邮件？""孙明，你还记得昨天我们在门厅里谈的事吗？你确定你会做的呀？""哦，对，我几分钟之前发了。"良好的沟通习惯在讨论的关键点上澄清假设，比如，有人做了承诺时，在期限之前，再跟他们确认一次。

2）不够明确

世上没有任何一条法则，仅仅因为你理解你自己所说的，就要求其他人也理解。无论你多么雄辩，如果其他人无法理解你，你对手边的情况就不算有足够的说服力（就像"不是你说什么，而是他们听懂了什么。"）。自然的补救方法就是退一步，慢下来，把想法分成更小的部分，直到能说清楚为止，然后再从这里开始慢慢构建起来。找个故事情节或类推，给出一个粗略的结构让众人能领会，然后再加上细节，直到不再需要类推为止。

3）没有倾听

在电影 *Fight Club* 中，主角 Jack 在谈到他最近参加的众多扶助组织之一时说："他们真的在听我说，而不是只等着他们下次说话的机会。"我们天生就不是好的听众，我们倾向于听到自己的声音，而不是别人的声音。更糟糕的是，即使别人对着我们说话，我们通常在计划着下一轮的回应——以继续我们原先的论点——而不是倾听他人的观点。（这个问题的极端形式就是，当某人和你说话时，你也不注意听，只是在读你的电子邮件。尽管有可疑的观点说你精通处理多任务，但仍然会传达负面消息给那个正在和你说话的人："你不值得眼对眼接触。"）补救的方法就是一定要承认存在别人知道一些你不知道的事情的可能性。你的目标不是逼迫他们进入战斗状态，而是让项目实现最好的可能结果。

4）独裁

没有倾听的邪恶双胞胎就是独裁。进行独裁的人只会下命令，甚至连假装倾听也不会。任何对命令的异议都会被拒绝，或者报以嘲笑，仿佛这个命令是非常明显的，不需要解释（"你是什么？这么愚蠢？"）。这不是沟通的行为，因为这完全违反之前提到的框架：没有试着达成理解。下达命令应该是一种例外。尽量在众人有权提出好的问题、对你的逻辑提出挑战的环境中做出决策。

5）问题错配

沟通会掩盖掉很多其他问题。只有当我们和某些人沟通时，他们才有机会表达他们对其他问题的感觉。对要求所做的响应，可能是一种情感的表达，和特殊要求没有什么关系（"嘿，你能阅读这份规格说明书吗？""不！绝不！让我先去死好了！"）。可能有另一个关于决策的没有解决的问题，对这个决策他还没有表达。如果双方都没有认识到有很多不同问题都伪装在单一问题之下进行讨论，这样的讨论很难解决问题。要有人把它们区分开来："等一下，我们在这究竟谈论什么？如何编写这个功能的程序代码？你为什么没得到你想要的提升？"

6）个人/人身攻击

当某一方把讨论从问题转向个人时，情况就变成针对个人的问题。这就是所谓的人身攻击（针对个人的）。例如，陈凡可能会说他没有时间，孙明就回应说："那是你的问题。你怎么总是没有时间查看测试计划？"这对陈凡很不公平，因为他不仅要保卫他的意见，还要保卫他自己的行为。人身攻击是廉价炮弹。通常，采用廉价炮弹的人是感觉易受伤害的人，他们把这种攻击看作赢得争论的唯一方式。这要靠一个更成熟的人（或者也许靠陈凡自己）介入，把这些问题区分开来。

7）嘲讽、奚落和指责

当某人有了新的想法时，无论他选择和谁分享，都容易使自己受到攻击。这需要一种信赖感，以保持乐于帮忙和诚实。如果在沟通重要但使人不愉快的信息的过程中，他一直被奚落或指责，他就不会再这么做了。对某个问题的第一反应不应该是"你怎么会让它发生？"或者"你知道这完全是你的错，明白吗？"。

3. 沟通加强人际关系

当今，沟通虽然仍然十分重要，但在沟通重点上却发生了一些改变。首先，速度不再是主要的问题（你怎么能比即时传递信息更快呢？）。相反，问题变成了沟通的质量和效力。其次，对那些复杂的工作而言，沟通是不够的：在那些一起工作的人之间，需要有效的人际关系。和军队的军事指挥结构不同，大多数软件团队依赖同级的相互作用和其他，而不是依赖阶级驱动的人际关系。虽然通常都明确有领导，有时也会下达指令，但是项目主要依靠团队利用彼此知识、分享想法和同步工作的能力（不同于依赖权限高低、严格的纪律和强制遵守命令不能质疑的情况）。因为项目经理花很多时间和每个人和小组沟通，比起团队中其他人，他们对有效沟通承载了更多的责任。如果团队的社交网络健康，就能避免变成另一座巴别塔，那么，项目经理就是建立并维护这个网络的最自然人选了。

9.3　标注人员管理

9.3.1　标注人员类型和要求

数据标注是一个需要大量人工参与的工作，所以需要通过合理的管理架构对人员进行管理，以保证工作能够有条不紊地进行。传统手工数据标注中的用户角色可以分为以下三类。

1. 标注员

负责标注数据，通常由经过一定专业培训的人员来担任。在一些特定场合或者对标注质量要求极高的行业（例如医疗行业）也可以直接由模型训练人员（程序员）或者领域专家来担任。

1）基本要求

（1）职责描述。

① 快速学习掌握语义业务功能，掌握司法知识和标注平台、工具功能。

② 进行日常语义需求的标注、问题反馈及需求总结。

（2）任职要求。

① 语言学、法学相关专业，有较好理解能力。

② 熟练使用办公软件。

③ 学习接收能力强，工作认真细心，责任心强，有团队意识，有一定的抗压能力。

2）高级要求

（1）工作职责。

① 深入理解和分析金融、保险、物流、证券等行业数据，并负责完成数据生产、标注、维护。

② 数据标注及检查：对不同项目所需的标注数据进行情感标注、关系判断需要根据语句判断两个实体及它们之间的关系是否准确。

③ 能依据产品需求，对标注数据进行总结、分析，定期总结标注经验，提供标注工具的使用完善建议。

④ 对接算法研发同事及数据标注人员，确保数据标注人员输出满足算法研发需求的数据。

（2）任职资格。

① 专科及以上学历，语言学、信息管理、中文信息处理等方向优先。

② 熟练使用办公软件，擅长 Excel 最佳，大数据和算法是加分项。

③ 语言表达流畅，能理解数据需求，善于发现问题并及时反馈，具有敏锐的数据分析能力，办事踏实认真仔细。

④ 具备敏捷的观察、判断能力，以及逻辑思维能力，具团队合作精神，有强烈的责任心和敬业精神。

（3）优先条件。

① 有保险电话客户从业经验优先。

② 相关项目经历：词库、知识库建设等。

③ 对词库、知识库建设，信息分类整理方向有浓厚兴趣。

3）重点要求

很容易就可以看出要求的不同，当然也很客观地体现在薪资上了，所以如果想从事相关工作的人一定能要理解要面试公司的需求。在这里可以分析出以下几个关键词。

（1）深入理解（对场景的深入理解）。

（2）标注和审核（最基本的需求）。

（3）可以依据产品需求（可以根据场景来处理数据）。

（4）能与算法研发和标注员对接（能把场景需求和算法之间关系进行转化）。

（5）专科及以上学历（这个也是很关键的点，也是新毕业同学的机会所在）。

2. 审核员

负责审核已标注的数据，完成数据校对和数据统计，适时修改错误并补充遗漏的标注。这个角色往往由经验丰富的标注人员或权威专家来担任。

1）基本要求

（1）岗位职责。

① 负责环视项目素材的采集和整理。

② 有效地执行测试用例，提交测试报告。

③ 准确地定位并跟踪问题，推动问题及时合理地解决。

④ 欢迎应届毕业生投递；此岗位有毕业后留任机会。

（2）岗位要求。

① 计算机及相关专业专科以上学历。

② 熟练操作计算机和 Excel，工作态度严谨。

③ 逻辑思考能力强，有良好的学习能力。

④ 对软件测试领域发现、分析和解决问题有浓厚的兴趣。

⑤ 责任心强，工作积极、主动，注重总结。

⑥ 有代码基础者优先，熟悉 MongoDB 数据库搭建语言，熟悉 Linux 系统下 C 编程优先。

2）高级要求

（1）岗位职责。

① 负责人工智能深度学习算法的测试计划、测试用例的编写和测试执行。

② 负责人工智能深度学习算法的数据标注和审核。

③ 负责人工智能数据标注工具的编写。

④ 负责常规的数据测试和标注人员的管理、监督工作。

（2）任职要求。

① 本科及以上学历，电子、自动化、通信、计算机类相关专业毕业。

② 负责人工智能深度学习算法测试和 SDK 应用测试工作。

③ 负责人工智能深度学习数据标注规划以及审核等工作。

④ 熟悉 Python 语言，能自己编写一些标注工具者优先。

⑤ 具有快速学习能力和团队合作精神，善于交流。

3. 管理岗

负责管理相关人员，发放和回收标注任务。数据标注过程中的各个角色之间相互制约，各司其职，每个角色都是数据标注工作中不可或缺的一部分。此外，已标注的数据往往用于机器学习和人工智能中的算法，这就需要模型训练人员利用人工标注好的数据训练出算法模型。而产品评估人员则需要反复验证模型的标注效果并对模型是否满足上线目标进行评估。

1）岗位职责

（1）对 AI 业务数据标注和采集项目的完整生命周期负责，建立完善的标注和采集的流程，推动业务向规范化和规模化方向前进，定期对服务的项目进行总结和经验提升。

（2）负责深入挖掘客户的需求并确认，和客户进行充分的沟通，保证项目的质量和进度，有效地控制项目风险，完成交付，提高客户满意度。

（3）参与数据标注和采集业务的运营和决策，为该业务线总监提供强有力的支持，包括流程化管理、标注人员素质提升、第三方渠道维护和开发等一系列业务方面的工作。

2）岗位要求

（1）对人工智能行业的算法情况有一定的了解，掌握主流的文本、音频、图像方面对标注类型、质量管控等方面的要求。

（2）具有数据标注和采集行业的服务经验 2 年以上。

（3）有较强的统筹协调能力，做事细致，认真负责，具有良好的抗压能力和快速应变能力。

综上不管是基础岗位还是技术岗、管理岗位，对于能力的需求都非常明显，如果想从事相关工作，一定要会的能力也显而易见，可以借鉴以上的需求对应学习。

9.3.2　标注人员职业素养

数据标注的应用场景很多，如自动驾驶、智能安防、智慧医疗、工业 4.0、新零售、智慧农业等。这些标注出来的数据应用于训练机器学习或深度学习模型，以形成可靠的人工智能算法。这就需要每一种类型的数据标注都有一套完整且严格的标注规范，并要求一定的正确率。任何新行业的发展都需要有大量的精力投入。数据标注员做的工作相当于每个点，当所有的点汇集起来将发挥巨大的作用。所以在进行数据标注时，要求数据标注员有一定的工作能力和较高的责任心。一个团队或个人想申请或参与到某项数据标注项目时，首先要进行试标，若试标不合格，则无法申请或参与到数据标注项目中。

首先，数据标注的最终数据是要为计算机服务的，所以越精细的标注数据对算法的训练越有效，这就要求数据标注员一定要有细心、责任心和认真的工作态度。其次，算法模型需要大量的场景和数据，一个算法模型往往需要上百万的标注数据来进行学习，而且每个场景可能出现多种要标注的数据，这就要求数据标注员要有耐心。数据标注工作是一份比较枯燥且重复的工作，数据标注员需要重复对一些场景进行标注，因此具备足够的耐心是一个标注员必备的素质。

数据标注员需要具备哪些职业素养才能做好数据标注工作呢？下面通过互联网上关于数据标注员岗位的要求及数据标注类项目协议的部分内容，来了解数据标注项目对于数据标注员的职业素养要求。

数据标注职业技能等级分为三个等级：初级、中级、高级，三个级别依次递进，高级别涵盖低级别职业技能要求。

1. 初级

对数据标注有基本的认识和理解，掌握简单任务的目标及基本标注原则和方法，能够通过学习给定标注指南，完成特定的数据标注任务。

2. 中级

对数据标注具有较深入的理解，掌握常见标注任务的目标及基本标注方法，不仅可以快速学习给定标注指南，高质量地完成数据标注任务，还要能够承担一定的项目管理职责，辅助管理者或培训师实施培训或答疑解惑并能够在这一过程中，对标注指南提出改进意见，和项目管理者进行有效沟通，提升整个项目的质量和效率。行业内大部分从业人员都将处于这一级别。

3. 高级

深入了解标注行业和需求,掌握一定的人工智能理论和实践经验,具备一定的算法意识,能够在标注平台设计中给出优化建议,能够按照规范实施标注任务并达到免检水平,可以针对标注任务进行有效的需求分析,把握标注原则并针对特殊情况做出恰当处理,同时能够主持或参与标注指南和标注体系的制定和完善。高级数据标注人员主要从事标注全流程的把控以及标注项目的管理工作。

9.3.3 标注人员培训管理

数据标注是劳动密集型工作,熟练人力相比新人效率可以高达 10 倍,而且数据标注工作技术门槛不高,因此应在培育"内才"上下功夫,建立一支适应工厂发展的人才队伍。

1. 岗位锻炼育人

岗位锻炼要遵循"以人为本"的指导思想,以个人能力的开发为主,突出广大员工的创新能力和开发能力。按照员工岗位成长路线图,引导员工将个人成才愿望与企业的长远发展有机结合起来,形成共同愿景和核心价值观。进一步加大选拔优秀的标注人员到基层管理岗位进行锻炼、在岗位实践中锻炼人才,培育技术和管理的复合型人才。

2. 科技攻关育人

广泛运用多媒体、课件、VR 等高科技手段打造的虚拟培训空间或者直接以现场为课堂,对员工进行技术培训,使员工掌握数据标注的基础知识,能够在工作中熟练应用科技含量高的设备和软件平台。在此基础上,充分发挥骨干员工的领军作用,组织广大标注人员开发新流程,研制新平台,并从中锻炼和培养优秀人才、拔尖人才。

3. 专业培训育人

1) 短期培训与长期培训相结合

要理论辅导与实际操作相结合,短期与长期培训相结合,大力营造学习工作化、工作学习化、学习成果化的浓郁氛围,不断提升员工的业务技能和技术水平。

2) 培训教育和技能竞赛相结合

根据标注工作实际需要,拓宽培训教育内容,创新培训教育方法,增强培训教育效果,并将员工培训教育工作和技能竞赛紧密结合起来,不断提高员工的学习能力、适应能力、创新能力,同时突出对技术人员和班组长等一线职工的培训教育,努力打造一支结构合理、技术高超、思维创新的技术型、复合型、知识型的员工队伍。

3) 导师指导和技术交流相结合

积极开展"导师制""师带徒"等传帮带活动,重点选择关键岗位和紧缺工种选拔部分名师以及有培育前途的徒弟,明确具体的帮学内容和目标,加强技术交流、技术推广,培养和造就一批掌握绝技绝活的员工,加快人才结构从"技术高峰型"向"技术高原型"转变。

4）岗位轮换和专业学习相结合

岗位轮换是指通过有计划地安排标注员工在不同岗位担负不同种类的工作，以开发员工多种能力，使员工更全面了解本工厂不同的工作内容，调动员工的工作热情和积极性，增强知识更新的紧迫感，获得各种不同的经验，也为工厂各部门沟通协调起到润滑的作用。

5）组织建设和文化建设相结合

深入开展好企业文化创建活动，为职工创造一个有利于发挥创造力、锤炼创新精神、敢于创新竞争的文化环境。要引领员工在创建学习型组织活动中，充分发挥主观能动性，大力倡导"学习终身化、学习社会化、工作学习化、学习工作化"等科学的学习理念，切实增强各级员工终身学习、岗位成才的意识。为员工提供一个公平竞争的平台，营造出尊重人才、爱护人才的良好氛围，努力创建以下类型的团队。

（1）真情、真心、真话，充满亲情温馨"家庭式"的团队。

（2）安心、省心、舒心，展示才华智慧"舞台式"的团队。

（3）诚信、诚实、成功，公平竞争协作"赛场式"的团队。

（4）学习、民主、文明，积极进取创新"学校式"的团队。

9.3.4　标注人员行为管理

1. 行为制度

人才行动积极性是各企业面临的一大现实问题，企业如何消除人才的"人在曹营心在汉""这山望着那山高"等见异思迁的心理和人才"跳槽"现实的形成，让人才始终像一台"永动机"，一如既往，痴心不改，永远焕发生机与活力呢？这就需要建立健全人才机制，这是人才强企的关键和基础。

1）建立科学合理的薪酬激励机制

薪酬管理是人力资源管理中最难的一个环节，一方面是员工都希望自己获得企业的认可，得到较高的收入；另一方面企业需要降低成本。如果企业在薪酬制度中能充分体现这两方面的因素，将有利于提高员工的工作积极性，促进企业进入期望—发展的良性循环；另一方面，加强内在基于工作任务本身的报酬奖励，如对工作的胜任感、成就感、责任感、受重视、有影响力、个人成长和富有价值的贡献等，这些内在报酬可以让员工从工作本身中得到最大的满足，企业能把员工从主要依赖好的薪酬制度转换出来，而让员工更多地依赖内在报酬。这也使企业从仅靠金钱激励员工中摆脱出来。

2）建立科学化的人才评价机制

牢固树立人人都可以成才的"大人才"观，坚持德才兼备原则，把品德、知识、能力和业绩作为衡量人才的主要标准，建立以业绩为重点，由品德、知识、能力等要素构成的各类人才评价体系。

加强人才评价的基础工作，逐步建立起各类人才库，建立职工个人成才档案，做好各类人才分层次、分阶段的档案管理工作。对于工厂管理人才要突出群众认可、创新精神、创业能力和出色业绩的评价；专业技术人才要突出专业水平、技术创新能力和技术成果转化应用效果的评价。

3）建立市场化的人才配置机制

建立和完善人才资源优化配置机制，努力形成"人尽其才、合理流动、短线引进、综合利用"的人才资源配置格局，以公开、竞争、择优为导向，推进人才的柔性管理。充分发挥人才市场在人才资源配置中的作用，及时沟通人才需求信息，定期开展内部人力岗位轮换交流活动，促进各岗位之间的人才交流、人才互动通过岗位轮换，形成有利于人才合理流动的配置机制。

4）建立多元化的人才激励机制

突出"以人为本"的指导思想，切实把用事业留人、用感情留人、用适当的待遇留人落到实处，针对各层次、各类人才的不同心理需求和自身价值实现的不同期望形式，研究符合人才个性和群众特点的激励方法和手段。重点完善薪酬激励制度、职务职称晋升制度、荣誉表彰制度。注重发挥教育培训在人才激励中的作用，把有限的高级教育培训资源向各类优秀人才倾斜，充分调动广大职工的成才积极性，切实落实改善一线人员的薪酬待遇及职业成就感。

2. 实施管理

数据标注工厂为了防止数据泄露，需要对工厂内人员的行为进行管理，这需要使用视频监控系统以及门禁管理系统。

1）视频监控系统

标注工厂需要安装视频监控系统对标注工厂内的人员行为进行视频监控，此举可以通过观察工厂内人员的行为，预防工厂人员窃取数据或在数据泄露发生后侦查发现嫌疑人踪迹。

2）门禁管理系统

通过视频监控系统可以监控工厂内人员的行为，而通过门禁管理系统则可以有效地防止无关人员流窜至项目组内。各项目组必须安装独立的门禁管理系统，对项目办公区域的准入人员进行管理，只有项目的参与者才能够通过身份识别进入项目办公区域进行办公，减少无关人员，可以有效降低数据泄露风险

9.4 订单管理

在接到数据标注项目订单后，为了更好地保证订单及时交付，需要对订单的实施进度进行管理。首先需要确认该项目负责人，然后根据项目评估报告将任务分配给相关数据加工小组，并根据任务时间要求计算每日任务指标。参与项目的数据加工小组由组长根据被分配任务量进行组员任务的分配，并由小组长负责小组组员任务进度管理。

每日各任务小组的小组长需掌握组员当日任务完成情况，经过统计后计算出小组当日完成效率。项目负责人将各小组的完成效率进行汇总即可得出整个项目的完成效率。项目负责人可以通过各小组完成效率了解是哪些小组出了问题导致项目完成进度落后，通过进度管理能够及时发现问题并解决问题，从而保证项目进度。订单管理流程如图9-2

所示。

图 9-2　订单管理流程

（1）为保证订单及时交付，需要对订单的实施进度进行管理。

（2）项目负责人根据任务要求合理分配任务。

（3）小组长每日统计本组当日完成情况。

（4）负责人统计整个项目的完成效率。

（5）对进度落后的小组分析原因，及时解决问题保证项目进度。

思考题

1. 制约数据标注工厂规模的因素有哪些？

2. 说出数据标注工厂最基础的人员结构。

第 **10** 章

数据标注工厂的项目管理

10.1　数据标注项目管理基础

微课视频

10.1.1　项目管理组织架构

　　人类为创造独特性的产品、服务或成果而进行集合性工作时形成众多的组织形式,不同组织形式会直接影响项目调配的资源有效性和项目的执行方式。组织结构对项目的影响如表 10-1 所示。

表 10-1　组织结构对项目的影响

项目特征	职能型	矩阵型			项目型
		弱矩阵	平衡矩阵	强矩阵	
项目经理的职权	很小或没有	小	小到中	中到大	大到几乎全权
可用的资源	很少或没有	少	少到中	中到多	多到几乎全部
全职在项目工作的百分比	几乎没有	0～25%	15%～60%	50%～95%	85%～100%
项目预算控制者	职能经理	职能经理	混合	项目经理	项目经理
项目经理的角色	兼职	兼职	全职	全职	全职
项目经理任务的常用头衔	项目协调员/项目领导人	项目协调员/项目负责人	项目经理/项目主管	项目经理/计划经理	项目经理/计划经理
项目管理行政人员	兼职	兼职	兼职	全职	全职

1. 职能型组织

　　职能型组织是一种层级结构,每位雇员都有一位明确的上级。人员按专业分组,各专业还可以进一步分成更小的职能部门。在职能型组织中，各个部门相互独立地开展各自项目工作。如图 10-1 所示，一个项目可以作为公司中某个职能部门的一部分，而这个部门应该是对项目的实施最有帮助或最有可能使项目成功的部门，该部门的负责人就是这个项目的行政上级。

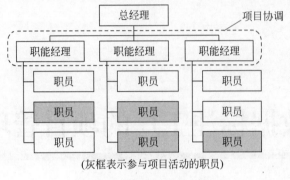

(灰框表示参与项目活动的职员)

图 10-1　职能型组织架构图

1）该架构的优点

（1）职能部门可以为本部门的专业人员提供一条晋升发展的途径。

（2）对于人员调度具有较大的灵活性，只要选择了一个合适的职能部门作为项目的上级，该部门就能为项目提供它所需要的专业技术人员，并在工作完成后又可以回去做他原来的工作。

（3）技术专家可以被该职能部门下的不同项目组所共用，可以有效地提高资源利用率。

（4）在人员发生变动时，职能部门可作为保持项目连续性的基础。

2）该架构的不足

（1）职能部门的工作方式通常是面向本部门活动的，而项目采取的工作方式必须是面向现实问题的。

（2）项目任务仅仅被视为参与人工作的一部分，参与人的工作动机不足。

（3）在职能型组织中，项目经理只负责项目的执行部分，职能部门的相关领导则负责项目的资源调配，因此可能会出现项目权责不清、协调困难的局面。

（4）职能部门有自己的核心常规工作，有时为了满足自己的基本需要，对项目的责任就被忽视，尤其是项目给单位带来的利益不同时，容易使得该项目和客户得不到应有的关注。

（5）技术复杂的项目通常需要多个部门的共同合作，但职能型组织结构在跨部门之间的合作与交流方面存在一定困难。

2. 项目型组织

项目式组织结构如图 10-2 所示，是将项目从公司组织中分离出来，作为独立的单元来处理，每个项目组中拥有自己的技术人员和管理人员，项目经理是项目型组织的最高管理者，拥有很大的自主性和职权，进行资源调配和项目管理。在项目型团队中团队成员通常集中办公,组织的大部分资源都用于项目工作,有时鉴于实际情况也可采用虚拟协同技术来获得集中办公效果。项目型组织中包含多个"部门"或"小组"的更小组织单元,直接向项目经理汇报为各个项目提供支持服务。

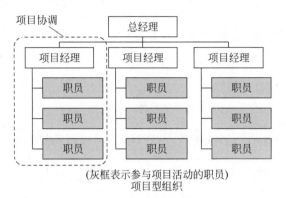

(灰框表示参与项目活动的职员)

项目型组织

图 10-2 项目型组织架构图

1)项目型组织的优点

(1)项目组织的所有成员的唯一任务就是完成项目且只对项目经理负责,避免了多重领导,项目成员无所适从的局面。

(2)项目的目标是单一的,项目组成员能够明确理解并集中精力于这个单一目标,团队精神能充分发挥,项目及小组的共同与个人职责比较明确。

(3)项目团队重点集中,项目经理对项目全权负责,可以调用整个组织内部与外部的资源去运行项目。同时权力的集中加快了决策速度,使项目组能够对客户的需要和高层管理的意图做出更快的响应。

(4)由于项目从职能部门中分离出来,使得沟通途径变得简洁,易于操作,在进度、成本和质量等方面的控制较为灵活。

2)项目型组织的不足

(1)项目团队自身是一个独立的实体,容易使其与公司组织之间出现一条明显的分界线,削弱项目团队与母体组织的有效融合。

(2)对项目组成员来说,相对独立于职能部门,缺乏一种事业的连续性和保障,会产生个人发展担忧。

(3)公司有多个项目都会有自己一套独立的团队,这将导致资源的冗余浪费,不同项目的重复努力和规模经济的丧失。

(4)由于各技术部门出于私心会进行技术保密,因此对于不属于本部门的项目成员不够开放,项目组调用某些专业领域有较深造诣的人员时可能阻力较多。

3. 矩阵型组织

矩阵型组织具备职能型组织和项目型组织的特征。它是在职能型组织形态下,为了某种特别任务成立项目小组负责,因此在形态上,项目小组和职能部门形成行列交叉的矩阵型结构。根据职能经理和项目经理之间的权力和影响力的相对程度,矩阵型组织可分为弱矩阵、平衡矩阵和强矩阵。

1）强矩阵型组织

强矩阵型组织架构如图 10-3 所示，项目虽然不从公司组织中分离出来作为独立的单元，但拥有掌握较大职权的全职项目经理和全职项目人员。项目经理向项目经理的主管报告，项目经理的主管同时管理着多个项目，项目中的人员根据需要分别来自各职能部门，他们全职或兼职地为项目工作。项目经理管理项目组内部事务，职能部门经理管理项目组外部事务。

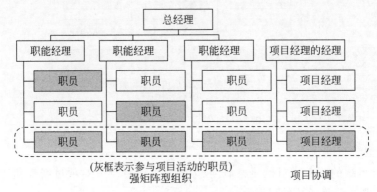

图 10-3　强矩阵型组织架构图

强矩阵可以有效提高项目的整合度，减少内部权力斗争。但职能领域对其控制力弱，容易出现项目团队与母体组织之间的融合被削弱的状况发生。

2）弱矩阵型组织

弱矩阵型如图 10-4 所示，类似于职能型组织，项目只有一个或少数全职人员，项目经理和项目组成员不是从职能部门直接调派过来，而是利用他们在职能部门为项目提供服务，项目所需要的计算机软件、产品测试及其他的服务，都可由相应职能部门提供。弱矩阵型组织保留了职能型组织的大部分特征，其项目经理的角色更像协调员或联络员。

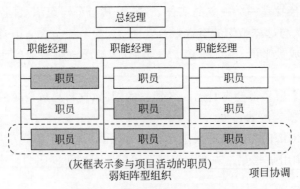

图 10-4　弱矩阵型组织架构图

弱矩阵能提供一个统一的职能平台来管理项目之间的冲突，但职能部门控制的维持是以低效的项目整合为代价的。

3）平衡矩阵型组织

平衡矩阵型组织如图 10-5 所示，介于强矩阵和弱矩阵之间，虽然承认全职项目经理的必要性，但并未授权其全权管理项目和项目资金。

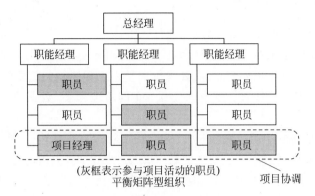

（灰框表示参与项目活动的职员）
平衡矩阵型组织

项目协调

图 10-5 平衡矩阵型组织架构图

平衡矩阵能够更好地实现技术与项目之间的平衡，但它的建立与管理是很微妙的，很可能会遇到与强矩阵组织有关的很多问题。

4）矩阵型组织的优缺点

（1）矩阵型组织的优点。

① 项目是工作的焦点，有项目经理负责管理整个项目，负责协调和整合不同单位的工作，以保证在规定的时间、费用、质量要求条件下完成项目。

② 资源可以在多个项目中共享，当有多个项目同时进行时，公司可以平衡资源以保证各个项目都能完成其各自的进度、费用及质量要求，大大减少了项目式组织中人员冗余的问题。

③ 对客户要求的响应与项目式组织一样快捷灵活，对公司组织内部的要求也能做出较快的响应。由于在矩阵项目组织中会有来自行政部门的人员，从而也让项目组的管理可以保持与公司的一致性。

④ 项目组成员对项目结束后的忧虑减少，他们一方面与项目有很强的联系，另一方面他们对职能部门也有一种"家"的感觉。

（2）矩阵型组织的不足。

① 跨项目分享设备、资源和人员都会导致冲突和稀缺资源的竞争，容易引起项目经理之间的"争斗"。

② 在矩阵式组织中，项目经理和职能经理存在众多的交叉点，容易加剧职能经理与项目经理之间的紧张局面。

③ 矩阵式组织与命令统一的管理原则相违背，项目组成员有两个上司，即项目经理和职能经理，当两者的命令有分歧时处理不好，容易引起多头领导。

10.1.2 数据标注项目管理目标

实施项目过程中需要充分利用可获得的资源，在一定时间内在一定的预算基础上，获得期望的项目技术成果。而数据标注项目属劳动密集型工作，数据标注的相关项目往往参与人员众多，对人员的技术要求不高，对时间要求严格，对质量标准有个性化要求。

1. 数据标注项目发展趋势

1）数据在 AI 中的重要性日渐提高

目前人工智能商业化在算力、算法和技术方面，基本达到阶段性成熟。通过算法和应用的落地来真正解决行业具体痛点，需要采集大量人工智能相关的原始数据，并经过标注处理后做算法训练支撑，可以说，数据决定了 AI 的落地程度，数据标注的项目重要性越来越高。

2）数据标注项目的需求急剧增长

AI 行业高速发展，智能驾驶、智能终端等领域不断发展，应用落地不断加速。以计算机视觉为例，一个新场景的开发支持需要上万张甚至数十万张不等的经过采集和标注的图片。随着 AI 应用场景的丰富，对数据标注的需求将产生长期急剧增长。

3）数据标注项目更加注重专业和质量

随着 AI 行业向商业化发展，落地场景对 AI 数据的需求更加多样化和定制化，也对 AI 数据服务的专业性和质量提出了更高的要求，作坊式中小数据服务商将逐渐被市场淘汰，技术、规模、专业度领先的品牌数据服务商将越来越受到青睐。

2. 数据标注项目的业务痛点

1）数据安全脆弱

人工智能数据的获取有安全合规要求，需用户授权允许采集和训练，若滥用或通过非合法手段获取，易产生法务风险。

2）数据质量难保障

训练数据的质量严重影响算法有效性，作坊企业缺乏人员管理和质检手段，数据质量参差不齐，数据质量难以得到有效保障。

3）数据处理效率低

自有团队难以快速扩张，外部小型代理商管理混乱，整体缺乏科学的项目管理流程，数据处理效率明显不足。

4）投入成本高

自建数据采集、标注团队模式过重，且需要一套完整的工具和流程支撑，人力、技术和工具投入成本过高。

3. 数据标注项目的目标

1）数据保障更安全

通过严格的法务监管流程，安全的私有化数据部署，防数据泄露的信息管理机制，实时监控和加密的标注设备，保证数据安全无风险。

2）数据质量更精准

严格的人员培训机制和数据审核机制，辅以智能审核算法和智能化管理平台，从而保障数据质量。

3）处理速度更高效

通过合理标注方案，多名全职人员标注、兼顾外场专职标注团队以及众包标注协作模式，实现百万级数据处理能力。

4）支付费用更优惠

凭借自建标注基地、科学众包任务分发模式、智能化数据采集与标注工具，实现规模效应和高效作业，降低成本，使客户能以更低成本获得数据服务。

10.1.3 数据标注项目管理体系

数据标注项目从大规模上包含为支撑大型AI应用的长期数据标注项目和短期数据标注项目。数据标注工厂可以用专业项目团队来处理长期的项目。该团队具备项目型组织中项目团队的许多特征。它可能拥有来自各职能部门的全职人员，可以制定自己的办事流程，甚至可以在标准化的正式汇报结构之外运作。而数据标注工厂可将日常短期项目放在某个职能部门的下面，使用职能型组织结构。当短期项目需要多种技术时，则要形成部门的矩阵型组织形式，其他项目则使用矩阵或职能型组织形式。

基于上述分析，参考项目管理组织架构，创建了一种存在职能组织的项目和纯项目式组织复合型的组织结构。这样的复合型组织使公司在建立项目组织时具有较大的灵活性。

同时从数据标注项目的业务过程上可以划分为三个部分：数据采集、数据清洗和数据标注。每个项目中又可以划分为如下结构的数据小组。

1. 数据采集组

主要负责采集工作，设立数据采集组负责人，并根据项目小组划分设立项目小组长。数据采集组负责人负责管理和安排各采集项目小组的工作，项目小组长负责带领组员按照采集任务要求完成数据采集工作。

2. 数据清洗组

业务模式分为原始数据的质量检验工作以及敏感隐私数据的清洗工作，所以除了设立数据清洗组负责人外，还需要在负责人下面分别设立原始数据质量检验组长以及敏感隐私数据清洗组长，两个组长下面再分别设立项目小组组长。数据清洗组负责人负责管理两个项目组，项目组长负责各自项目小组的工作安排及管理，项目小组长负责带领组员根据任务要求完成数据清洗工作。

3. 数据标注组

标注方法类型比较多，所以需要根据标注方法类型进行管理。为每种类型的数据标注分别设置单项标注负责人，然后再根据项目安排项目组长，因为数据标注项目需要多个项目小组共同参与完成，所以需要在项目组长下面设立项目小组长，因为数据标注项目小组的工作质量是由标注质检员进行检验的，所以一般数据标注项目小组长由质检员担任。

数据标注组负责人负责管理所有类型数据标注组,各类型数据标注负责人负责管理旗下各项目组,各项目组长负责各项目小组的工作安排及管理,项目小组长负责带领组员根据数据标注要求完成标注任务。

通过将数据加工业务精细化管理,可以提升整个数据加工部门的工作效率以及工作质量。

从业务性质上主要分三个序列:数据采集序列、数据清洗序列、数据标注序列。每个序列都有一个总负责人,负责管理和安排本序列的工作。然后按照项目分设项目小组长,负责带领组员按照要求完成具体的项目任务。其中,数据清洗组还要分别设立原始数据的质量检验工作负责人和敏感数据清洗工作负责人。

数据标注组由于标注方法类型比较多,所以需要根据标注方法类型进行管理,按照类型分别设置单项标注负责人,然后再根据项目安排组长和小组长。一般小组长由质检员担任。

项目管理的组织结构确定后,项目管理的影响因素基本表现为三方面,即时间、成本、质量标准。当项目的三个基本目标发生冲突的时候,成功的项目管理者会采取适当的措施进行权衡,进行优选。

10.2　数据标注项目团队管理

10.2.1　项目团队的主要特点

1. 目标性

每一个项目都有明确的目标,即在一定的限制条件下完成独特的项目产品或服务。项目的目标性决定了为实现这一目标而组成的项目团队也具有很强的目标性。它有明确严格的质量要求、工期要求、成本要求等多重约束。在项目团队中,项目经理及团队成员都清楚地了解所实施的项目要达到的目标、完成项目所要交付的成果及其衡量标准、所要取得的成就和由此给团队、个人带来的益处。在一定的组织结构、组织文化、项目管理技术的支持下,项目团队成员紧紧围绕着团队所要实现的目标开展一系列活动,使目标得以实现。

2. 多样性

由于一个项目涉及的专业众多,项目团队成员经常是来自不同的管理层、不同的职能部门、不同的组织、不同的专业领域,从来没有在一起工作过的各领域专家,他们在团队中具备实现目标所需要的互补的基本技能,并且能够相互依赖、相互信任,进行良好的合作。因此项目团队是跨部门、跨专业的多样性的团队。

3. 开放性

在项目周期的不同阶段,项目团队成员是经常发生变化的,项目团队始终处于一种动态的变化之中。随着项目的进展,团队成员的工作内容和职能常会根据项目需要进行变动,所以人员数也随之发生相应的变化。由此可见,项目团队成员的增减具有较大的灵活性,项目团队具有明显的开放性。

10.2.2 项目团队的发展历程

项目团队是由项目而组建的协同工作的团队,其包含着一般团队的发展特性,根据塔克曼教授提出的团队发展的四阶段模型,可分为以下四个阶段。

1. 形成阶段

形成阶段是项目创建初期,项目组成员开始聚拢,总体上工作热情较高,工作态度非常积极,但对工作职责及配合过程都不了解,他们会有很多的疑问,并不断摸索以确定何种行为能够被接受。

形成阶段中项目经理首先需要进行团队的指导和构建工作,向项目组成员宣传项目目标,并为他们描绘未来的美好前景及项目成功所能带来的效益,公布项目的工作范围、质量标准、预算和进度计划的标准和限制,使每个成员对项目目标有深入的了解,建立起共同的愿景。

其次,明确每个项目团队成员的角色、主要任务和要求,帮助他们更好地理解所承担的任务,与项目团队成员共同讨论项目团队的组成、工作方式、管理方式等方针政策,以便取得一致意见,保证今后工作的顺利开展。

2. 震荡阶段

震荡阶段是随着团队热情过后,开始逐渐进入磨合期,随着工作的开展各方面的问题会逐渐暴露。成员可能会发现,现实与理想不一致,任务繁重而且困难重重,成本或进度限制太过紧张,工作中可能与某个成员合作不愉快。团队内开始发生激烈冲突、士气慢慢低落。

震荡阶段中项目经理需要利用这一时机,创造一个理解和支持环境。应该允许成员表达不满或他们所关注的问题,接受及容忍成员的任何不满;做好导向工作,努力解决问题、矛盾;依靠团队成员共同解决问题,共同决策。

震荡阶段过后团队成员之间、团队与项目经理之间需要基本确立各自关系和工作职责,大部分的个人矛盾应该基本得到解决。

3. 规范阶段

规范阶段中团队成员在谈判、妥协和寻找共同点的过程中,个人的愿望与现实情形逐步统一。团队逐渐产生认同感,建立起一套规范、标准,形成团队成员的基础。逐渐形成项目团队的凝聚力,逐步向稳定时期挺进。

规范阶段中项目经理应尽量减少指导性工作,给予团队成员更多的支持和帮助。营造团队文化,注重培养成员对团队的认同感、归属感。确立团队规范,同时要鼓励成员的个性发挥。积极营造相互协作、互相帮助、互相关爱、努力奉献的精神氛围。

完成规范阶段后就进入了团队的最后一个阶段——成熟阶段。

4. 成熟阶段

成熟阶段期间成员工作绩效较高，团队能够开放、坦诚、及时地进行沟通。团队成员拥有较高的集体感和荣誉感。该阶段团队能够感觉到高度授权，如果出现问题，就由成员组成临时小组解决问题，并决定如何实施方案。成熟阶段期间项目经理的工作重点如下。

（1）授予团队成员更大的权力，尽量发挥成员的潜力。

（2）做好对团队成员的培训工作，帮助他们获得职业上的成长和发展。

（3）对团队成员工作绩效做出客观的评价，并采取适当的方式给予激励。

（4）帮助团队执行项目计划，集中精力了解掌握有关成本、进度、工作范围的具体完成情况，以保证项目目标得以实现。

10.2.3　数据标注高效团队的管理方法

1. 分工合理，责任明确

团队是由个人组成的，团队中的个人往往经历不同、背景不同、性格有差异、水平有高低。

在数据标注团队中对于做事谨慎且不善变通性格的人可以安排去做质检员，严格把控数据标注的质量；对于手脚麻利且心思单纯性格的人可以安排做文本标注工作；对于心思机巧，喜欢挑战的人可以安排进行视频标注和个性化标注这样一些需要经常处理困难问题的工作；对于喜欢与人沟通性格的人可以安排进行需求标准制定或项目管理之类的工作。

总之，在正式开工前的团队组建，首先应该进行合理分工，要结合每个人的特点和爱好，充分发挥出每个人的特长。

2. 让团队成员明确项目目标

清晰明确的团队目标可以对团队高效协作形成很强的牵引力，让团队成员有明确的前进方向。要让团队高效率地协作，最好的方法就是分解团队目标到小组，到个人，让团队所有成员的工作围绕团队目标开展。

在数据标注团队中要制定的团队目标应该围绕下面几点来开展。

（1）提高项目团队的整体工作效率，比如单位时间内完成标注项目的数量、单位时间内标注任务完成数量、一定周期内合格或优秀项目数量、单位时间内标注任务返工数等，提高与团队工作效率相关的关键指标。

（2）提高项目团队成员的个人技能，以提高他们完成项目活动的能力。比如团队骨干成员增长率、团队项目经理人员增长数、团队生产技能竞争获奖率等关键指标来量化反映团队人员的能力提升情况。

（3）提高项目团队成员之间的信任感和凝聚力，以提高士气，降低冲突，促进团队合作。

（4）逐步形成项目团队的文化，以促进个人与团队的生产率、团队精神和团队协作，鼓励团队成员之间交叉培训和切磋以共享经验和知识。

3. 制定高效的沟通机制

项目开始必须保证信息在整个团队内的畅通,特别是互相之间有工作关联的同事,在发现问题时需要及时提出。但数据标注本身是一种需要专注力集中的高强度工作,多次临时性的打断会造成流水线标注的阻滞。

应该形成固定的沟通机制,各个团队为每个组设立组长,每条生产线要设立段长,当发现问题时标注人员及时告知各段段长,由段长互相之间进行段间沟通。当段长之间无法解决时,则可上报组长进行组内沟通。同时各组和各段每天开展碰头会,安排每天的工作以及沟通需要解决的问题。

4. 使用高效的项目管理平台

如果能有合适的数据标注管理平台的支持和配合,那么项目推行起来就会顺利很多。可以利用项目管理平台来制定项目计划,分解项目任务,将任务分配给团队成员,甘特图显示项目的进度和具体任务清单。同时各标注人员可以通过平台提取标注数据,并对未完成任务、已完成任务进行分类管理,对项目整体进度随时把控。

5. 定期检查,及时调整

根据木桶原理,由于流水线的整体生产效率不取决于流水线上效率最高的环节,每周团队内部还要开展研讨会,来研究效率最低、速度最慢的瓶颈环节。

团队的瓶颈也许会因为调整而发生变化,这时需要团队负责人审时度势,及时进行调整。也许需要修正前期的分工,也许需要改变正在使用的技术,甚至是更换无法胜任的团队成员,让整个团队的工作效率保持在一个较高的并且能够相互匹配的水平。

10.3　数据标注项目时间管理

10.3.1　时间管理基础知识

1. 时间管理的概念

我们可以把项目时间管理的理念概括为时间就是金钱和优者为先,充分把握好两者之间的平衡,发挥时间管理的作用。

项目时间管理是指在项目实施过程中,对各阶段的进展程度和项目最终完成的期限所进行的管理。其目标是保证项目能在满足其时间约束条件的前提下实现其总体目标。

项目时间管理具体是根据标注项目的进度目标,编制经济合理的标注计划,并严格按照计划进行执行。如果发现实际执行情况与计划进度不一致,就要及时分析原因,并采取必要的措施对原标注计划进行调整或修正的过程。

由于在项目管理中时间是最重要的约束条件之一,时间问题是最普遍和突出的问题,因此时间管理是项目管理中至关重要的环节,其目的就是为了实现最优工期,多快好省地完成任务。时间管理牵涉项目范围、成本和质量等方面,如果项目不能在合同工期之内完成,会带来很大的副作用。

2. 时间管理的意义

在市场经济条件下,时间就是金钱,效率就是生命,一个标注项目能否在预定的工期内完成交付,这是客户最关心的问题之一,也是项目管理工作的重要内容。比如自动驾驶的图片,早一日完工就早一天加入训练,也就能早一天训练出有价值的模型。

因此,项目时间管理与项目成本管理、项目质量管理等同为项目管理的重要组成部分,是保证项目如期完成和合理安排资源供应,节约项目成本的重要措施之一,一个科学合理的时间管理是项目成功的有力保障。

3. 时间管理的内容

项目时间管理是为了确保项目按时完工必需的一系列管理过程和活动,合理地安排项目时间是项目管理中的一项关键内容,它通常包括以下过程或内容。

(1) 界定和确认项目活动的具体内容,也就是分析确定为达到特定的项目目标所必须进行的各种作业活动。

(2) 对项目活动内容进行排序,即分析确定工作之间的相互关联关系,并形成项目活动排序的文件。

(3) 对工期进行估算,即对项目各项活动的时间做出估算,并由此估算出整个项目所需工期。

(4) 制定项目计划,即对工作顺序、活动工期和所需资源进行分析并制定项目进度计划。

(5) 对项目进度的管理与控制,即以项目的变更进行控制和修订计划等。

4. 时间管理的挑战

任何一个项目都不会是一帆风顺的,它总是会用一些艺术、一些科学或一些莫名其妙的戏法手段来挑战项目进度。对于项目时间进度控制时就经常要面对如下一些挑战及其原因。

1) 组织安排的时间影响

如果在项目执行过程中遇到工厂安排问题,对资源进行了调配,就会影响本项目时间计划执行的及时性和准确性。

2) 缺少变更控制机制

如果项目范围扩大或组织资源发生变化时,缺乏变更控制机制,项目时间进度计划没有办法做出适当调整则会带来很多问题。

3) 项目经理任务繁重

项目经理的任务繁重,没有足够的时间投入到项目时间控制中去。特别是当项目经理同时担任多个角色或者负责多个项目时最容易出现这种情况。

4）无法准确估量时间

无法准确衡量进度是数据标注工作任务中自然会遇到的难题,尤其是对视频标注时,标注工作还包含大量的数据采集和清洗工作,因此工作定义不清晰,没有设立正式的标准,无法准确估量时间。

5）没有统一可行的完成标准

由于数据标注任务,往往跟业务相关,甲乙双方很难达到统一的标准。如果没有给工作任务清楚地设定完成标准,就很可能会增加返工次数,更难以准确地报告进度或状态。

6）隐性工作造成的影响

在未识别的工作任务、未预料的返工或超出项目范围的工作上所做的努力,会给项目控制程序的准确性和有效性带来影响。

10.3.2　时间进度计划制定

1. 制定内容

时间管理计划内容是进一步评估修订标注项目所需资源估算和项目活动工期估算,然后确定项目的起止日期并制定出具体的实施方案与措施,最终成为经过批准的项目时间进度计划以便作为项目时间管理的基线。时间进度计划制定的依据包括以下几个方面。

1）资源库描述

在制定进度计划时,有必要知道在何时以何种形式可以取得何种资源。此时则需要建立一个包含项目可调用资源的资源库,在资源库描述中包含详细资源的数量和具体应用水平。例如,某个文本标注项目的初步进度计划的制定,可能需要在某一具体时间范围内调用两个标注工程师,此时则可在资源库描述中选择具体可供调用的两个标注工程师。

2）项目和资源日历

在项目管理中资源是整个项目任务成功实施的基础。对资源的合理利用,是项目成功的重要前提之一。因此不仅需要建立项目日历,也需要对资源建立日历。项目和资源日历表明了可以工作的时段,项目日历影响所有的资源,而资源日历则影响某一具体资源或一类资源。

2. 制定过程

编制进度计划前要进行详细的项目结构分析,也就是通过工作分解结构(WBS)原理系统地剖析整个项目结构,包括实施过程和细节,系统规则地分解项目,编制项目时间进度计划可参照以下过程。

(1) 确定项目目标和范围。

项目时间管理的目标要素具体说明了项目成品、期望的时间、成本和质量目标。项目要素范围则包括用户决定的成果以及产品可以接受的程度,包括指定的一些可以接受的条件,这些是编制项目时间进度计划的首要过程。

(2) 指定的工作活动任务或达到目标的工作被分解且下定义并列出清单。

（3）创建一个项目组织以指定部门、分包商和经理对工作活动负责。

（4）准备进度计划以表明工作活动的时间安排、截止日期和里程碑。

（5）准备预算和资源计划：表明资源的消耗量和使用时间以及工作活动和相关事宜的开支。

（6）准备各种预测：例如，关于完成项目的工期、成本和质量预测。

3. 制定方法

常用的时间进度计划制定方法包括关键路径法、资源平衡法和进度压缩法。这三种方法之间的关系是，先用关键路径法编出理论上可行的进度计划，再用资源平衡法把进度计划变成实际上可行的，最后用进度压缩法来进一步优化计划。

1）关键路径法

关键路径法是指在不考虑资源限制和时间强度的情况下，编制出理论上可行的进度计划。首先从项目的起点出发，沿网络图各条路径进行顺时针推算，计算出各活动的最早开始时间和最早完成时间；然后从项目的终点出发，沿网络图各条路径进行逆时针推算，计算出各活动的最晚完成时间与最晚开始时间，如图10-6所示。

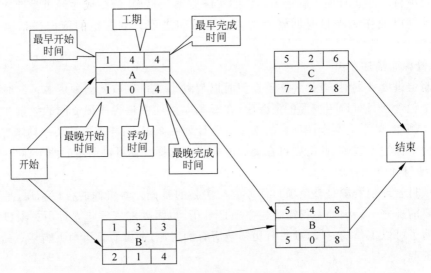

图 10-6　关键路径法示例图

关键路径是在时间进度计划中总工期最好的路径，它决定着整个项目的工期。正常情况下，关键路径上活动的浮动时间为零，即不允许有任何延误，否则会导致整个项目的延误。任何一个项目都至少有一条关键路径，关键路径越多，意味着项目时间进度管理的难度和风险越高。非关键路径上的活动则有一定的浮动时间，即允许延误的最长时间而不至于造成整个项目的延误。在流水线生产的时间进度管理中，不仅要注意关键路径，也要注意非关键路径是否已经或将要变成关键路径。必要时可以把非关键路径上的活动的资源调配到关键路径上去，以便保证甚至加快整个项目的进度

特别运用关键路径法所计算出的活动的最早开始与完成时间、最晚完成与开始时间，

都只是理论上的时间。如果这个理论上的进度计划缺乏所需的资源保证,就需要进行资源平衡。

2) 资源平衡法

资源平衡法是通过确定出项目所需资源的确切投入时间,并尽可能均衡使用各种资源来满足项目时间规划的一种方法。该方法是均衡各种资源在项目各阶段投入的一种常用方法。一般来说,在进行资源平衡时,首先要计算各时间段的资源需求情况以及各时间段的资源短缺情况,弄清每个时间段所需要的资源种类和数量。然后试图在项目内部进行资源调剂,解决资源短缺。在调节的过程中,可以考虑重新分解工作内容,比如把一个活动分解成两个活动,增加资源分配的灵活性。当然,如果资源仍然短缺,就只有设法削减工作内容,或是延长项目工期。经过资源平衡后的进度计划,虽然看上去能够行得通,但并不一定是最优的,客户或高级管理人员有可能会认为该计划的项目工期还是太长了,在这种情况下,就需要用进度压缩法来优化进度计划了。

3) 进度压缩法

有时由于工期紧张需要加快工期,这时就需要在单位时间内投入更多的资源,来加快工作进度,俗称"赶工"。一个理想的进度计划优化应该同时达到项目总工期缩短和总成本降低的目标。项目成本可分成与项目活动直接相关的"直接成本",以及与项目活动间接相关的"间接成本"。在项目存在期间,项目要按规定分担间接成本。如果赶工达到了缩短项目总工期的目的,那么,项目的间接成本就会降低,尽管直接成本会增加,如果赶工期导致的直接成本增加小于间接成本降低,那么,项目的总成本就降低了。使用进度压缩法来达到间接成本和直接成本之间的平衡。

10.3.3 时间进度计划执行方案

时间进度计划是监督的依据,可衡量工程的有效完成情况,缺乏计划必败无疑。但仅有计划是远远不够的,必须用计划作为指导来进行项目时间进度计划的控制执行,对项目进行动态管理,才能确保项目进度与计划不产生偏离。可以从下面几个方面对项目时间进度进行控制。

1. 项目时间进度控制的组织措施

组织是目标能否实现的决定性因素,为实现项目的进度目标,应充分重视健全项目管理的组织体系。在项目组织结构中应有专门的工作部门和具备时间进度控制能力的专人负责进度控制工作,具体的措施如下。

(1) 建立标注项目时间目标控制体系,并据此建立现场时间控制的组织机构,将实现进度目标的责任落实到每个流水段的时间控制人员。

(2) 建立现场进度控制的工作责任制度,说明进度控制人员在进度控制中的具体职责。

(3) 建立可行的时间进度控制工作体系,包括例会制度、进度计划审核及实施过程监理制度、各类文件审核程序及时间限制等。

2. 项目时间进度控制的管理措施

项目进度控制的管理措施涉及管理的思想、管理的方法、管理的手段、承发包模式、项目管理和风险管理等。具体的管理措施有如下几种。

1）用网络计划的方法编制进度计划

通过网络的计算可发现关键工作和关键路线，也可知道非关键工作可使用的时差，有利于实现时间进度控制的科学化。

2）管理模式的选择直接关系到项目实施的组织和协调

项目进度信息沟通模式有利于提升进度信息处理的效率，有利于提升进度信息的透明度，有利于促进进度信息的交流和项目各参与方的协同工作。

3. 项目时间进度控制的经济措施

项目进度时间控制的经济措施包括资金需求计划、资金供应的条件和经济激励措施等内容。具体经济措施如下。

（1）建立回款程序，及时审核回款申请，并向业主出具发票，以便业主及时回款。

（2）及时处理变更和索赔付款。

（3）采取奖惩措施，如对提前竣工，可给予物质和经济奖励；对工程拖期，则采取一定的经济处罚。

4. 项目时间进度控制的技术措施

运用各种项目管理技术，通过各种计划的编制、优化实施、调整而实现对时间进度有效控制的措施，其主要包括以下内容。

（1）建立适用的标注项目进度控制的平台。

（2）采用横道图计划、网络计划技术等项目管理制度，编制标注项目时间进度计划。

（3）利用电子计算机和各种应用软件辅助进度管理，包括时间进度数据的采集、整理和分析。

10.4 数据标注项目成本管理

10.4.1 成本管理基础知识

项目成本管理是为使项目成本控制在计划目标之内所做的预测、计划、控制、调整、核算、分析和考核等管理工作，目的就是要确保在批准的财政预算内完成项目。要想做好项目成本管理，首要关心的是完成项目活动所需资源的成本；其次要考虑项目干系人的不同利益要求，在不同的时期内其会用不同的方法测量项目费用，如果处理不好，就很容易产生矛盾，使项目的风险加大。

1. 项目管理原则

1）全生命周期最低原则

全生命周期成本理论是由西方学者提出的，它要求综合考虑贯穿整个项目建设期与产出物使用期的总成本。全生命周期成本是拥有、运行、维护和处置该项目产品发生的成本在一段时间内贴现值的总和。如一个数据标注开发项目的全生命周期成本应包括前期营销、需求沟通、标准制定和项目标注工作产生的全部成本,把质量不足返工成本和损失计入成本。

2)落实成本责任制

项目总成本目标确定后,应分解落实到团队和个人,并作为一项考核的指标,有利于他们重视成本控制。例如,项目经理为了控制成本,将成本目标在组长和段长内部层层分解,每个人交纳风险抵押金,对节约和超支的个人进行奖惩。这种良好的激励和约束机制能使项目成本计划顺利地执行。

3)事前控制优先原则

项目经理应尽可能提前预测成本趋势,在发现成本微小偏差后及时采取措施,以免偏差扩大而产生不可收拾的后果。

2. 项目成本构成

一个项目的总成本是由多个方面构成的,一般根据发生的阶段和用途的不同,项目成本主要由以下几个部分构成。

1)项目前期成本

项目需求沟通是项目的初始阶段,一个好的项目需求沟通事关项目的成败,需要进行广泛的市场调查,收集和掌握真实的资料,并对项目进行详细的沟通,为完成这些工作所花费的成本就是项目的前期成本。

2)项目管理成本

当一个项目通过需求沟通后,就需要对其进行项目立项和任务分派,组建管理团队,因此为完成管理工作所花费的成本就构成了项目的管理成本。

3)项目实施成本

最后项目是要进行实施的,一个数据标注项目需要大量的标注人员进行施工,还需要占用场地,耗费水费和电费等一系列实施过程中产生的成本。

3. 项目成本管理风险

对于任何项目,其最终的目的都是要通过一系列的管理工作取得良好的经济效益,特别是数据标注项目,要能够让流水线顺利流畅地运行。项目成本管理作为贯穿于项目生命周期各个阶段的重要工作,起着非常重要的作用。同时项目成本存在着大量的不确定性因素会带来不确定性成本。因此了解导致项目成本不确定的原因及其发生的概率,并施加全面的管理和控制是非常必要的。

1)预测导致的不确定性

一方面,对于项目成本的预测,人们往往希望能够反映市场的正常情况,反映社会必要劳动时间,但是实际预测的科学性和确定性却远远达不到要求,这是因为预测是对人的行为或其后果的预测,而人的行为会由于预测而改变,这是不可预测性的一个重要来源。

另一方面,人在对信息的主观筛选中,非常容易遗漏重要的信息,同时也会受到错误信息的误导。即使在主要信息已经充分、及时地获得的情况下，预测方法和基本信念的问题仍然会造成预测偏差。

2）决策导致的不确定性

现代管理决策理论要求主体在决策过程中掌握成本的信息，提出充分的备选方案，最后在这些方案中选取最优。然而，美国管理学家赫伯特·西蒙对此就提出了质疑，他提出人所具有的有限理性，不容许决策者掌握足够多的信息，也没有足够多的时间做出最优选择，因此，在项目成本决策中也很难掌握成本的确定信息。

虽然项目成本的不确定性是绝对存在的，但这并不意味着了解其因素就毫无意义，至少能够帮助我们尽量减少这种不确定因素的发生，控制成本的超支。

10.4.2　成本管理计划编制

1. 编制依据

1）事业环境因素

是指涉及成本管理计划编制的背景因素和独立存在的先决条件。例如，同行业或类似项目的历史数据，相关的国家标准和行业规范，以及可供利用的资源等。

2）组织过程资产

包括项目范围说明书、工作分解结构、组织管理政策等。项目的范围说明书会涉及所需资源的质量、规格、数量、技术标准等信息；项目的工作分解结构中的每一项活动都会引发相应的资源需求，将每项活动的资源需求加总，就可以估算出整个项目的资源总需求。

3）相关的活动属性

对资源数量和质量的需求也是项目活动属性的一个组成部分，甚至可以说是由活动属性所决定的。

2. 编制方法

1）备选方案法

实现一个项目的目标会有很多方案，不同的方案会有不同的资源需求。因此，在编制成本计划时可以准备多个不同的备选方案，通过对比，就可以选择性价比最优的方案，起到节约成本的目的。

2）资料统计法

资料统计法是指根据国家或行业的规定或过往历史经验资料推算出资源需求总量。例如，标注一张汽车图片需要多长时间？汽车的种类有多少？

3）自下而上法

根据 WBS 把每项工作所需的资源列出，然后汇集成为整个项目的资源计划，这种方法操作比较耗时费力，但是数据最为准确可靠。

3. 编制步骤

项目成本计划的编制过程由资源计划、成本估算、成本预算这三个部分组成。资源计划涉及的是物质问题,是资源的质和量;成本估算涉及的是价值问题,是一笔数字账;成本预算才落实到真金白银的钱,是资金的最后流向。

1) 编制资源计划

即根据 WBS 工作分解结构列出所有需要使用的有形的和无形的资源,包括人力资源、设备硬件、工作软件、工作场地面积、通信线路及宽带等,最后形成一个项目资源计划清单。

2) 进行成本估算

最简单的办法就是把资源计划清单上列出的所有资源都乘上各自的单位价格,然后汇总成为整个项目的成本估算总值。

3) 编制成本预算

即在成本估算的基础上,把成本金额按照 WBS 的工作清单和工期安排分配到各项工作任务上去。

10.4.3　成本管理执行方案

1. 项目成本控制思想

项目成本控制是一项综合管理工作,是在项目实施过程中尽量使项目实际发生的成本控制在项目预算范围之内的一项项目管理工作。项目成本控制包括各种能够引起项目成本变化因素的控制、项目实施过程的成本控制以及项目实际成本变动的控制三个方面。项目成本控制实现的是对项目成本的管理,其主要目的是对造成实际成本与成本基准计划发生偏差的因素施加影响,保证其向有利的方向发展,以保证项目的顺利进行。它包括以下几个方面内容。

(1) 检查项目成本实际执行的情况。

(2) 保证潜在的成本超支不超过授权的项目阶段资金和总体资金。

(3) 找出实际成本与计划成本的偏差。

(4) 分析成本绩效,从而确定需要采取的纠正措施,并且决定要采取哪些有效的纠正措施。

(5) 当变更发生时,管理这些实际的变更。

(6) 确保所有正确的、合理的、已核准的变更都包括在项目成本基准计划中,并把变更后的项目成本基准计划通知项目利益关系人。

可见,合理地做好项目成本控制有助于提高项目的成本管理水平,发现更为有效的项目建设方法,降低项目成本以及促进项目管理人员加强经济核算,提高经济效益。此外,一个有效的成本控制还有利于尽早发现成本出现偏差的原因,并及时地采取纠正措施。

2. 项目成本的控制方法

成本控制是整个项目管理体系中的核心内容,在其控制过程中有两类控制程序:一是管理行为控制程序,二是指标控制程序。前者是对成本全过程控制的基础,后者则是成本过程控制的重点,两个程序既相对独立又相互联系,既相互补充又相互制约。

1) 管理行为控制过程

管理行为控制的目的是确保每个岗位人员在成本管理过程中的管理行为符合事先确定的程序和方法的要求。首先要清楚项目建立的成本管理体系是否能对成本形成的过程进行有效的控制，其次要考察体系是否处在有效的运行状态。

管理行为控制程序就是为规范项目成本的管理行为而制定的约束和激励机制，它起着三个方面的作用。

（1）建立评审组织、程序。

项目成本管理体系的运行是一个逐步推进的过程，例如，数据标注工厂各项目组的运行质量往往是不平衡的，因此，必须建立专门的常设组织，依照程序定期地进行检查和评审，以保证成本管理体系的运行和改进。

（2）目标考核，定期检查。

管理程序文件应明确每个岗位人员在成本管理中的职责，确定每个岗位人员的管理行为，要把每个岗位人员是否按要求去履行职责作为一个目标来量化考核，并设专人定期或不定期地检查。

（3）制定对策，纠正偏差。

对管理工作进行检查的目的是保证管理工作按预定的程序和标准进行，从而保证项目成本管理能够达到预期的目的。因此，对检查中发现的问题，要及时进行分析，然后根据不同的情况，及时采取对策。

2) 成本指标考核方法

能否达到预期的成本目标是项目成本控制是否成功的关键，对各岗位人员的成本管理行为进行控制，就是为了保证成本目标的实现，它对项目成本控制有以下作用。

（1）确定项目成本目标及月度成本目标。

在项目开工之初，项目经理应根据公司与项目签订的《项目承包合同》来确定项目的成本管理目标，并根据项目进度计划确定月度成本计划目标。

（2）收集成本数据，检测成本形成过程。

过程控制的目的就在于不断纠正成本形成过程中的偏差，保证成本项目的发生是在预定范围之内。因此，在项目施工或项目开展过程中要定期收集反映成本支出情况的数据，并将实际发生的情况与目标计划进行对比，从而保证有效地控制成本的整个形成过程。

（3）分析偏差原因，制定对策。

项目进行是一个多工种、多方位立体交叉作业的复杂活动，成本的发生和形成是很难按预定的目标进行的，因此，需要及时分析产生偏差的原因，分清是客观原因还是人为因素，及时制定对策并予以纠正。

3. 挣值分析法

该方法的基本原理是根据预先制定的项目成本计划和控制基准，在项目工程实施后，定期进行比较分析，然后调整相应的工作计划并反馈到实施计划中去。一般来说，挣值分析涉及以下三个主要变量。PV 指完成计划工作量的预算值；AC 指所完成工作的实际支出成本；EV 指实际完成工作量的预算值即挣值。关于挣值分析的功能，主要体现在以下几个方面。

1）偏差分析

偏差分析是探测数据现状、历史记录或标准之间的显著变化和偏离。偏差包括很大一类潜在的有趣知识，如观测结果与期望的偏离、分类中的反常实例、模式的例外等。通过偏差分析公式，就可以计算出项目的进度偏差（SV）和成本偏差（CV），而这两个数值又可以判断出目前的工作进度和成本支出与计划之间的偏差。$CV=EV-AC$，即成本偏差＝挣值－实际成本；$SV=EV-PV$，即进度偏差＝挣值－预算成本。

2）绩效分析

绩效分析的目的在于确定和测量期望绩效与当前绩效之间的差距，它是整个绩效改进系统的重要一环，组织与环境对于绩效和员工有着重大的影响。通过绩效的分析公式，可以计算出项目的工期绩效指数（SPI）和成本绩效指数（CPI），而这两个数值又可以评估出项目的劳动生产率和资金使用效益。$SPI=EV/PV$，即工期绩效指数＝挣值／实际成本；$CPI=EV/AC$，即成本绩效指数＝挣值／预算成本。

3）变更分析

挣值分析不仅可以对已经完工的部分进行绩效预算，还可以根据已经完工部分的绩效对变更后的总完工成本进行估算。在估算的时候主要有两种依据，一种是根据当前实际绩效推算出来的总完工成本，另一种是根据原计划进度推算出来的总完工成本。

思考题

1. 项目管理组织构架包含哪些组织？
2. 数据标注项目的业务过程上可以划分为几个部分？
3. 数据标注项目团队的主要特点有哪些？
4. 简述数据标注高效团队的管理方法。

第**11**章

质量和安全管理

11.1 项目质量管理

11.1.1 项目质量管理理念

项目的质量管理主要是为了确保项目的输出结果可以按照项目的要求来完成,它包括使整个项目的所有功能活动能按照原有的质量及目标要求得以实施,质量管理主要是依赖于质量计划、质量控制、质量保证及质量改进所形成的质量保证系统来实现的。对项目的质量管理和控制也要求项目团队从一开始就树立根植于项目执行的过程中的一种追求卓越品质的质量意识,竭尽全力避免故障的发生。如图 11-1 所示阐述了项目质量管理的全过程完整体系。

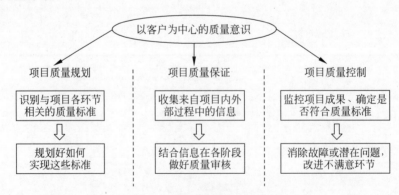

图 11-1 项目质量管理的全过程

结合质量管理理论和数据标注项目的特征,本书提出了以客户为中心的质量意识,该意识不同于传统的质量管理只关注产品和项目本身质量,而更关注客户对质量的需求。通过项目中的质量管理减少故障和问题的发生,减少高成本的返工,在项目一开始就实现任务的高质量,一次性将高品质的产品或项目交付成果提供给客户,而非通过反复消除问题才能达到质量标准。其与传统项目质量管理意识的区别如表 11-1 所示。

表 11-1 传统项目质量管理意识与以客户为中心的项目质量管理意识

传统项目质量管理意识	以客户为中心项目质量管理意识
关注产品和项目本身质量,很少关注客户需求	建立在以客户为中心基础上的全面系统的质量管理提升
单纯围绕问题产品或项目交付成果消除质量故障	将质量意识中升为组织文化,渗透项目的各个环节
应对变化缓慢、连续性强的目标群体	应对快速变化、非连续性客户需求

由表 11-1 可知,以客户为中心的项目质量意识强调在对客户需求进行及时有效管理的基础上,在项目的全过程实行全面系统的质量提升管理。

11.1.2 项目质量管理原则

为了有效地实施以客户为中心的质量管理理念,实现预期的质量方针和目标,必须遵循以下几条原则。

1. 目标明确原则

质量管理的最终目标是为客户服务,把客户的满意度当作质量管理的首要目标。在对产品质量进行管理的过程中,要坚持以客户为导向,以客户为中心。要想提升客户的忠诚度,就必须让产品质量超过客户的期望。

2. 领导负责原则

领导应确保组织的目的与方向一致,应当创造并保持良好的内部环境,使员工能充分参与实现组织目标的活动。第一,要在建立质量管理体系、制定质量方针、目标,提供资源、设施和组织的持续改进等方面发挥作用;第二,还要处理好人员、职责和活动三者之间的关系,充分调动人的主观能动性,创造一个和谐的氛围,鼓励员工为质量目标的实现贡献自己的力量。

3. 过程管理原则

将活动和相关资源作为过程进行管理,可以更高效地得到期望的结果。为使数据标注工作有效运行,标注商必须识别和管理许多相互管理和相互作用的过程。过程管理能提高其有效性和效率,并通过控制结果的形成过程,确保过程的结果符合要求。

4. 全员参与原则

质量管理是一个系统工程,它不仅是质量管理人员的职责,而且是所有参与项目实施的人员的责任。所以说,对项目质量的管理是一个需要全员参与的过程,需要每一位员工都能以主人翁的心态对待质量问题,把提升质量和严格遵守质量规则当成一种自觉行为。

5. 互惠互利原则

由于社会分工越来越细,生产专业化程度越来越高,很多数据标注任务需要由多个组织分工协作共同完成。各参与部门均需获得利益,联合起来为顾客提供优质的服务,优化资源结构,降低成本,增加创造价值的能力。

6. 有根有据原则

有根有据是指在面对涉及质量管理的任何问题时,都不能凭主观臆断来下决策,必须以事实为依据,以量化分析为基础。在制定决策时,应该参考各种真实有效的数据,并以正确的方法进行量化分析,如此才能保证质量管理的决策不犯或少犯错误。

7. 逐步求精原则

质量管理体系、过程、产品等持续改进对象的要求也是在不断变化和提高的。只有不断完善质量管理的各种规章制度和管理措施,才能保证项目质量不断提升,以达到精益求精的目标。

11.1.3 项目质量管理方法

1. 通过细化分解,落实项目质量责任

数据标注工厂可以成立一个总的质检部,独立于公司的各个层级,由工厂的高层管理人员来作为质检组的负责人;此外,每个小组也要成立质检部门,各小组分管质量的副组长负责小组内的质检部门;同时在项目组中要设立质检员,进行质量的核查。以此模式来保证质量的层层管控,将责任落实到工厂的每个组、每个项目、每个段位中。每个层级都能明确地通知质量要求和标准,明确客户的诉求,做到以客户为中心改进质量。与渗透在公司组织管理层级的 CSQC 相对应的是客户管理质量体系,这是围绕客户的质量诉求而建立的落实项目质量责任的体系。

此外,在项目团队中,每个团队成员都对质量管理起着至关重要的作用,全体成员积极参与到质量管理中,层层落实质量责任,而最终质量责任由质检工作的相关负责人负责。因此,质检部门要在组织内部营造一种追求高质量、高品质的工作氛围,并对质量标准的改进和提升持续进行努力。同时,要充分支持质量专家创制的组织内部的质量政策,与项目经理和质量专家共同制定质量目标,从而通过质量政策和质量目标的双重结合,推进项目质量责任的落实。

2. 建立完整的质量计划,保证项目质量

项目质量计划是项目质量管理全过程的第一阶段,该阶段通过识别与项目相关的质量标准,计划具体怎样达到质量标准。项目的质量计划,应该基于质量是根植于项目执行的全过程的理念,在计划阶段就要考虑好可能出现问题的关键环节。同时需要注意的是,由于不同项目的质量要求存在差异,没有通用的质量计划,因此项目的质量计划需要量身定做。

制定质量计划的目的是避免故障出现,力争一次性达到质量标准,从而保证整个项目的质量。当项目质量计划明确时,质量不容易因受其他因素的影响而迅速降低,同时通过项目质量计划,能够权衡、比较项目实际达到的质量程度,从而决定是调整整个项目质量计划还是调整关键节点的质量控制。由此可见,建立完整质量计划的过程就是对项目质量进行持续改进的开始。

一个完善的质量计划在具体实施的过程中,需要有配套的质量保证系统共同推进项目质量管理。质量保证是指在项目开展过程中,试图保证项目交付成果或产品达到质量计划要求的质量标准,同时要保证项目全过程的各个任务环节都处于质量标准的限度之内。因此要求一个好的质量保证系统能够识别质量标准,并能防止质量故障的发生。

3. 规范过程质量检测和质量评审工作

在项目过程质量监控阶段,可以使用如图 11-2 所示因果图分析找到产生质量故障和问题的原因,从而规避下一次出现同类问题。通过因果图,首先确认质量问题具体是什么。其次选择团队内专业领域的技术成员组建头脑风暴团队,进一步评价质量问题,并对问题进行分类。随后共同研讨找到某质量问题发生的根源,从而确定合适的解决方案和矫正活动。

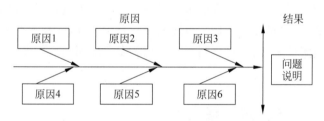

图 11-2　质量分析因果图

对项目过程的质量进行规范需要引入一套评审机制,从而完善整个项目的质量管理过程。完善的质量评审能够保证项目运行各环节的成果符合质量标准,并及时发现故障和问题。好的质量评审应确保下面几点。

（1）项目质量计划的各项要求达到。

（2）严格遵守质量程序和政策。

（3）交付成果是安全的、符合客户需求的。

（4）相关质量数据参数符合标准。

4. 追求零缺陷,缺陷件不出工厂

数据标注是一项细致活,数据标注的质量直接影响到模型的影响,质量不高的数据标注产品,会给模型精度带来较大的负面影响。因此尽管数据标注的许多缺陷是不能完全消除的,但可以通过技术层面或质量层面的工作减少项目的缺陷,最终达到零缺陷。而实

现项目全过程零缺陷，必须要实现所有环节的成果产出能够一次性达到质量标准，而非计算某个质量或技术瑕疵在多大程度上能够被接受。

要有效组织测试，还需要明确专业技术人员的分工，从而保证产品测试的有效性，达到零缺陷目标。可见，无论是项目还是输出品中的缺陷，都不会自动消失。如果在项目和输出品的初始开发运作阶段减少省略了应有的阶段和质量测试，那么到项目后期，标注问题就会集中爆发，以客户为主导的验收测试将无法顺利通过。因此，从项目启动到成果交付的所有环节都要强调实现阶段产出的零缺陷至关重要。

要使项目运行中的所有环节都达到零缺陷，就必须要求所有项目干系人全员参与质量管理和控制过程。从工厂管理者、质检部门到员工，每个层级都要树立一种零缺陷的质量意识，从而将工作聚焦于如何达到质量标准而非计算瑕疵容忍度上。

5. 全面分析质量事故，跟踪产品缺陷

当项目出现标注问题时，要对问题进行全面分析，找到问题发生的根源，从而制定合适的解决方案，以避免后续继续出现错误。为了确保质量问题得到有效解决，必须时时进行缺陷跟踪。通过严格执行缺陷跟踪的流程，并记录产品或项目流程的缺陷，实现规范质量评审、测试等环节中解决问题的流程的目的。同时，通过跟踪缺陷处理的全过程，能够有效避免修复缺陷的遗漏，如实反映问题或故障的处理情况，从而减少缺陷。对于记录缺陷跟踪过程，一方面能够保证缺陷的可追溯性，另一方面通过记录能够反映出大量的过程信息，为项目后期对缺陷和问题进行统计分析提供了信息源。

可见，缺陷跟踪的过程在项目全过程的质量管理中至关重要。在跟踪缺陷的过程中，除了记录和修复之外，更重要的工作是对缺陷进行分析统计，并根据缺陷对项目产生的影响进行分类。通过统计和分类，将有利于匹配相关专业的团队成员处理缺陷，提高项目质量缺陷的修复效率。

微课视频

11.2　数据标注质量体系建设

11.2.1　数据标注质量标准

对于数据标注行业而言，数据标注的质量标准就是标注的准确性。本节将对图像标注、语音标注、文本标注三种不同的标注方式的质量标准分别进行介绍。

1. 文本标注质量标准

文本标注是一类较为特殊的标注，它并不单单有基础的标框标注，还需要根据不同需求进行语义标注、多音字标注等。

1）语义标注的质量标准

标注词语或语句的语义，在检验中分为以下 3 种情况。

（1）针对上下文的情景环境进行检验。

（2）针对单独词语或语句进行检验。

（3）针对语音数据中的语音语调进行检验。

3种语义标注检验除了需要借助字典等专业性工具外,还需要理解上下文的情景环境或语音语调的含义。以"东西"为例,有以下几点意义。

"他还很小,经常分不清东西",这里的"东西"代表方向。

"她正走在路上,忽然有什么东西落到了脚边",这里的"东西"代表物品。

如果根据上下文情景环境及语音语调不同,"东西"这个词可能还会另带他意,所以语义标注检验需要对上下文的情景环境进行理解。

2)多音字标注的质量标准

标注一个字的全部读音,需要借助字典等专业性工具进行检验。以"行"字为例,"行"有以下4种读音。

(1)xing 二音:举行、发行。

(2)hang 二音:行市、行伍。

(3)hang 四音:树行子。

(4)heng(二音):道行。

如果加上各地区方言发音,那么"行"可能存在更多读音,所以多音字标注在质量检验时一定要借助专业性工具进行。

2. 图像标注质量标准

对比人眼所见的如图 11-3 所示图像而言,计算机所见的图像(如图 11-4)只是一堆枯燥的数字。图像标注就是根据需求将这一堆数字划分区域,让计算机在划分出来的区域中找寻数字的规律。

图 11-3　人眼所见图像

机器学习训练图像识别是根据像素点进行的,所以对于图像标注的质量标准也是根据像素点位判定,即标注像素点越接近于标注物的边缘像素点,标注的质量就越高,标注难度就越大。

由于原始图片质量原因,标注物的边缘可能存在一定数量与实际边缘像素点灰度相似的像素点,这部分像素点对图像标注产生干扰。按照 100% 准确度的图像标注要求,标注像素点与标注物的边缘像素点存在 1 个像素以内的误差。针对不同的图像标注类型,需要进行不同的检验方式,下面对常用的图像标注方式进行说明。

1)标框标注

对于标框标注,先要对标注物最边缘像素点进行判断,然后检验标框的四周边框是否

```
140 111  99 104 107 102 101  95  88 113 141 140 141 140 139 138 139 140 137 139 109  79  78 109 140 137 138 137 137 140 141 143 133
117 106  99  97  95  92 103 110 119 123 129 130 133 136 138 139 138 136 134 137 109  81  85 110 138 137 138 127 127 139 140 145 123
 68  53  57  56  48  62  52  60  73  79 115 119 126 128 129 136 136 135 134 137 110  80  86 111 138 138 144 102 104 135 141 141 121
 72  49  68  67  53  57  67  52  68  65  80  89  65  78  99 121 120 122 134 138 106  79  81 107 136 137  98  83  84 104 141 104  78
 84  49  59  68  53  57  67  52  68  65  80  89  65  78  99 121 120 122 134 138 106  79  81 107 136 137  98  83  84 104 141 104  78
110  59  54  77  64  57  83  55  62  65  59  97  61  66  50  99 127 100 114  66  80 106 138 128  80 107 128  83  87
114  72  53  69  70  56  70  66  57  52  59  97  61  76  68  51  94 125  89 115 105  78  80 108 137 123  88  89  83 105 122  77  75
107  92  57  61  77  61  60  71  56  61  55  90  72  73  57  80  50  99 124  90  95  82  60  88  82 105 122  76  86
 85  88  61  61  76  64  57  76  56  90  72  72  85  64  83  66  65  68 118 114  81  83  82 108 130 123  91  88  83  98 113  79  87
 67  79  71  55  66  70  53  74  60  97  87  64 100  59  83  66  81  65  79  98  70  88 139 116  88  88  83  82  85  80  84
 55  71  77  56  61  76  54  69  67  83 100  58 105  62  82  70  77  76  58 102 127  80  76 108 130 112  87  87  86  88  83  80  74
 58  71  77  59  61  79  57  71  75  72 114  60 101  72  77  77  70  74  68 132 111  69  95 133 107  84  83  82  74  88  69
 57  56  72  64  61  80  64  71  82  62 130  66  97  84  72  86  65  74  75  68  89 140 101  81 129 109  83  81  78  79  81  92  52
 61  57  73  70  61  78  67  57  81  60 137  74  90  96  65  73  68  82  65  95  63  85 107 128  83  87
 64  58  70  73  58  73  71  56  79  60 137  79  81 103  64  97  64  80  68  84  72  71 120 139 104  95  82  81  79  82  72  67
 67  55  67  74  54  71  73  53  81  63 120  84  74 104  66 100  65  86  68  77  82  77  65 138 142  89  77  89  84  75  84  54  71
 70  55  66  75  54  67  76  50  79 109  87  64 101  66  99  87  50  73  79 137 147 104  88  77  91  99  79  77
 71  51  62  77  48  58  75  54  79  65  94  84  67 112  62  89  73  89  72  82  73  83  91  65  77 137 161 140 121  87  59  61  82
 74  51  59  61  51  62  80  67  76  65  84  65 109  63  95  74  87  85  78  65  84  83  77 145 144  75  52  66  83
 76  54  61  81  57  74  80  59  91  69  64  89  66 113  62  99  74  87  75  87  75  82  80  85  92  75  57  73  76  61  62  70  84
 75  54  61  62  53  62  81  55  82  70  61  85  67 110  65  91  63  94  73  87  78  76  74  87  75  82  64  81  73  69  69  74  85
 76  56  57  83  57  66  85  58  84  72  72  84  71 116  64 125  70  89  75  85  77  86  85  85  84  79  73  79  79  80  86
 74 111 123  60  61  83  83  60  92  71  67  74 123  76 178  74  94  76  90  76  61  72  78  86  92  84  85  91  95  91  96 106
 67 109 129  76  66 101  79  65  97  62  71  87  78  97  93 176  73  94  76  90  76  61  72  78  86  92  84  85  91  96  91  96 106
 53  49  91  77  99  76  75  70 100  65  79  90  96  95 122 235 219 111  97  98 104 225 215 106 215 212 106 222 214  91 118 114 112
 56  58  80 120 186 137  91  87 101  89  96  95 122 235 219 111  97  98 104 225 215 106 215 212 106 222 214  91 116 232 172  98
 81  78 100 188 255 179 109 106 105 107 111 116 123 158 234 298 146 141 142 154 204 189 156 204 184 161 228 199 123 175 247 189 110
103 112 131 197 225 182 114 108 111 121 119 125 117 108 115 117 100 109 139  92 111 114 155 174 178 133 124
 88  74  87  91  88  84  80  78  80  79  87  71  89  77  89  93  90  77  92  87 101 104 111 111 120 108  95 104 109 109 110 105 114 124
 82  49  78  84 114 100  75  64  64  64  62  67  76  95 104  74  58  54  50  51  53  52  59  70  81  93  96 104 109 100 103 110
 38  41  48  71 116  89  57  48  53  46  50  47  53  43  45  50  58  68  58  54  55  56  63  63  63  63  64  61  74  75  62  68  75
 32  31  37  52  80  67  47  44  40  40  41  43  45  50  58  68  58  54  55  56  63  63  63  63  64  61  74  75  62  68  75
```

图 11-4　计算机所见的图像

与标注物最边缘像素点误差在 1 个像素以内。如图 11-5 所示，标框标注的上下左右边框均与图中汽车最边缘像素点误差在 1 个像素以内，所以这是一张合格的标框标注图片。

2）区域标注

与标框标注相比，区域标注质量检验的难度在于区域标注需要对标注物的每一个边缘像素点进行检验。如图 11-6 所示，区域标注像素点与汽车边缘像素点的误差在 1 个像素以内，所以这是一张合格的区域标注图片。

图 11-5　标框标注图片

图 11-6　区域标注图片

在区域标注质量检验中需要特别注意检验转折拐角，因为在图像中转折拐角的边缘像素点噪声最大，最容易产生标注误差。

3）其他图像标注

其他图像标注的质量标准需要结合实际的算法制定，质量检验人员一定要理解算法的标注要求。

3. 语音标注质量标准

语音标注在质量检验时需要在相对安静的独立环境中进行，在语音标注的质量检验中,质检员需要做到眼耳并用,时刻关注语音数据发音的时间轴与标注区域的音标是否相符,如图11-7所示,检验每个字的标注是否与语音数据发音的时间轴保持一致。

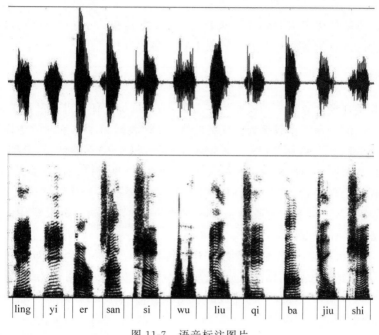

| ling | yi | er | san | si | wu | liu | qi | ba | jiu | shi |

图 11-7 语音标注图片

语音标注的质量标准是标注与发音时间轴误差在1个语音以内,在日常对话中,字的发音间隔会很短,尤其是在语速比较快的情况下,如果语音标注的误差超过1个语音帧,很容易标注到下一个发音,让语音数据集中存在更多噪声,影响最终的机器学习效果。

11.2.2 数据标注检验方法

有了标准以后,就需要使用合适的方法来进行标注质量检验。标注质量检验是采用一定检验测试手段和检查方法测定产品的质量特性,一般的产品检验方法分为全样检验和抽样检验,但在数据标注中,会根据实际情况加入实时检验的环节来减少数据标注过程中出现重复的错误问题。本节将对全样检验、抽样检验和实时检验三种质量检验方法进行介绍。

1. 全样检验

全样检验是数据标注任务完成交付前,数据标注员必不可少的过程,没有经过全样检验的数据标注是无法交付的。全样检验需要质检员对已完成标注的数据集进行集中全样检验,严格按照数据已完成标注的质量标准进行检验,并对整个数据标注数据任务的合格情况进行判定。如图11-8所示,全

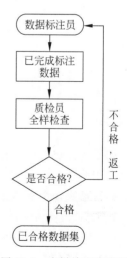

图 11-8 全样检查流程图

样检验是质检员对全部已完成标注的数据集进行全样检验,通过全样检验合格的数据标注存放到已合格数据集中等待交付。而对于不合格的数据标注,需要标注员进行返工改正标注。

全样检验方法的优点为能够对数据集做到无遗漏检验;可以对数据集进行准确率评估。全样检验的缺点为需要耗费大量的人力精力集中进行。

2. 实时检验

实时检验是现场检验和流动检验的一种方式,数据标注任务进行过程中,能够及时发现问题并解决问题。在安排数据标注任务阶段,会将数据标注任务以标注任务划分小组分组和数据集分段标注的方式完成。根据小组规模,每6~9名标注员,分配一个质检员。质检员会对自己所在小组的标注员的标注方法、熟练度、准确度进行现场实时检验。当标注员操作过程中出现问题,质检员可以及时发现,及时解决。当标注员完成一个阶段的标注任务后,质检员就可以对此阶段的数据标注进行检验。并通过分段标注的数据集实时掌握标注任务的工作进度。

如图 11-9 所示,当标注员对分段数据开始标注时,质检员就可以对标注员进行实时检验,当一个阶段的分段数据标注完成后,质检员将对该阶段数据标注结果进行检验,如果标注合格就可以放入该标注员已完成的数据集中,如果发现不合格,则应立即让标注员进行返工改正标注。

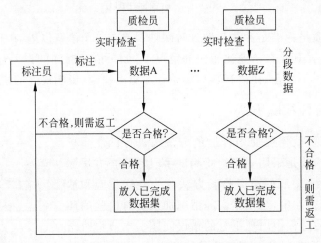

图 11-9　实时检查流程图

如果标注员对标注存在疑问或者不理解的情况,可以由质检员进行现场沟通与指导,及时发现问题并解决问题。如果在后续标注中同样的问题仍然存在,质检员就需要安排该名标注员重新参加数据标注任务培训。

1) 实时检验方法的优点

(1) 能够及时发现问题并解决问题。

(2) 能够有效减少标注过程中错误的重复出现。

(3) 能够保证整体标注任务的流畅性。

（4）能够实时掌握数据标注的任务进度。

2）实时检验的缺点

对人员的配备及管理要求较高。

3．抽样检验

抽样检验是产品生产中一种辅助性检验方法。在数据标注中，为了保证数据标注的准确性，会将抽样检验方式进行叠加，形成多重抽样检验方法，此方法可以辅助实时检验或全样检验，以提高数据标注质量检验的准确性。

1）辅助实时检验

多重抽样检验方法辅助实时检验，多出现在数据标注任务需要采用实时检验方法，但质检员与标注员比例失衡，标注员过多的情况。通过多重抽样检验方法，可以减少质检员对质量相对达标的标注员的实时检验时间，合理地调配质检员的工作重心。

如图 11-10 所示，当标注员完成第一个阶段数据标注任务后，质检员会对其第一阶段标注的数据进行检验，如果标注数据全部合格，就如图中标注员 A 与标注员 B，在第二阶段实时检验时，质检员只需对标注员 A 与标注员 B 标注数据的 50％进行检验；如果不合格，则如图中标注员 C 与标注员 D 在第二阶段实时检验时质检员仍然需要对标注员 C 与标注员 D 标注的数据进行全样检验。

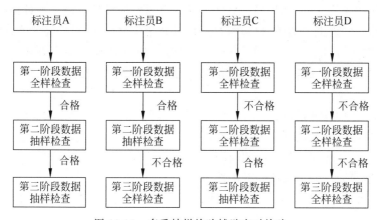

图 11-10　多重抽样检验辅助实时检验

在第二阶段的实时检验中，标注员 A 依然全部合格，则第三阶段实时检验的标注数据较第二阶段再减少 50％。标注员 B 在第二阶段的实时检验中发现存在不合格的标注，则在第三阶段的实时检验中对其标注数据全部检验。标注员 C 在第二阶段的实时检验中全部合格，则第三阶段实时检验的标注数据较第二阶段减少 50％。标注员 D 在第二阶段的实时检验中仍存在不合格的标注，则第三阶段实时检验中对其标注的数据仍需要全部检验，并且可能需要安排标注员 D 重新参加项目的标注培训。

通过多重抽样检查辅助实时检验，可以让质检员重点检验那些合格率低的标注员，而不是将过多精力浪费在检验高合格率标注员的工作上。通过此检验方法能够合理分配质检员的工作重心，让数据标注项目即使在质检员人数不充足的情况下，仍然能够进行实时检验。

2)辅助全样检验

多重抽样检验方法辅助全样检验,是在全样检验完成后的一种补充检验方法,主要作用是减少全样检验中的疏漏,增加数据标注的准确率。

如图 11-11 所示,在全样检验完成后,要对标注员 A 与标注员 B 的标注数据先进行第一轮抽样检验,如果全部检验合格,则如同标注员 A 在第二轮抽样检验中检验的标注数据量较第一轮减少 50%。如果在第一轮抽样检验中发现存在不合格的标注,就如同标注员 B,在第二轮抽样检验中检验的标注数据量较第一轮增加一倍。

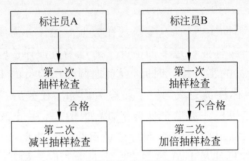

图 11-11 多重抽样检验辅助全样检验流程

在多轮的抽样检验中,如果同一标注员发现有两轮抽样检验存在不合格的标注,则认定此标注员标注的数据集为不合格,需要进行重新全样检验,并对检验完不合格的数据标注进行返工,改正标注。如果标注员没有或只有一轮的抽样检验存在不合格的数据标注,则认定该标注员的数据标注为合格,该标注员只需改正检验中发现的不合格标注即可。

(1)抽样检验方法的优点是:

① 能够合理调配质检员的工作重心。

② 有效地弥补其他检验方法的疏漏。

③ 提高数据标注质量检验的准确性。

(2)多重抽样检验的缺点是只能辅助其他检验方法,如果单独实施,会出现疏漏。

11.3 数据安全体系建设

微课视频

数据安全是建立在价值基础上,实现数据准确的记录的同时完成安全交互和指定对象的加工与访问使用,防止数据被破坏、盗用及非授权访问。数据安全能力是指数据在流动过程中,组织为了保障数据的保密性、完整性、可用性而在安全规划、安全管理、安全技术、安全运营等方面所采取的一系列活动。

数据标注过程中因为涉及很多敏感的数据,比如人脸、语音等内容,因此数据安全就成为 AI 企业选择数据标注服务商着重考虑的因素之一。

11.3.1　数据安全体系建设的驱动力

1．政策驱动

2021 年 6 月 10 日,《中华人民共和国数据安全法》正式通过并公布,并于 2021 年 9 月 1 日正式实施。该法案对数据处理活动、安全保护、开发利用提出了明确的合规要求。如今,法规支持数据提供,搭建安全传输机制。数据提供方在保护用户隐私安全的前提下,为价值挖掘提供丰富的数据资源。对于数据需求方而言,《中华人民共和国数据安全法》提高了数据利用效率和安全性。法案出台以前,需求方对于标注工厂能否保证数据全周期的安全可控,这些问题都不在需求方权责范围以内,反而留下了巨大的安全隐患。

法案提出"各地区、各部门对本地区、本部门工作中收集和产生的数据及数据安全负责"。数据处理企业有义务保证数据的安全性,否则将面临罚金、暂停营业、吊销执照等惩罚。当数据处理各环节的安全监测落实到具体责任方,信息安全得到了进一步的维护。

2．业务驱动

伴随人工智能应用场景的飞速发展,数据作为支撑人工智能算法存在与发展的生产资料,已经成为组织的核心资产,受到前所未有的重视与保护。以数据为中心的安全治理,需要把安全聚焦在数据本身,围绕数据的生命周期来建设安全能力,包括各个环节相关系统的安全情况、各个环节专门的数据安全产品和策略、安全运营、制度和管理体系设计、专业人员能力建设等。

3．风险驱动

数据生命周期指数据从创建到销毁的整个过程,包括采集、存储、处理、应用、流动和销毁等环节。通过对数据全生命周期各阶段进行针对性的风险分析可以分为以下几个阶段。

1）采集阶段

采集阶段主要的风险集中在采集源、采集终端、采集过程中,包括采集阶段面临的非授权采集、敏感数据识别不清、采集到敏感数据的泄密风险、采集终端的安全性以及采集过程的事后审计等。

2）存储阶段

存储阶段面临着数据分类分级不清、重要数据的保密性问题、重要数据缺乏细粒度访问控制的要求。

3）传输阶段

传输阶段主要是指数据在各标注过程中各部门之间、各小组之间以及跨组织的数据传输,主要的风险在于传输时存在泄露问题。

4）处理阶段

处理阶段面临的安全风险包括数据处理时缺乏访问控制、数据结果的访问接口缺乏控制、数据处理结果缺乏敏感数据保护措施、缺乏安全审计和数据溯源的能力。

5）销毁阶段

销毁阶段主要是指在获得用户授权许可或用户请求后应对标注数据进行清除或销毁。

11.3.2 数据安全体系建设思路

1. 数据安全体系建设目标

在分析标注工厂数据安全现状,结合组织在数据安全目标和远景,融合业务、管理、技术、运营等方面的需求后,以数据流向为核心,聚焦数据安全生命周期,规划设计全局化和开放性的数据安全体系,提升数据安全管理融合能力,夯实数据安全技术底盘,构建数据安全运营场景落地,实现组织数据资产可视、数据流向可溯、数据风险可控、数据威胁可管。

2. 数据安全体系建设思路

随着标注业务的丰富和扩展,标注数据种类越来越多样,数量越来越庞大,相应的数据安全问题也变得越来越复杂。标注数据安全不仅是一个技术问题,还涉及法律法规、标准流程、人员管理等问题。因此需要数据标注公司提出数据安全的实践体系、方法论与解决方案。其数据安全体系建设思路有如下两种。

1）数据安全治理

数据安全治理从决策层到技术层,从管理制度到工具支撑,自上而下贯穿整个组织架构的完整链条。标注工厂内的各个层级间共同对数据安全治理的目标达成共识,确保采取合理和适当的措施,以最有效的方式保护数字资产。其安全治理从平衡业务需求、风险、合规、威胁到实施安全产品,为保护产品配置策略。

2）成熟度模型

成熟度模型是一套数据安全建设中的系统化框架,是围绕数据的生命周期,并结合业务的需求以及监管法规的要求,持续不断地提升组织整体的数据安全能力,从而形成以数据为核心的安全框架。

11.3.3 数据安全规划能力建设

1. 业务场景识别

识别业务数据使用的场景,是数据安全能力建设的出发点。业务数据场景识别以数据生命周期为基础,通过对数据采集场景、数据存储场景、数据传输场景、数据处理场景、数据销毁场景的分析,梳理资产、数据、用户、权限等要求,指导各个能力维度的建设。实现以场景化方式指导安全技术、管理、运营能力进行落地。

2. 数据风险评估

数据安全风险评估从业务场景识别结果着手,以数据为中心、以数据生命周期为主线、以标注场景为着力点,关注标注业务场景、标注业务流程、采集数据流转、标注业务活动中涉及的各类人员权限,从而对信息泄露、用户冒用、数据篡改等数据安全威胁及风险进行评估。数据安全风险评估流程如下。

1) 背景建立阶段

背景建立阶段确定数据安全风险评估的对象和范围,对涉及业务数据的数据库、服务器、文档等进行相关信息的调查分析,并准备数据风险管理的实施。

2) 风险评估阶段

风险评估阶段根据数据安全风险评估的范围识别数据资产,分析标注数据所面临的威胁以及脆弱性,结合采用数据安全控制措施,在采集、标注和传输过程中对业务数据所面临的风险进行综合判断,并对风险评估结果进行等级划分。

3) 风险处理阶段

风险处理阶段综合考虑风险控制的成本和风险造成的影响,从技术、管理、运维层面分析业务数据的安全需求,提出实际可行的数据安全措施。明确业务数据可接受的风险程度,采取接受、降低、规避或转移等控制措施。

4) 监督阶段

监督阶段依据评估的结果和处理措施,判断能否满足数据的安全要求,监控和沟通贯穿整个过程,跟踪业务数据的安全需求变化,对数据安全风险管理活动的过程和成本进行有效控制。

3. 数据安全分级

数据安全分级是数据安全能力建设中的一个关键部分,是实现集中化、专业化、标准化数据管理的基础。数据安全分级可以全面清晰地厘清数据资产,确定应采取的数据安全防护策略和管控措施,在保证数据安全的基础上促进数据开放共享。

数据分级应遵从依从性原则、可执行性原则、时效性原则、自主性原则、合理性原则、客观性原则。例如,根据数据的敏感级别,可将数据分为四个级别:极敏感级、敏感级、较敏感级、低敏感级。

标注工厂需要形成组织的数据分级标准,结合数据生命周期内各个场景,对业务数据发现及梳理,全面摸清数据分布情况,制定相应制度规范和采用技术工具相配合的方式对组织的数据进行安全管控,实现数据安全能力建设的目标。

11.3.4 数据安全管理能力建设

1. 构建组织机构

由于数据安全与业务密不可分,因此在建设数据安全能力体系过程中,从决策到管理,都离不开业务部门的参与和配合。设计数据安全的组织架构时,可按照决策层、管理层、执行层、员工和合作伙伴、监督层的组织架构设计。在具体执行过程中,组织也可赋予已有安全团队与其他相关部门数据安全的工作职能,或寻求第三方的专业团队等形式开展工作。

1) 决策层

数据安全管理工作的决策机构,建议由数据安全负责人及其他高层管理人员组成,数据安全负责人是组织内数据安全的最终负责人。

2）管理层

数据安全组织机构的第二层，基于组织决策层给出的策略，对数据安全实际工作制定详细方案，做好业务发展与数据安全之间的平衡。

3）执行层

与管理层是紧密配合的关系，其职责主要聚焦每一个数据安全场景，对设定的流程进行逐个实现。

4）员工和合作伙伴

范围包括组织内部人员和有合作的第三方的人员，须遵守并执行组织内对数据安全的要求，特别是提供业务数据的第三方，从协议、办公环境、技术工具方面等做好约束和管理。

2. 建立人员能力

数据安全的人员能力主要包括几个维度，数据安全管理能力、数据安全运营能力和数据安全技术能力。

1）数据安全管理能力

目前大部分数据标注团队尚未正式开展数据安全体系建设，也较少有数据安全的专职职能岗位，对人员能力的培养也在起步阶段。但是随着市场对数据安全的重视度逐步提高，体系建设的诉求也越来越强。

2）数据安全运营能力

数据安全建设是一个长期持续的过程，需要在组织内持续性地落实数据安全的相关制度和流程，并基于组织的业务变化和技术发展不断地调整和优化，安全也是一个不断螺旋上升的过程，因此需要做好数据安全运营工作。

3）数据安全技术能力

数据安全的实现，需要技术和工具平台的支撑，来完成安全管控措施的构建，从而实现数据安全能力的建设。

3. 制定制度流程

制度流程需要从组织层面整体考虑和设计，并形成体系框架。制度体系需要分层，层与层之间，同一层不同模块之间需要有关联逻辑，在内容上不能重复或矛盾。

1）方针和总纲

方针和总纲面向组织层面数据安全管理的顶层方针、策略、基本原则和总的管理要求等。

2）管理制度和办法

管理制度和办法指数据安全通用和各生命周期阶段中某个安全域或多个安全域的规章制度要求。

3）操作流程和规范

操作流程和规范指数据安全各生命周期及具体某个安全域的操作流程、规范，以及相应的作业指导书或指南，配套模板文件等。

4）各类具体表格

各类具体表格指执行数据安全管理制度产生的相应计划、表格、报告、各种运行/检查记录、日志文件等。

11.3.5 数据安全技术能力建设

1. 数据安全采集

数据采集阶段主要的风险集中在采集源、采集终端、采集过程中，包括采集阶段面临的非授权采集、数据分级不清、数据无法追本溯源、采集到业务数据的泄密风险等。针对采集阶段面临的风险，可以进行以下应对措施。

1）安全验证

安全验证包含采集对象验证和数据源的验证两个含义。采集对象验证指对被采集对象（包括设备、应用、系统）的认证，确保采集对象是可靠的，没有假冒对象。可以通过认证系统实现对采集对象的管理。数据源的验证是指保证数据源可信，保证数据源在采集传输过程中不被篡改和破坏。

2）数据清洗

从数据安全的角度考虑，采集的数据可能存在恶意代码、病毒等安全隐患，引入这样的数据将会给组织的数据平台带来严重的安全威胁。因此，在清洗阶段需要对可疑数据进行安全清洗，通过病毒过滤、沙盒验证等手段去除安全隐患。

3）数据识别

为了组织数据平台的有效管理，数据需要进行整体规划，按照数据的内容、格式等因素进行存储。因此在数据采集阶段，进行数据识别是非常必要的。结合组织分类分级标准，采用多种数据识别方法，如基于采集对象、基于数据格式等，自动化识别数据内容。

2. 数据传输加密

我们通常明确需要进行加密传输的场景，鉴别信息、重要业务数据和重要个人信息等对机密性和完整性要求较高的数据。在定义好需要加密的场景后，组织应选择合适的加密算法对数据进行加密传输。由于目前加密技术的实现都依赖于密钥，因此对密钥的安全管理是非常重要的环节。

3. 数据访问控制

为了保证在数据生命周期的各个阶段和不同场景下的数据的机密性和完整性，允许合法使用者访问数据资产，防止非法使用者访问数据资产，防止合法使用者对数据资产进行非授权的操作访问，往往需要对数据访问权限加以控制和管理。主要包括基于角色的访问控制、基于风险的访问控制、基于属性的访问控制。

4. 数据泄露防护

数据泄露防护的核心思想就是沿着数据传递方向逐级进行防护，进而达到降低风险的效果。数据泄露防护在数据资产分类的基础上，结合组织的业务流程和数据流向，构建完善的可能导致数据泄露各个环节的安全，提供统一解决方案，促进核心业务持续安全运行。可以采用的主要数据泄露防护技术主要有数据加密技术、权限管控技术和基于内容深度识别的通道防护技术。

5. 数据安全脱敏

业务数据在使用过程中存在被非法泄露、被非授权篡改、假冒、非法使用等安全风险。而数据脱敏，即在保留数据原始特征的同时改变它的部分数值，避免未经授权的人非法获取组织敏感数据，实现对敏感数据的保护，同时又可以保证系统测试、业务监督等相关的处理不受影响，即在保留数据意义和有效性的同时保持数据的安全性并遵从数据隐私规范。借助数据脱敏，信息依旧可以被使用并与业务相关联，不会违反相关规定，而且也避免了数据泄露的风险。

数据脱敏的核心是实现数据可用性和安全性之间的平衡，既要考虑系统开销，满足业务系统的需求，又要兼顾最小可用原则，最大限度地减少敏感信息泄露。以上三种技术适合于不同的数据脱敏场景，在实际应用中可根据应用和环境不同选取合适的数据脱敏技术，从而形成有效的敏感数据保护措施。

目前，数据脱敏的技术主要有三种：基于数据失真/扰乱技术、数据加密技术和数据限制发布技术。

6. 数据安全销毁

数据销毁主要是指获得组织、用户的授权许可或请求后对数据进行清除或销毁。使用组织授权的技术和方法对敏感信息进行清除或销毁，保证无法还原，并且具备安全审计能力。数据安全销毁能够提供数据销毁过程的安全审计功能，审计覆盖到各系统每个用户，对数据销毁过程中的重要用户行为和重要安全事件保留审计日志并进行审计。应保证包括鉴别信息、敏感信息、个人信息等重要数据的存储空间被释放或重新分配前得到完全清除。

11.3.6　数据安全运营能力建设

1. 数据资产管控

结合业务场景界识别结果，通过数据资产管控技术，建立面向统一数据调度方式，形成良性数据共享机制，提高数据置信度，优化模型合理性，数据流转更清晰，管理权责更明确，在以成效为导向的价值标准下，数据资产管控无疑将成为组织数据安全能力建设核心支点。

1）数据资产测绘

通过自动化的技术工具对组织的数据资产或实时数据流进行测绘，建立组织数据资产的全景视图，以组织数据资产分类标准为基础、以各业务系统数据为来源，依据组织业务规划，梳理组织各类数据的物理、业务、管理、资产属性信息，以及相应的信息化描述并以多视角、可视化展现，同时，通过构建组织数据全景视图，完善数据分类分级标准，描述数据资产属性,管理数据资产质量,为数据安全能力建设提供技术支撑。

2) 业务数据标记监控

依据数据分级标准,对组织的数据资产测绘中识别的各类数据进行敏感标识,对应用系统运行、开发测试、对外数据传输和前后台操作等数据生命周期各个环节,根据定义的敏感数据使用规则对数据的流转、存储与使用进行监控,及时发现违规行为并进行下一步处理。

3) 数据资产追溯

对每一个按照数据安全管理要求选定的数据资产,在遵循数据资产生命周期管理的原则下,由业务部门建立该数据资产形成的全过程业务模型,并进行数据流转节点标准化描述工作,整理每一个标准化节点的初始数据输入、处理过程、存储过程和传输过程等信息,并使用血缘追溯支撑工具将溯源信息进行维护,为溯源查询和后续的数据核查服务。

4) 数据资产风险管理

数据资产风险评估管理能够全方位检测数据安全问题和数据平台存在的脆弱性问题,结合数据资产测绘、数据流转测试、数据平台漏洞、安全配置核查多方面的扫描和检测结果,进行风险评估分析,发现数据分类分级问题、敏感数据存储分布问题、敏感数据异常使用问题、数据组件安全漏洞问题、安全配置问题等,使组织能够快速发现安全风险,提早做安全规划,让数据风险可量化。

2. 安全策略执行

组织在采取适当的技术手段的基础上,建立与组织数据安全策略一致的安全保护机制,执行各类流程和程序以维护和管理数据资产。

1) 访问控制策略

根据组织的数据权限管理制度,基于组织数据分类分级标准规范,利用具备统一的身份及访问管理平台,建立不同类别和级别的数据访问授权规则和授权流程,实现对数据访问人员的统一账号管理、统一认证、统一授权、统一审计,确保组织数据权限管理制度的有效执行。

2) 数据加密策略

根据组织数据加密管理制度,针对需要加密的场景确定加密的方案,通过加密产品或工具落实制度规范所约定的加密算法要求和密钥管理要求,确保数据传输和存储过程中机密性和完整性的保护,同时加密算法的配置、变更、密钥的管理等操作过程应具有审核机制和监控手段。

3) 泄露防护策略

以组织数据泄露防护策略为基础,以敏感数据为保护对象,根据数据内容主动防护,对所有敏感数据的输入输出通道如邮件、网络、终端等多渠道进行监管,根据策略管控的要求进行预警、提示、拦截、阻断、管控及告警等,并通过强化敏感数据审核与管控机制以降低敏感数据外泄的发生概率及提升可追溯性。

4) 安全脱敏策略

根据组织建立统一的数据脱敏制度规范和流程,明确数据脱敏的业务场景,以及在不同业务应用场景下的数据脱敏规则和方法，使用统一的具备静态脱敏和动态脱敏功能的数据脱敏工具，根据使用者的职责权限或者业务处理活动动态化地调整脱敏的规则，并对数据的脱敏操作过程都应该留存日志记录，以审核违规使用和恶意行为，防止敏感数据泄露。

3. 持续安全监控

组织制定适当的活动，实施对内部数据资产面临的风险和组织外部的威胁情报的持续安全监控，确保能够准确地检测到异常和事件，了解其潜在影响，及时验证保护措施的有效性。

1）日志安全监控

通过对各种网络设备、安全设备、服务器、主机和业务系统等的日志信息采集，通过对日志中行为挖掘、攻击路径分析和追踪溯源等，实现对组织安全状况的可视化呈现和趋势预测，为后续的安全策略调整和联动响应提供必要的技术支撑。

2）流量安全监控

流量安全监控是围绕用户、业务、关键链路和网络访问等多个维度的流量分析，可以实现对用户和业务访问的精准分析，发现各类异常事件和行为，并建立流量的多种流量基线，为后续的安全策略调整和联动响应提供必要的技术支撑。

3）行为安全监控

行为安全监控是对组织内部和外部用户的行为安全分析，如异常时间登录非权限系统、异常权限操作、账号过期未更改、离职人员复制大量数据等，通过监控用户各类行为，准确找到用户行为之间的关联，对其访问轨迹、访问的内容和关注重点等进行分析，确保用户行为符合安全管理相关要求。

4）威胁情报监控

组织与外部组织合作获取威胁情报，情报内容包括漏洞、威胁、特征、行为等一系列证据的知识聚合和可操作性建议。威胁情报为组织的防御方式带来了有效补充，立足于攻方的视角，依靠其广泛的可见性以及对组织风险及威胁的全面理解，帮助组织更好地了解威胁，使组织能够准确、高效地采取行动，避免或减少网络攻击带来的数据资产损失。

4. 应急响应恢复

组织制定并实施适当的活动，以便对检测到的数据安全事件采取行动，并恢复由于事件而受损的任何功能或服务，以减少数据安全事件的影响。

1）响应活动

组织根据不同业务场景面临的风险，制定有针对性的事件响应预案，明确应急响应组织机构和人员职责，建立事件响应过程中的沟通机制，协调内部和外部资源，在事件发生时执行和维护响应流程和程序，确保及时执行响应预案以防止事件扩展、减轻其影响并最终消除事件，通过从中吸取经验教训，改进组织安全策略以防止事件再次发生。

2）恢复活动

在组织各项响应活动执行完成后，需要评估事件的影响范围，按照事先制定的维护恢复流程和程序,协调内部和外部相关方资源,开展恢复活动以确保及时恢复受事件影响的系统或资产,并通过将吸取的经验教训纳入今后的活动,改进了恢复规划和进程。

5. 人员能力培养

组织的数据安全管理能力、技术能力、运营能力建设等推进落地终究离不开人的执行,组织内不同部门、不等层级及不同来源的员工,在不同场景下直接和间接地接触数据资产,所以风险始终存在于人身上,需要逐步提升人员的安全意识,加强人员的数据安全管理能力、数据安全运营能力、数据安全技术能力和数据安全合规能力。

从不同角度对组织人员能力培养需求进行分析,可以从以下三个方面开展。

1) 意识培养

提高组织人员安全意识,建立人员安全意识培养的长效机制,逐步提升人员对数据安全威胁的识别能力,真正了解正在使用的数据的价值,充分认识到自己在组织数据安全中的重要角色及职责,并结合多种形式检验人员安全意识培养的成果。

2) 技能培训

根据对组织的数据安全各方面所需人员的能力综合分析,明确组织人员技能培训的目标,制定科学合理的培训计划,按照先基础、后专业,先全面、后能力的递进关系,充分体现技能培训重点,全面提升人员的专业能力。

3) 实践演练

为了满足组织对各类人员能力要求,需要开展以组织实际业务场景以及数据面临的安全风险为主题的各种实践模拟演练,通过对数据生命周期中的风险进行有效识别、分析和控制,从而提升人员安全意识和事件的安全处置能力。

组织业务发展越来越依靠数据资产,在有效地利用数据,最大限度发挥大数据的价值的同时,也面临着数据带来的诸多安全隐患问题,如隐私泄露、数据管理、数据可用性和完整性破坏等,确保数据资产的安全是目前重点关注的问题。组织通过开展数据安全规划活动,从合规性要求、业务自身安全要求和风险控制要求入手,根据业务的特点对各类场景进行识别和风险评估的结果,制定组织的数据的分类分级标准,并通过数据安全管理能力、数据安全技术能力、数据安全运营能力三个维度的建设,建立具有自优化特性的数据安全防护闭环控制体系,不断优化数据安全保护机制和方法,降低数据资产的风险,保障数据生命周期的安全可管可控。

思考题

1. 列举出数据标注项目质量管理原则。
2. 简述数据标注项目质量管理方法。
3. 数据标注检验方法有哪些?

第4部分

数据标注平台

第 **12** 章

数据标注平台

12.1 平台的作用

数据标注是人工智能进行模型训练必不可少的一环。这是将最原始的数据变成算法可用数据的过程：原始数据一般通过数据采集获得，随后的数据标注相当于对数据进行加工，然后输送到人工智能算法和模型里进行调用。

上述概念阐释的背后实际上潜藏着一个正在茁壮成长的数据处理框架，尤其随着 AI行业的发展，优质数据甚至可能是算法模型发展的壁垒。

按照人员规模，现在的数据标注行业分为小型工作室（20 人左右）、中型公司以及巨头企业。它们有各自的短板：专业的数据标注、采集小团队没有标注工具，开始逐渐向拥有更好技术资源的大平台靠拢；与之形成对比的是，花费巨大资源打造专业全职标注团队的数据公司，却也受困于人力成本不得不把一些业务外包给小团队；一些巨头企业，虽然在努力搭建平台，但一方面更多是以消化内部需求为主，另一方面在人员培训和质量管控上，更多是流程化操作，缺乏合理的运营模式。

12.1.1 平台的功能

数据标注在很多情况下没有一个标准，行业比较混乱。在这种行业状况下，一个好的数据标注平台，就能发挥它最大的价值.使之成为需求方和最终标注团队之间的连接者，为小型工作室提供标注工具，同时也对需求方提供数据标注方案。

优质标注平台是专注于人工智能数据标注和采集的科技融合，这意味着该平台并不是传统的众包模式，而是通过自身的科技能力，优化标注流程，提升标注效率，保证标注质量。大部分算法在拥有足够多的普通标注数据的情况下很容易将准确率提升到 95%，但从 95％再去提升到 99％甚至 99.9％就需要大量高质量的标注数据。可以说，高质量的数据是制约模型和算法突破瓶颈的关键指标。而数据标注平台的科技能力恰好表现在提高标注质量、提升标注速度、降低标注成本以及保证数据安全四个方面。

标注质量为先，而它又与标注人员息息相关。针对专业标注人才培养的流程，甚至要跟一些公司建立数据标注师认证标准，对不同人员评估其标注等级。让最专业的人用最专业的工具，在严谨的工作流程中完成数据的标注，并且由选拔出来的高水平专家进行审核，保证正确率。这是数据标注平台的核心理念。

准确率与客户的要求也有很大关系，比如图片标注的准确率在实测状态下能达到99％，为了确保准确性，他们有 ACC 和抽检等四层过滤流程。在保证数据标注质量的前提后就要比拼标注速度了。当下 AI 解决方案落地速度普遍较慢。传统的方式是有 AI 需求，然后需要先获取样本数据进行数据标注，标注之后再做模型训练。但在数据标注之后如果不满意，还需要把数据返回重新优化，这样的方式导致从方案确认到落地可能需要一个月甚至时间更长。标注平台的标注工具很大程度上提升了标注速度，可以组件化去配置相关辅助工具。如果不同的公司对标注数据有不同需求，他们只需调整几个组件的配置就可以完成操作。

12.1.2　平台标注与传统标注的对比

标注平台的标注工具很大程度上提升了标注速度，可以组件化去配置。如果不同的公司对标注数据有不同需求，他们只需调整几个组件的配置就可以完成操作。在标注过程中会不断添加智能元素，机器做预标注，标注人员只需在此基础上做细微的调整即可。这些技术的应用在很大程度上节省了标注时间，而在 AI 市场竞争激烈的环境中，速度对创业公司而言尤为重要。原来完整的标注流程如果是一个月的话，平台处理可能三四天就可以交付了。

数据标注速度提升的直接结果是标注成本自然会降低。不过，在行业一片混乱的数据运营模式下，数据安全是需求方最为关注的问题。对于政府、银行等企事业单位而言，它们担心数据被转手，一般要求数据必须在自己的环境内进行标注。为此，他们提供了数据与流程分离方案。数据与流程分离方案针对客户自有标注平台和客户没有标注平台两种情况。对那些数据标注需求比较大的大公司，标注平台可以打通和客户两者的标注平台，同时对标注流程有严格的质量把控。需要注意的是，标注环境实际上还是在客户环境下。对于没有标注平台的客户，便可让数据不出客户环境就能完成数据标注。

标注平台旨在为 AI 行业提供最优质的基础数据，希望在不久的将来，国内大部分的AI 公司都可以使用标注平台提供的高质量标注数据，训练出更优质的模型和算法。

目前有很多开源的标注工具，但只解决了数据标注链路中的部分环节。对于可流程化的标注作业来说，除了支撑图像、文本和音视频的标注外，还需考虑数据的存取、人员的分配、标注进度管理和标注看板等内容。

12.1.3 标注平台运作中的人员角色

1. M 数据员

数据员负责对车辆采集的原始视频文件进行管理,按照 sessions-sequnces-frames 的结构进行逐步拆解为标注需要的标注数据集。在源数据管理中,数据员负责将原始视频按照需要的时间片段和分辨率,对视频进行抽取,获取需要的视频片段(素材);在素材管理中,数据员可以将视频素材进行视频转换图片并筛选需要的图片创建标注数据集;在数据集管理中,数据员可以查看自己创建的或者有权限查看的数据集,对自己创建的数据集有删除的权限。M 数据员比数据员权限高,他拥有数据员的所有权限,且对同组数据员的数据有所有权的权限,可以对其进行删除、修改等操作。

2. 素材标签管理员

单个素材标签管理员,可以针对整个租户所有的素材标签进行增删改查的操作。租户内的其他数据员将使用素材标签管理员创建的素材标签,给素材添加素材标签。

3. M 标注管理员

标注管理员的主要职责为根据需求创建标注任务,将标注任务分配给标注团队,对分配的任务进行进度监控等。M 标注管理员比标注管理员权限更高,可以对同组标注管理员创建的标注任务进行删除、编辑等操作。

4. 标注组管理员

标注组管理员主要管理标注平台的一些配置,例如,任务标签管理,去畸变模板管理。

5. 标注团队管理员

标注团队管理员负责将接收到的标注任务进行处理,并将任务拆分成若干个子任务,给到标注员标注。

6. 标注员

标注员使用标注工具对图片或视频进行标注,并将标注完成的子任务提交给审计员。

7. 审计员

审计员在任务池中可以领取审计任务进行审计,平台会根据审计员的审计结果自动计算该标注子任务是否合格。审计员界面分为审计中任务和已完成任务,已完成任务展示的是审计合格和审计不合格的任务。列表都支持对任务的列表展示、筛选和检索。

8. 高级审计员

(1) 标注任务有二级审计的情况下,会有高级审计员的工作。高级审计员的工作流程和界面和审计员一致,详细参考审计员。

（2）在开启二级审计的前提下,审计员审计完成的子任务会出现在高级审计员的任务池,高级审计员在任务池领取并审计。

（3）开启二级审计的前提下,所有子任务高级审计通过后,大任务才结束。

（4）高级审计员的界面操作同审计员。

9. 训练员

训练员将使用已经标注好的数据,进行数据的拼装,预处理后,通过既定的任务模式,或者自建环境的交互模式进行模型的训练,还有模型剪枝、模型的版本管理等功能。

10. 模型审核员

模型审核员对于模型导出的申请进行审核,审核通过的模型,训练员才可以进行压缩下载。"待审核模型"列表展示需要审核的模型,"可导出模型"列表展示审核通过的模型,"未通过模型"列表展示审核未通过的模型。

全部人员角色管理构架图如图 12-1 所示。

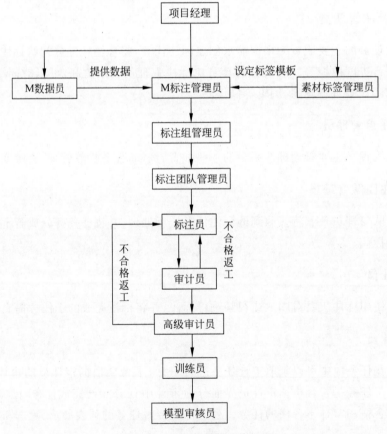

图 12-1　人员角色管理构架图

12.2 平台的比较

12.2.1 常见的数据标注平台

由于数据标注的重要性和高质量标注好数据的稀缺性在催生了一大批专职做数据标注团队的同时也催生了一批数据标注平台,比较有名的有百度众测、京东众智、龙猫数据、数据堂等。众所周知,百度在互联网大厂是最早开始且投入巨资研发 AI 技术的,所以百度众测平台的任务大部分都是百度内部的需求,他们也会接受其他 AI 公司的数据需求,但是在数据量和价格上会有限制。相比百度而言,其他几家数据标注平台就比较亲民一些了,中小型的 AI 公司的需求一般都会接受。为什么这个地方没有提到大型 AI 公司呢? 那是因为大型 AI 公司一般都会自建平台且有专门的数据标注团队负责公司的数据需求。

12.2.2 数据标注平台的对比

数据在 21 世纪,就会像 20 世纪的石油一样,成为极具价值的东西。但是,大多数原始数据其实更像原油,并不能直接拿来就用。特别是在如火如荼的 AI 领域,更需要将原始数据变成算法可用数据。假如数据是原油,那么数据标注就是把原油提炼的过程。

数据标注得越精准、对算法模型锻炼的效果就越好。正是由于数据标注的重要性,在 AI 产业的上游已经构成了一条数据标注产业链。各大企业机构早在前几年就推出了专注于人工智能数据标注的科技平台,并基于此类平台投入大量资产打造人工智能数据工厂,在上述常见的数据标注平台中,下面简单介绍两个标注平台。

1) 数据堂

数据堂人工智能数据工厂,是一种人工智能数据产品的生产模式。它以人工智能数据采集、数据处理及数据标注等数据生产过程流程化、生产工具智能化、质量管理标准化的生产模式,实现面向公众用户提供人工智能数据的在线生产服务、面向企业用户提供人工智能数据的定制生产服务以及面向特殊用户提供人工智能数据的私有化部署生产服务,从而提高数据生产效率,保证数据质量,进而推动人工智能数据的规模化生产和产业布局。

整个人工智能数据工厂具备强大的生产能力和市场适应能力,它能够同时具备生产主流 AI 应用所需训练数据集产品,包括无人驾驶、智能家居、智能认证、智能交通、智能教育、智能安防、智能医疗。

目前,已经初步具备年产 2 千小时视频、3 万小时语音数据、2 亿张图片的生产能力;数据吞吐量:5 太字节/日;创造 500 万人次的就业机会,聚集数据企业 200 家,支撑多家国际领先的企业客户。获取专利 14 项,软著 42 项。自人工智能技术进入产业化后,对于训练数据的需求变得更为复杂和庞大。通过工业化的方式产生更多更大更适合应用的数据集就决定了人工智能产业是否能得到良性发展。

数据堂在人工智能数据生产与服务领域 7 年的技术研发成果及实践经验积累,提出"人工智能数据工厂"的建设及产业化方案,以推动人工智能数据生产与服务的产业化进程。将实现从人工智能产业需求出发，依靠人工智能技术，最终为人工智能产业服务。

平台最亮眼的核心技术：基于 Human-in-the-loop 智能辅助标注技术。传统的人工智能数据生产过程，是人工一次性标注，一次性训练。缺乏人工智慧的再次反馈和纠错。2018 年，数据堂研发了"基于 Human-in-the-loop 智能辅助标注技术"在海量人工智能数据生产过程中，采用人工标注与智能标注的迭代、交互式的数据标注方法，将人和智能系统融为一体，能够显著提高人工操作效率，保证生产的质量，扩大人工智能数据的生产量。数据堂将"基于 Human-in-the-loop 智能辅助标注技术"应用于"智能数据柔性制造"中，形成循环迭代、多次往复、逐渐增强的生产过程，显著提高了智能数据的生产效率，减少了人工标注的出错率，带动了国内 AI 数据加工方式的变革。

2）京东众智

下面再采用具体标注流程的形式，来简单了解一下另外一个标注工厂平台——京东众智。

（1）配置标注需求，如图 12-2 所示。

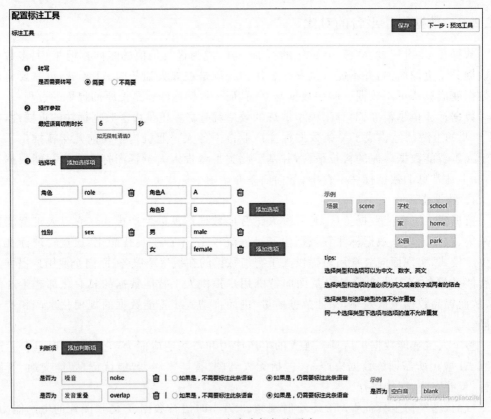

图 12-2　京东众智标注平台

（2）预览标注规则。

① 选择是否转写：即是否需要将音频转写为文字。

② 最长语音切割时长：即最长需要标注几秒，视素材而定。把这个定义清楚，防止标注人员把语音切割过长。

③ 选择或增加分层：系统默认给出了常用的角色、性别，可以根据需要增加或减少分层。

④ 判断项：可针对噪音、发音重叠等情况做特殊处理。

⑤ 填写具体的标注规则，方便标注人员实时查看。

如图 12-3 所示配置的标注工具，可以转写音频，标注角色、性别、噪音等。可以拖曳时间段、播放每一段的音频，体验还是非常好的，标注效率也会大大提高。

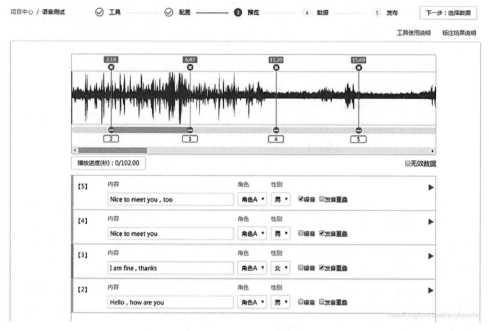

图 12-3　数据规则判断

（3）上传待标注数据。

按照系统要求上传待标注的语音数据。

（4）发布标注项目。

用户可以在如图 12-4 所示京东众智这个平台上选择一个标注团队为其标注，输入要求的合格率、工期要求等，和标注团队确定好价格和预付费就可以了。工具使用费是给平台的，目前是免费。总体来说，一定是比找其他标注平台要更便宜。

（5）验收导出标注结果。

标注团队完成标注后，可以在线上验收标注结果，不合格的可以回滚，让标注团队重新标注。结算之后就能导出数据了。

12.2.3　数据标注平台的发展因素

1. 业务模式

一个好的业务模式能不断拔高一个平台的业务上限，12.2.2 节中介绍的两种常见的业务模式（众包模式和外包模式）因为有各自的优缺点，所以单一地用任何一种业务模式

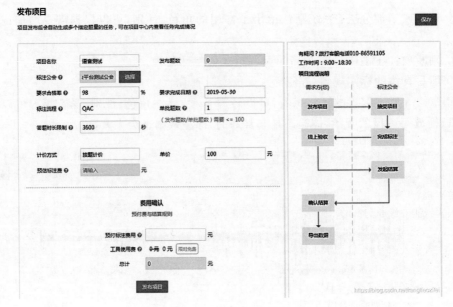

图 12-4　发布标注项目

都是不可行的。单一使用众包模式会带来项目质量难以把控、风险高的问题,且众包模式只适合承接比较简单的需求。单一使用外包模式则会造成对数据标注团队的过度依赖,降低整个平台的活力,造成平台现有人力资源的浪费,对此需要两种模式兼用。初期需要投入一定的资源建立自己平台的众包团队,人数一定要多,只有这样才能保证有足够的活跃人数能够完成数据标注任务。同时还要一直有众包任务才能保证这些人一直活跃。众包团队建立起来之后就可以将简单的任务通过众包模式发放出去,一些复杂专业性比较高的任务则通过外包模式发放出去即可。

2. 数据标注团队

一个数据标注平台必须要有足够的数据标注团队才能承接更多的需求,为了增加平台上入驻的团队数量,需要提高平台内部的活跃度,以及使平台上有足够的任务。每个标注团队往往都有擅长的业务类型,需要根据不同团队的特点发放给他们不同的任务。

3. 任务需求

一个平台要想不断发展,一定要有足够的任务,增加平台承接的任务则需要提高平台的知名度,提高平台的知名度可以通过广告投放、客户口碑传播、搜索优化等方式。同时还需要一个有力的商务团队。

思考题

1. 叙述数据标注平台的作用。
2. 标注平台相对于传统标注有何优势?

参考文献

[1] 拜伦·瑞希.人工智能哲学[M].王斐,译.上海:上海文汇出版社,2020.

[2] 集智俱乐部.科学的极致:漫谈人工智能[M].北京:人民邮电出版社,2015.

[3] 尼克.人工智能简史[M].(2版).北京:人民邮电出版社,2021.

[4] 皮埃罗·斯加鲁菲.人工智能通识课[M].张瀚文,译.北京:人民邮电出版社,2020.

[5] 史忠植.人工智能[M].北京:机械工业出版社,2020.

[6] 人工智能的缘起[J/OL].北京:中国计算机学会通讯,2016,(3):[2016-03-06].https://www.
     sohu.com/a/63826413_120672.

[7] 一文看懂人工智能、机器学习、深度学习与神经网络之间的区别与关系[EB/OL].[2019-10-15].
     https://zhuanlan.zhihu.com/p/86794447.

[8] 探寻维纳控制论密码,解读"人工智能"各大学派[EB/OL].[2021-03-04].https://blog.csdn.net/
     tsingke/article/details/114367742.

[9] 达特茅斯会议:人工智能的缘起[EB/OL].[2017-02-22].https://www.sohu.com/a/126957171_
     588675.

[10] 人工智能发展——机器学习简史[EB/OL].[2017-11-20].https://www.sohu.com/a/205527643
      _772451.

[11] 刘欣亮,韩新明,刘吉.数据标注实用教程[M].北京:电子工业出版社,2020.

[12] 旷视科技数据业务团队.图像与视频数据标注[M].北京:人民邮电出版社,2020.

[13] 刘鹏,张燕.数据标注工程[M].北京:清华大学出版社,2019.

[14] 蔡莉,王淑婷,刘俊晖,等.数据标注研究综述[J].软件学报,2020,31(2):302-320.

[15] 数据标注概论[EB/OL].[2020-03-10].https://blog.csdn.net/xinyi818/article/details/104769430.

[16] 百度百科-ImageNet[EB/OL].[2017-11-10].https://baike.baidu.com/item/ImageNet/17752829?
      fr=Aladdin.

[17] 2021年中国数据标注行业需求现状与市场规模分析[EB/OL].[2021-05-08].https://baijiahao.
      baidu.com/s?id=1699180794440601843&wfr=spider&for=pc.

[18] 数据标注行业的主流发展趋势及面临的挑战[EB/OL].[2021-05-18].https://blog.csdn.net/
      manfukeji/article/details/106197915.

[19] 常见的几种数据标注类型[EB/OL].[2018-11-25].https://www.jianshu.com/p/f542ea962dbf.

[20] 百度百科-文本检索[EB/OL].[2019-05-21].https://baike.baidu.com/item/%E6%96%87%
      E6%9C%AC%E6%A3%80%E7%B4%A2.

[21] 刘欣亮.数据标注实用教程[M].北京:电子工业出版社,2020.

[22] 刘鹏.数据标注工程[M].北京:清华大学出版社,2019.

[23] 常见的图像文件格式[EB/OL].[2015-01-23].https://blog.csdn.net/lihui126/article/details/
      43057909?ref=myread.

[24] 百度百科-ProcessOn[EB/OL].[2020-03-21].https://baike.baidu.com/item/ProcessOn/
      10670173?fr=Aladdin.

[25] 语音识别-语音短视频标注规则[EB/OL].[2021-10-09].https://zhuanlan.zhihu.com/
      p/419364818.

[26] 语音标注必须了解的基础知识点[EB/OL].[2020-03-10].https://blog.csdn.net/xinyi818/

article/details/104769523.

[27] 百度百科-Goldwave[EB/OL].[2015-06-12]. https://baike. baidu. com/item/goldwave/1658305? fr＝aladdin.

[28] 百度百科-praat[EB/OL].[2017-08-12]. https://baike. baidu. com/item/praat/7852897? fr＝aladdin.

[29] 标注工具-VoTT 详细教程[EB/OL].[2020-12-05]. https://blog. csdn. net/qq_36958104/article/details/110482041.

[30] 视频标注的两个主要方法[EB/OL].[2021-04-26]. https://www. sohu. com/a/457767192_120825262.

[31] 崔桐,徐欣.一种基于语义分析的大数据视频标注方法[J].南京航空航天大学学报,2016,48(5): 677-682.

[32] 超详细：PMP 项目管理之架构、团队、人[EB/OL].[2019-12-31]. https://baijiahao. baidu. com/s? id=1654419535773708490&wfr＝spider&for＝pc.

[33] 大卫·E. 奈.百年流水线：一部工业技术进步史[M].史雷,译.北京：机械工业出版社,2017.

[34] 大话流水线1：流水线基础理论[EB/OL].[2017-02-17]. https://blog. csdn. net/tv8mbno2y2rfu/article/details/78103726.

[35] 数据标注公司在做什么[EB/OL].[2021-11-04]. https://zhuanlan. zhihu. com/p/428830514? ivk_sa=1024320u.

[36] 浅谈数据标注平台运营模式[EB/OL].[2019-02-27]. https://blog. 51cto. com/u_14065470/2355532.

[37] 2020 年最新数据标注公司及平台排名[EB/OL].[2020-04-09]. https://blog. csdn. net/xinyi818/article/details/105406190? utm_medium＝distribute. pc_aggpage_search_result. none-task-blog-2∼aggregatepage∼first_rank_v2∼rank_aggregation-21-105406190. pc_agg_rank_aggregation&utm_term＝％E6％95％B0％E6％8D％AE％E6％A0％87％E6％B3％A8％E6％B5％81％E7％A8％8B&spm=1000. 2123. 3001. 4430.

[38] 数据标注是谁的未来[EB/OL].[2020-01-09]. https://zhuanlan. zhihu. com/p/101930762.

[39] 数据标注——工智能的基石[EB/OL].[2021-02-01]. https://zhuanlan. zhihu. com/p/348538730.

[40] CESA-2018-4-007《信息技术人工智能面向机器学习的数据标注规程》[EB/OL].[2018-12-06]. http://www. doc88. com/p-9723836769466. html.

[41] 黄文彬,王越千,步一,等.学术论文子句语义类型自动标注技术研究[J].情报学报,2020, 40(06)：621-629.

[42] 南江霞.中文文本自动标注技术研究及其应用[D].北京：北京邮电大学,2015.

[43] 马艳春,刘永坚,解庆,等.自动图像标注技术综述[J].计算机软件及计算机应用,2020,57(11)： 2348-2374.

[44] 数据安全能力建设思路[EB/OL].[2021-12-23]. https://baijiahao. baidu. com/s? id=17198984441395940940&wfr＝spider&for＝pc.

[45] 《数据安全法》9 月实施：隐私计算面临的机遇与挑战[EB/OL].[2021-08-13]. https://www. 163. com/dy/article/GH8T6P4O05198086. html,2021.